中国可持续发展研究会人居环境专业委员会
中国可持续发展研究会创新与绿色发展专业委员会　联合策划

中国落实2030年可持续发展议程目标11评估报告

中国城市人居蓝皮书
（2021）

张晓彤　邵超峰　张超文　主编

中国城市出版社

图书在版编目（CIP）数据

中国落实 2030 年可持续发展议程目标 11 评估报告 /
张晓彤 , 邵超峰 , 张超文主编 . —北京 : 中国城市出版
社，2021.11
（中国城市人居蓝皮书 . 2021）
ISBN 978-7-5074-3408-8

Ⅰ . ①中… Ⅱ . ①张… ②邵… ③张… Ⅲ . ①可持续
发展—研究报告—中国 Ⅳ . ①X22

中国版本图书馆 CIP 数据核字（2021）第 236691 号

责任编辑：宋 凯 毕凤鸣
责任校对：张惠雯

中国落实 2030 年可持续发展议程目标 11 评估报告
中国城市人居蓝皮书（2021）
张晓彤 邵超峰 张超文 主编

*

中国城市出版社出版、发行（北京海淀三里河路 9 号）

各地新华书店、建筑书店经销

逸品书装设计制版

临西县阅读时光印刷有限公司印刷

*

开本：880 毫米 ×1230 毫米 1/16 印张：15 字数：339 千字
2021 年 12 月第一版 2021 年 12 月第一次印刷
定价：**120.00** 元
ISBN 978-7-5074-3408-8
（904399）

编制机构及撰稿人

策划机构：中国可持续发展研究会人居环境专业委员会
中国可持续发展研究会创新与绿色发展专业委员会

发布机构：国家住宅与居住环境工程技术研究中心
南开大学环境科学与工程学院
新华社《经济参考报》社

主　　编：张晓彤　邵超峰　张超文

撰稿人：车贝贝　陈思含　邓林如　董锐煜　高俊丽　高秀秀
李　婕　李　阳　李易珏　蔺　昆　卢志睿　钱炳宏
邵超峰　王　宁　王晓珺　吴燕川　于　航　张晓彤

支持机构：北京市住房和城乡建设委员会
承德市科学技术局
广西桂林龙胜各族自治县人民政府
桂林市科学技术局
湖州市科学技术局
水利部黄河水利委员会
中国建筑设计研究院有限公司
中国可持续发展研究会

2015年，习近平主席在纽约联合国总部同全球百余位国家领导人共同签署了《改变我们的世界：2030年可持续发展议程》，并庄严承诺中国将为实现2015年后发展议程做出努力。此后，中国政府发布了《中国落实2030年可持续发展议程国别方案》，并定期发布《中国落实2030年可持续发展议程进展报告》，向国际社会全面介绍中国落实2030年可持续发展议程所取得的进展。

2020年，中国成功地使全体农村贫困人口脱贫，提前十年完成了联合国可持续发展议程目标，受到了联合国和国际社会的广泛赞誉。

可持续发展目标11"建设包容、安全、有抵御灾害能力和可持续的城市和人类住区"，对与人类活动最休戚相关的生产和生活场所提出了发展方向和具体要求。令人欣喜的是，中国可持续发展研究会人居环境专业委员会和创新绿色发展专业委员会联合策划了《中国落实2030年可持续发展议程目标11评估报告：中国城市人居蓝皮书（2021）》，从专业角度对我国各个城市落实目标11的成效进行评估，帮助找出短板，并确定未来城市可持续发展的重点和方向。该报告充分展示了我国民间组织落实可持续发展的积极态度、严谨作风和强大的专业能力。

全球76亿人的55%住在城市，到2050年将达68%。城市虽仅占地球面积3%，却创造了全球80%的财富，消耗60%的能源，80%的粮食，并排放了70%的二氧化碳。因此，城市是人类实现可持续发展的主战场。

根据国际经验，一个现代国家的城镇化率要达到80%以上。目前，我国城镇化率为60%，因此城镇化仍是今后我国最主要的发展趋势。但是，快速城镇化也导致空气污染、交通拥挤、基础设施缺乏等诸多问题和挑战。如何及时诊断出问题并找到有效解决方案，是我国城市实现可持续发展所迫切需要的。因此，《中国落实2030年可持续发展议程目标11评估报告：中国城市人居蓝皮书（2021）》的发布意义重大。该蓝皮书客观地反映了我国城市存在的问题，并有针对性地提出指导意见或解决方案。我希望该蓝皮书对我国城市决策者、设计者、建设者以至城市居民会有所启发。

可持续的城市是人类的未来；可持续的城市需要科学技术支撑；可持续的城市更需要每一个人的努力。

前联合国副秘书长

中国欧洲事务特别代表

清华大学全球可持续发展研究院联席院长

序言二

获悉中国可持续发展研究会人居环境专业委员会和创新绿色发展专业委员会联合策划《中国落实2030年可持续发展议程目标11评估报告：中国城市人居蓝皮书（2021）》的消息，令我十分振奋。在担任联合国人居署中国办公室项目主任的这些年中，能够深刻地体会到"可持续发展"从一个抽象的理念到摸索出有效方法和路径，进而去推进和实现的艰难，这当中除了中国政府制定的可持续发展战略的引导，更离不开致力于中国可持续发展事业的机构。

中国可持续发展研究会是联合国人居署紧密的合作伙伴，持续关注和参与世界可持续发展领域的重大活动，对标《21世纪议程》《千年发展议程》和《2030年可持续发展议程》，展示和宣传中国人居环境可持续发展领域的优秀案例，为推动中国人居环境可持续发展方面做了大量工作，这次《中国落实2030年可持续发展议程目标11评估报告：中国城市人居蓝皮书（2021）》的发布，更进一步推动人居环境可持续发展工作。可持续发展目标11"建设包容、安全、有抵御灾害能力和可持续的城市和人类住区"中的10个分项目标在蓝皮书的三个篇章中均有涉及，从政策、评估和案例不同的方面体现中国在落实可持续发展目标11的举措、进展和成绩。

期待首期进展报告的发布，也希望中国可持续发展研究会能持续地把中国好的经验和实践进行汇编，为全球可持续发展提供宝贵的经验。

联合国人居署　中国项目主任　张振山

中国可持续发展研究会（Chinese Society for Sustainable Development,CSSD）是全国性学术类社会团体，自1991年经民政部批准成立以来，始终以普及和宣传可持续发展理念、促进可持续发展实践为基本出发点，积极探索和推广多样化的可持续发展模式。在国内，努力促进可持续发展战略的理论创新、知识普及、技术经验模式的推广和各类人才培养，为相关部门提供决策依据、为行业发展与企业成长提供技术支持；在国际上，通过联合国经社理事会咨商地位、联合国新闻部联系单位等渠道，努力为中国社会响应联合国《21世纪议程》《2030年可持续发展议程》等积极发声。

我会人居环境专业委员会一直积极参与国家和地方人居环境问题诊断与可持续发展等咨询工作，从派员参加里约全球环境发展大会、里约+10、里约+20，到承办1996年"人居二"最佳范例展、2016年"人居三"专题展，2020年第十届世界城市论坛"共筑未来，中国有我"专题展等国际活动，充分展现了专业团队的专业水平以及对可持续发展相关问题的敏锐洞察力。

为向社会各界展示我国人居环境可持续发展的进程和成果，我会人居环境专业委员会、创新与绿色发展专业委员会于2019年联合策划了《中国落实2030年可持续发展议程目标11评估报告：中国城市人居蓝皮书（2021）》。蓝皮书对我国在人居环境领域所做的工作进行了系统的梳理，分别从政策篇、评估篇和案例篇三部分进行了分述，为讲好中国人居可持续发展故事提供了很好的素材。我衷心希望团队继续努力，为可持续发展目标的实现、讲好中国故事作出更多贡献。

中国可持续发展研究会 秘书长

序言四

改革开放以来，中国人的居住水平有了显著提升，这不仅仅体现在城镇居民人均住房建筑面积的大幅提高，也体现在室内外居住环境更加健康宜居，基础设施和公共服务设施更加完善等各个方面。作为长期从事住房和居住环境建设领域研究和实践的工作者，我和我的团队亲历并参与了中国人居环境持续改善的过程。在这个过程中，经历了诸多挑战，而目前我们正面临着新的目标和要求——人居环境的可持续发展。

近年来，党中央大力推进生态文明建设，提出创新、协调、绿色、开放、共享的新发展理念，绿色循环低碳发展以及"两山"理论等，使可持续发展理念渐入人心并不断深化，也使我们对人居环境可持续发展，落实可持续发展目标11"建设包容、安全、有抵御灾害能力和可持续的城市和人类住区"有了更加清晰的努力方向。

在参与国家和地方人居环境问题诊断和咨询的过程中，可以看到越来越多的地区对可持续发展的理解和实际行动，以及取得的成果和实践经验，亟待针对落实可持续发展目标11的进展进行总结和提炼。中国可持续发展研究会有责任和义务做这样的事情。由中国可持续发展研究会人居环境专业委员会和创新与绿色发展专业委员会联合策划的《中国落实2030年可持续发展议程目标11评估报告：中国城市人居蓝皮书（2021）》，对中国在落实可持续发展目标11的不同方面进行了梳理。对人居环境相关领域文件和政策的整理和解读，体现了我国在落实2030可持续发展议程中从国家到地方各级政府的导向和执行力度，城市评估和优秀案例则展示了不同地区落实可持续发展目标11的进展和因地制宜进行的可持续发展实践，可以非常直观地总结经验、找出差距、明确方向。

人居环境与每个人密切相关，它承载着人类所有的重要活动，也反映着人类不断变迁的过程，这个过程需要记录、梳理、提炼、总结，并进行不断的反思，希望本书能够起到这样的作用。

中国可持续发展研究会 常务理事/人居环境专业委员会 主任委员
国家住宅与居住环境工程技术研究中心 总建筑师

前 言

　　自2015年在联合国大会上，习近平主席同全球百余位国家元首共同签署了2015年后发展议程《改变我们的世界：2030年可持续发展议程》（以下简称《2030年可持续发展议程》）以来，习近平主席历次出席重要国际活动中，必提及"可持续发展"。作为一项国家战略，"可持续发展"理念进一步伴随着联合国《2030年可持续发展议程》在全球的不断推进，进入了寻常大众的视野。中国是承诺并践行联合国可持续发展相关议题最早也是最为积极的国家，各级政府将可持续发展理念有机融入发展战略。

　　城镇和人类住区对于应对全球发展所面临的社会和环境挑战具有重要作用。全球在推进《2030年可持续发展议程》方面进展缓慢，随着全球新冠肺炎的蔓延，实现可持续发展目标的进展受到了严重的负面影响。与此同时，从疫情中恢复的经验表明城镇住区在应对突发危机和建立新常态机制方面具有较强的恢复力和适应性。一些城市已经成为经济社会复苏的重要引擎和创新中心。这为我们提供了重新思考和设想城市地区作为可持续和包容性增长中心的机会。

　　作为全球人口最多、城市化进程最为迅速的国家，中国的城乡建设和发展深刻影响着全球可持续发展进程。中国建成了世界上最大的住房保障体系，帮助2亿多居民解决了住房困难；形成了规模最大的农耕文明遗产群；深入推进以人为核心的新型城镇化；城乡人居环境显著改善，为城乡社区高质量和可持续发展作出了积极贡献。面对国内外发展形势，中国城市和社区在疫情防控常态化下的社区治理；信息化、智能化转型；应对气候变化等方面积极探索经验，很多工作形式和地方实践已经形成了各国学习的先进范式。

　　为了助力联合国《2030年可持续发展议程》和《新城市议程》在中国的落实，评估地方城乡建设过程中对于SDG11"建设包容、安全、有抵御灾害能力和可持续的城市和人类住区"工作的实践效果，更好地梳理地方经验，凝练中国故事，为联合国最佳实践案例提供素材，由中国可持续发展研究会人居环境专业委员会、创新与绿色发展专业委员会策划，国家住宅与居住环境工程技术研究中心、南开大学环境科学与工程学院、新华社《经济参考报》社联合编著了《中国落实2030年可持续发展议程目标11评估报告：中国城市人居蓝皮书（2021）》（以下简称"蓝皮书"），以中英文双语版本向全球出版发行（英文版以电子版形式发布）。

　　本书分为三个篇章：首先，通过对国家、地方两个层面针对SDG11制订的相关政策进行梳理，为地方落实SDG11提供快速政策索引；其次，对副省级城市、省会城市和具备国家级可持续发展实验示范建设基础的地级城市，在上一年度住房保障、公共交通、规划管理、遗产保护、防灾减灾、环境改善、公共空间等领域的成效进行综合评估，并进行发展趋势分析；第三，选择地方在落实 SDG11 过程中政策制定、技术应用、工程实践和能力建设等方面的先进经验和案例进行梳理总结，为讲好中国城市人居故事提供关键素材。

在本书编著过程中，我们特别感谢北京市住房和城乡建设委员会、承德市科学技术局、广西桂林龙胜各族自治县人民政府、桂林市科学技术局、湖州市科学技术局、水利部黄河水利委员会、中国建筑设计研究院有限公司、中国可持续发展研究会等机构提供的大力支持。

蓝皮书英文版以电子文档的形式进行推广，您可以扫描以下二维码，获取全文。您还可以关注中国可持续发展研究会人居环境专业委员会微信公众号，了解国内外城乡建设领域可持续发展最新进展和我们的相关工作实践。

衷心感谢您的关注和支持，让我们一起推动2030年可持续发展目标的实现，携手创造我们共同的世界。

《中国落实2030年可持续发展议程目标11评估
报告：中国城市人居蓝皮书（2021）》英文版

中国可持续发展研究会人居环境专业委员会
微信公众号

中国可持续发展研究会 理事
人居环境专业委员会 秘书长
可持续发展实验示范工作委员会 副主任委员
国家住宅与居住环境工程技术研究中心 博士/研究员

张晓彤

2021年10月

本报告回顾了2020年度我国在城市人居建设方面取得的进展，对各级政府针对可持续发展目标11（SDG11）制订和发布的相关政策进行了导向分析；基于国家落实2030年可持续发展议程相关工作及地方具体举措，对参评城市在住房保障、公共交通、规划管理、遗产保护、防灾减灾、环境改善、公共空间等领域的工作成效进行了综合评估；对地方在落实SDG11过程中政策制定、技术应用、工程实践和能力建设等方面进行了案例解析。报告发现，我国城市人居环境整体有所提升，环境改善方面取得了显著的成效，公共交通和公共空间有所发展，抵御灾害能力和城镇可持续发展能力进一步增强。但同时，由于城市间存在发展不均衡，在部分可持续发展目标的落实上仍面临一系列挑战。

住房保障方面，农村危房改造取得决定性成就，全国2341.6万户建档立卡贫困户均实现住房安全有保障；全面推进城镇老旧小区改造，2020年全国新开工改造城镇老旧小区4.03万个，惠及居民约736万户；从2016年到2020年8月，全国开工改造各类棚户区2300多万套，超额完成"十三五"2000万套目标任务。因城施策促进房地产市场平稳健康发展，规范住房租赁市场和房地产交易管理秩序。全国住房保障发展取得成就的同时，也面临挑战。根据评估结果，经济发展水平越高、规模越大的城市在住房保障方面面临越大的压力，得分普遍较低。反

映出伴随着城市化进程的加快，城市人口的快速增加加大了实现全体居民住有所居的难度。

公共交通方面，各地加快建设交通强国，推动数字化、智能化、绿色、安全的交通运输领域新型基础设施建设；深入实施公共交通优先发展战略，改善城市绿色出行环境，开展人行道净化专项行动，推动自行车专用道建设；重视解决老年人日常交通出行面临的智能技术困难，完善便利老年人出行服务的政策措施。根据评估结果，城市规模和经济发展水平与公共交通发展呈现较为明显的相关性，城市规模和经济体量越大的城市在公共交通发展方面表现较好。反映出城市经济的良好运行为交通基础设施建设和城市公共交通发展提供了有力的支撑。

规划管理方面，我国多规合一的国土空间规划体系基本形成。截至2020年底，除港澳台地区之外的31个省级行政区中，有23个出台了国土空间规划体系实施意见，基本完成省级层面国土空间规划体系顶层设计；试点基于信息化、数字化、智能化的新型城市基础设施建设，推进城市智慧化转型；通过开展城市体检和评估，整治市容市貌乱象等工作，加强城乡规划建设管理；完善居住社区配套设施，开展了城市居住社区建设补短板行动。根据评估结果，城市规模和经济发展水平与城市规划管理水平呈现一定的相关性，参评城市整体表现较好，城市间差异不明显。经济发达的城市有条件在规划管理方面提供

更多支持。

遗产保护方面，我国持续推进中国世界遗产、自然和文化遗产、非物质文化遗产申报和保护管理；全面推进以国家公园为主体的自然保护地体系建设，国家公园体制试点进展顺利；大运河文化保护传承利用"四梁八柱"规划体系形成；创新非物质文化遗产保护利用方式，全面推动非遗扶贫就业工坊建设，截至2020年11月，全国共设立非遗扶贫就业工坊2000余个，带动非遗项目超过2200个，带动近50万人就业。根据评估结果，参评城市在遗产保护方面普遍存在短板，遗产保护已经成为制约中国城市落实SDG11的关键因素，其中人口规模较小的城市在遗产保护方面表现明显好于其他规模城市。

防灾减灾方面，与近5年均值相比，2020年全国因灾死亡失踪人数下降43%，其中因洪涝灾害死亡失踪279人、下降53%，均为历史新低。开展了第一次全国自然灾害综合风险普查，完善自然灾害情况统计调查制度；多措并举提升基层应急能力，支持和规范社会应急力量发展。根据评估结果，城市规模和经济体量越大的城市在防灾减灾方面表现越好（除中等城市），小城市与其他类型城市存在较大差距，在基础设施建设投资和管理方面存在明显短板。

环境改善方面，各地积极开展爱国卫生行动、村庄清洁行动，巩固提升城乡环境卫生质量；因地制宜推进城乡生活垃圾分类和资源化利用，首批开展生活垃圾分类试点的46个重点城市，生活垃圾分类小区覆盖率已达86.6%，生活垃圾平均回收利用率为30.4%。截至2020年底，全国地级及以上城市2914个黑臭水体消除比例达到98.2%。2020年，全国空气环境质量总体改善。全国337个地级及以上城市平均优良天数比例为87.0%，同比上升5.0个百分点。PM$_{2.5}$年均浓度为33微克/立方米，同比下降8.3%；PM10年均浓度为56微克/立方米，同比下降11.1%。根据评估结果，参评城市在环境改善方面整体表现较好，保持着良好的发展趋势，反映出我国近年来重视生态环境保护，积极推动绿色发展和生态文明建设，环境污染防治、城乡环境综合治理等措施取得了显著成效。

公共空间方面，统筹推进城乡绿化美化，为居民提供更多高品质绿色公共空间。到2020年，中国城市建成区绿地面积共达239.8万公顷，人均公园绿地面积达14.8平方米，全国建成绿道近8万公里；推进无障碍环境市县村镇、社区健身场地设施建设。根据评估结果，参评城市公共空间发展水平差异较大，中等规模和经济发展水平较低的城市与其他类型城市存在较大差距。

城乡融合方面，实现了1亿非户籍人口在城市落户的目标，截至2020年底，1.2亿农业转移人口落户城镇；聚焦城镇化短板弱项，推进以县城为重要载体的新型城镇化建设；优化城镇化空间格局，推动都市圈市域（郊）铁路发展，促进特色小镇规范健康发展；推进区域协调发展，支持资源型地区转型，支持革命老区、民族地区、边疆地区、贫困地区改革发展；2020年中央对地方资源枯竭城市转移支付222.90亿元，对地方老少边穷地区转移支付2790.92亿元。

低碳韧性方面，全国装配式建筑相关产业发展迅速，2020年，全国新开工装配式建筑共计6.3亿平方米，较2019年增长50%，占新建建筑面积的比例约为20.5%；装配化装修面积较2019年增长58.7%。截至2020年，全国共创建国家级装配式建筑产业基地328个，省级产业基地908个；创建绿色社区，探索绿色建造，推进建筑垃圾减量化；统筹推进国家安全发展示范城市、全国综合减灾示范县、示范社区创建，提升城市安全管理和社区综合减灾能力。

对外援助方面，深入推进南南合作，在亚非拉等发展中国家开展基础设施完善、灾后重建、低碳发展等领域援助项目。与共建"一带一路"国家广泛开展人居环境领域国际合作，提升社区建设、防灾减灾、文物保护等方面可持续发展能力。

目录

第一篇　政策指引

第二篇 城市评估

第一篇 政策指引

▼ 住房保障方向政策

▼ 公共交通方向政策

▼ 规划管理方向政策

▼ 遗产保护方向政策

▼ 防灾减灾方向政策

▼ 环境改善方向政策

▼ 公共空间方向政策

▼ 城乡融合方向政策

▼ 低碳韧性方向政策

▼ 对外援助方向政策

1.1 住房保障方向政策

SDG11.1：到2030年，确保人人获得适当、安全和负担得起的住房和基本服务，并改造贫民窟。

《中国落实2030年可持续发展议程国别方案》承诺：推动公共租赁住房发展。到2030年，基本完成现有城镇棚户区、城中村和危房改造任务。加大农村危房改造力度，对贫困农户维修、加固、翻建危险住房给予补助。

脱贫攻坚农村危房改造取得决定性成就，建档立卡贫困户均已实现住房安全有保障。 2013—2020年，中央财政累计投入农村危房改造补助资金2077亿元，支持760万户建档立卡贫困户改造危房。2020年完成74.21万户建档立卡贫困户的脱贫攻坚农村危房改造扫尾工程。

克服新冠肺炎疫情影响，加快推进农村危房改造任务扫尾。住房和城乡建设部办公厅、国务院扶贫办综合司印发《关于统筹做好疫情防控和脱贫攻坚保障贫困户住房安全相关工作的通知》，要求每月报送建档立卡贫困户危房改造工程进度情况，确保如期实现贫困户住房安全有保障目标任务。住房和城乡建设部深入落实《国务院扶贫开发领导小组印发关于开展挂牌督战工作的指导意见的通知》，印发《关于开展脱贫攻坚农村危房改造挂牌督战工作的通知》并开展工作，重点排查深度贫困地区危房改造方面突出问题整改情况。

全国2341.6万户建档立卡贫困户均实现住房安全有保障，其中1184万户建档立卡贫困户原住房基本安全，占比50.6%；1157万户建档立卡贫困户通过实施农村危房改造、易地扶贫搬迁、农村集体公租房等多种形式保障了住房安全，占比49.4%。

棚户区改造、公共租赁住房保障、城镇老旧小区改造、住房租赁市场发展等保障性安居工程持续推进。 2020年中央财政安排下达城镇保障性安居工程专项资金706.98亿元，对城市棚户区改造、公共租赁住房保障、城镇老旧小区改造和住房租赁市场发展给予资金支持。2020年全国各类棚户区改造开工209万套，基本建成203万套，超额完成年度计划任务。从2016年到2020年8月，全国开工改造各类棚户区2300多万套，超额完成"十三五"2000万套目标任务。住房和城乡建设部确定浙江省杭州市、安徽省亳州市等10城市入选2020年度棚户区改造工作拟激励城市名单。

实行实物保障与租赁补贴并举的保障制度，有力扩大公租房的保障范围。截至2020年6月，3800多万住房困难居民住进公租房，累计近2200万住房困难居民领取了租赁补贴。

全面推进城镇老旧小区改造，发展多样化社区服务，改善居民居住条件。国务院办公厅印发《关于全面推进城镇老旧小区改造工作的指导意见》，明确了城镇老旧小区改造任务、改造内容、组织实施机制、出资机制、配套政策等方面的具体工作。住房和城乡建设部总结地方加快城镇老旧小区改造项目审批、存量资源整合利用和改造资金政府与居民、社会力量合理共担三个方面的探索实践，形成《城镇老旧小区改造可复制政策机制清单（第一批）》。

中央预算内投资较2019年翻番，安排543亿元主要支持供水、排水、道路等与小区相关的配套基础设施建设，以及养老、托育、无障碍、便民服务等小区及周边的配套公共服务设施建设。2020年中央财政安排下达补助资金303亿元支持地方用于老旧小区改造。2020年全国新开工改造城镇老旧小区4.03万个，惠及居民约736万户。

规范发展住房租赁市场，推进政策性租赁住房试点，促进解决无房新市民、青年等群体的安居问题。进一步促进住房租赁市场健康发展，积极推动住房租赁市场监管的制度化、常态化。2020年9月7日，住房和城乡建设部发布《住房租赁条例（征求意见稿）》（以下简称《条例》），向社会公开征求意见。《条例》在出租与承租、租赁企业、经纪活动、扶持措施、服务与监督、法律责任等方面提出了60多项规范措施，明确提出了严格控制长租公寓领域高进低出、租金贷款等现象，规范住房租赁合同的网络签名申请，稳定各地租金水平。

财政部、住房和城乡建设部发布通知公示，天津、石家庄、太原、沈阳、宁波、青岛、南宁、西安8个城市进入2020年中央财政支持住房租赁市场发展试点范围。资金主要用于多渠道筹集租赁住房房源、建设住房租赁信息服务与监管平台等支出。在住房和城乡建设部的指导和支持下，中国建设银行分批与广州、杭州、济南、郑州、福州、苏州6个城市和沈阳、南京、合肥、青岛、长沙5个城市签订《发展政策性租赁住房战略合作协议》，计划提供3000亿元贷款，支持6个城市3年筹建120万套政策性租赁住房。

规范房地产交易管理秩序，建立以房屋网签备案数据为基础的房地产市场监测体系，为房地产市场调控提供支撑。住房和城乡建设部印发《关于提升房屋网签备案服务效能的意见》，出台房屋网签备案业务操作规范，为建立房地产市场监测体系，落实房地产市场调控提供数据支撑和决策依据；发布《全国房屋网签备案业务数据标准》，指导各地房屋网签备案信息系统建设规范化、标准化、便民化，推进房地产市场监测"一张网"建设。此外，针对房屋网签备案数据信息对接和共享，住房和城乡建设部联合多部门印发《关于加强房屋网签备案信息共享，提升公共服务水平的通知》，提出重点任务。

发挥住房公积金的住房保障功能，租购并举促进住有所居，改善职工住房条件，使更多职工受益于住房公积金制度。住房和城乡建设部、财政部、人民银行印发《关于妥善应对新冠肺炎疫情，实施住房公积金阶段性支持政策的通知》，作出应急式缓征、贷款缓还、租房提取额增加、临时性停缴或降低缴存率等政策调整，要求各地区提出具体办法，纾解企业和职工困难。

住房和城乡建设部、财政部、中国人民银行发布的《全国住房公积金2020年年度报告》显示，2020年，租赁住房提取规模快速增长。租赁住房提取金额1188.51亿元，比上年增长

26.73%；租赁住房提取人数1226.42万人，比上年增长20.97%。帮助新市民在城市稳业安居。新开户职工中，农业转移人口及新就业大学生等新市民1029.52万人，占全部新开户职工的56.10%。个人住房贷款重点支持中、低收入群体首套普通住房。2020年发放的个人住房贷款笔数中，中、低收入职工贷款占95.51%。支持城镇老旧小区改造，改善职工居住环境。支持0.51万人提取住房公积金2.11亿元，用于加装电梯等自住住房改造。

2020年中央政府发布的住房保障方向政策见表1.1。

2020年中央政府发布住房保障方向政策一览　　　　　　表1.1

发布时间	发布政策	发布机构
2020年1月	《关于开展挂牌督战工作的指导意见》	国务院扶贫开发领导小组
2020年2月	《关于妥善应对新冠肺炎疫情实施住房公积金阶段性支持政策的通知》	住房和城乡建设部、财政部、人民银行
2020年3月	《关于提升房屋网签备案服务效能的意见》	住房和城乡建设部
2020年3月	《关于开展脱贫攻坚农村危房改造挂牌督战工作的通知》	住房和城乡建设部
2020年3月	《关于统筹做好疫情防控和脱贫攻坚保障贫困户住房安全相关工作的通知》	住房和城乡建设部办公厅、国务院扶贫办综合司
2020年4月	《关于印发全国房屋网签备案业务数据标准的通知》	住房和城乡建设部办公厅
2020年5月	《关于开展建档立卡贫困户住房安全有保障核验工作的通知》	住房和城乡建设部、国务院扶贫办
2020年7月	《关于加强房屋网签备案信息共享提升公共服务水平的通知》	住房和城乡建设部、最高人民法院、公安部、中国人民银行、国家税务总局、中国银保监会
2020年7月	《关于全面推进城镇老旧小区改造工作的指导意见》	国务院办公厅
2020年7月	《2020年中央财政支持住房租赁市场发展试点入围城市名单公示》	财政部综合司、住房和城乡建设部房地产市场监管司
2020年9月	《住房租赁条例（征求意见稿）》	住房和城乡建设部
2020年12月	《城镇老旧小区改造可复制政策机制清单（第一批）》	住房和城乡建设部办公厅

1.2 公共交通方向政策

目标 11·2

负担得起、可持续的
交通运输系统

SDG11.2：到2030年，向所有人提供安全、负担得起的、易于利用、可持续的交通运输系统，改善道路安全，特别是扩大公共交通，要特别关注处境脆弱者、妇女、儿童、残疾人和老年人的需要。

《中国落实2030年可持续发展议程国别方案》承诺：实施公共交通优先发展战略，完善公共交通工具无障碍功能，推动可持续城市交通体系建设。2020年初步建成适应小康社会需求的现代化城市公共交通体系。

以安全、智慧、绿色、开放为导向完善制度体系建设，推进交通运输治理体系和治理能力现代化。交通运输部印发《关于推进交通运输治理体系和治理能力现代化若干问题的意见》，作为新时期全面深化交通运输改革的总体设计文件，指导行业形成适应加快建设交通强国的现代化治理体系和治理能力。针对法治建设，政府、市场、社会三个治理维度，基础设施建设、出行服务、货运物流三项行业最主要职责任务，安全、智慧、绿色、开放的治理理念和价值导向，人才体系，党的领导等方面治理体系提出重点要求。

规范数据标准，促进信息共享和业务协同，提升城市轨道交通工程质量安全管理信息化水平。住房和城乡建设部印发《城市轨道交通工程质量安全监管信息平台共享交换数据标准（试行）》，聚焦行业突出问题，围绕信息共享交换，对未来行业质量安全信息化管理平台的建设提出了明确要求。

针对新冠疫情防控期间违法违规设置道路障碍、干扰公路运输正常秩序等问题，国务院办公厅印发《关于做好公路交通保通保畅工作，确保人员车辆正常通行的通知》，保障人员车辆正常通行、有序恢复公路运输服务和重点防疫物资运输畅通。

通过开展绿色出行创建行动，引导公众出行优先选择公共交通、步行和自行车等绿色出行方式，降低小汽车通行总量，整体提升我国各城市的绿色出行水平。交通运输部、国家发展改革委印发《绿色出行创建行动方案》，对绿色出行成效、推进机制、基础设施、清洁能源车辆规模、公共交通优先、交通服务创新、绿色文化宣传等方面提出创建标准，力争到2022年，60%以上的创建城市绿色出行比例达到70%以上，绿色出行服务满意率不低于80%。

深入实施公共交通优先发展战略。交通运输部在全国组织开展了国家公交都市建设示范工程，经评估命名石家庄市、呼和浩特市、沈阳市、哈尔滨市、合肥市、南昌市、济南市、青岛市、株洲市、柳州市、西安市、乌鲁木齐市为国家公交都市建设示范城市。

改善城市绿色出行环境，开展人行道净化专项行动，推动自行车专用道建设。住房和城乡建设部印发《关于开展人行道净化和自行车专用道建设工作的意见》，对人行道连续畅通、通行安全、通行舒适三方面提出要求，对自行车专用道提出科学规划、统筹建设、强化自行车专用道管理的要求。

加快建设交通强国，以先进技术深度赋能道路交通运输发展，推动交通运输领域新型基础设施建设。交通运输部印发《关于推动交通运输领域新型基础设施建设的指导意见》，要求推动交通基础设施数字转型、智能升级，建设便捷顺畅、经济高效、绿色集约、智能先进、安全可靠的交通运输领域新型基础设施。重点打造融合高效的智慧交通基础设施、助力信息基础设施建设、完善行业创新基础设施。

国家发展改革委、工业和信息化部等11部委联合印发《智能汽车创新发展战略》，为中国标准智能汽车产业发展提供明确的路线图，围绕构建智能汽车技术创新体系、产业生态体系、基础设施体系、法规标准体系、产品监管体系、网络安全体系六大方面进行任务部署。交通运输部针对道路交通自动驾驶发展应用提出指导意见，推动自动驾驶技术研发、试点示范、支撑体系，提升道路基础设施智能化水平。

健全完善"四好农村路"高质量发展体系，完善农村公路养护、农村客运可持续发展长效机制。交通运输部、财政部贯彻落实《国务院办公厅关于深化农村公路管理养护体制改革的意见》，重点从落实主体责任、健全管理养护体系、强化资金保障、创新体制机制、推进改革试点等方面推进工作。交通运输部印发《关于全力推进乡镇和建制村通客车工作，确保完成交通运输脱贫攻坚兜底任务的通知》，加快推进剩余具备条件的乡镇和建制村通客车，对农村客运运营模式、安全运营水平、扶持政策、评估考核等方面提出具体要求。

重视解决老年人日常交通出行面临的智能技术困难，完善交通运输领域便利老年人出行服务的政策措施。交通运输部等七部门印发《关于切实解决老年人运用智能技术困难便利老年人日常交通出行的通知》，推动解决老年人在智能技术面前遇到的交通出行困难，确保老年人日常交通出行便利。通知要求：改进交通运输领域"健康码"查验服务、便利老年人乘坐公共交通、优化老年人打车出行服务、提高客运场站人工服务质量。

2020年中央政府发布公共交通方向政策见表1.2。

2020年中央政府发布公共交通方向政策一览　　　　　　　　　　　　　　　　　　　　表1.2

发布时间	发布政策	发布机构
2020年1月	《关于开展人行道净化和自行车专用道建设工作的意见》	住房和城乡建设部
2020年2月	《智能汽车创新发展战略》	国家发展改革委、中央网信办、科技部、工业和信息化部、公安部、财政部、自然资源部、住房和城乡建设部、交通运输部、商务部、市场监管总局
2020年2月	贯彻落实《国务院办公厅关于深化农村公路管理养护体制改革的意见》的通知	交通运输部、财政部

发布时间	发布政策	发布机构
2020年2月	《关于做好公路交通保通保畅工作，确保人员车辆正常通行的通知》	国务院办公厅
2020年3月	《关于全力推进乡镇和建制村通客车工作，确保完成交通运输脱贫攻坚兜底任务的通知》	交通运输部
2020年7月	《绿色出行创建行动方案》	交通运输部、国家发展改革委
2020年8月	《关于推动交通运输领域新型基础设施建设的指导意见》	交通运输部
2020年9月	《关于命名石家庄市等12个城市国家公交都市建设示范城市的通报》	交通运输部
2020年10月	交通运输部《关于推进交通运输治理体系和治理能力现代化若干问题的意见》	交通运输部
2020年12月	《关于切实解决老年人运用智能技术困难便利老年人日常交通出行的通知》	交通运输部、人力资源社会保障部、国家卫生健康委、中国人民银行、国家铁路局、中国民用航空局、中国国家铁路集团有限公司
2020年12月	《关于促进道路交通自动驾驶技术发展和应用的指导意见》	交通运输部
2020年12月	《城市轨道交通工程质量安全监管信息平台共享交换数据标准（试行）》	住房和城乡建设部

1.3 规划管理方向政策

目标 11·3

包容、可持续的城市建设

SDG11.3：到2030年，在所有国家加强包容和可持续的城市建设，加强参与性、综合性、可持续的人类住区规划和管理能力。

《中国落实2030年可持续发展议程国别方案》承诺：推进以人为核心的新型城镇化，提高城市规划、建设、管理水平。到2020年，通过城市群、中小城市和小城镇建设优化城市布局，努力打造和谐宜居、富有活力、各具特色的城市。完善社会治理体系，实现政府治理和社会调节、居民自治良性互动。

开展用地审批权改革试点，加快宅基地和集体建设用地使用权确权登记。在严格保护耕地、节约集约用地的前提下，进一步深化"放管服"改革，改革土地管理制度，赋予省级人民政府更大用地自主权。国务院印发《关于授权和委托用地审批权的决定》，将国务院可以授权的永久基本农田以外的农用地转为建设用地审批事项授权各省、自治区、直辖市人民政府批准，在北京、天津、上海、江苏、浙江、安徽、广东、重庆开展用地审批权改革首批试点。

加快宅基地和集体建设用地使用权确权登记。自然资源部印发《关于加快宅基地和集体建设用地使用权确权登记工作的通知》，要求以未确权登记的宅基地和集体建设用地为工作重点，按照不动产统一登记要求，加快地籍调查，对符合登记条件的办理房地一体不动产登记。

加快推进各级各类国土空间规划和乡村规划编制，加强规划监督管理和技术标准体系构建。我国多规合一的国土空间规划体系基本形成，各级国土空间规划和乡村规划抓紧编制。截

至2020年12月29日，我国除港澳台地区之外的31个省级行政区中，有23个出台了国土空间规划体系实施意见，基本完成省级层面国土空间规划体系顶层设计。自然资源部出台《关于做好近期国土空间规划有关工作的通知》，对地方在新国土空间规划批准实施前使用新增建设用地进行指导规范，明确提出：各地要抓紧统筹推进省以下各级国土空间规划编制，确保2021年三季度前基本完成县级以上国土空间总体规划编制报批工作；发布《关于进一步做好村庄规划工作的意见》提出，统筹城乡发展，有序推进全域全要素村庄规划编制。

在规划编制审批方面，自然资源部办公厅印发《关于加强国土空间规划监督管理的通知》对规划编制实施监管，要求规范规划编制审批、严格规划许可管理、实行规划全周期管理、严格干部队伍管理等规定，其中内容包括：建立健全国土空间规划"编""审"分离机制；规划编制实行编制单位终身负责制等。

在国土空间规划技术标准体系构建上，

2020年以来，自然资源部陆续发布《资源环境承载能力与国土空间开发适宜性评价指南（试行）》《省级国土空间规划编制指南（试行）》《市级国土空间总体规划编制指南（试行）》《国土空间调查、规划、用途管制用地用海分类指南（试行）》等一系列编制技术文件，为各级各类国土空间规划编制提供技术支撑。

加强建筑工程、市政基础设施工程质量和安全管理，保障城市安全有序运行。统筹城市地下空间利用和市政基础设施建设管理，进一步加强城市地下市政基础设施建设。住房和城乡建设部印发《关于加强城市地下市政基础设施建设的指导意见》，从开展普查，掌握设施实情；加强统筹，完善协调机制；补齐短板，提升安全韧性；压实责任，加强设施养护；完善保障措施5个方面明确了具体措施。住房和城乡建设部印发《关于落实建设单位工程质量首要责任的通知》，着力构建以建设单位为首要责任的工程质量责任体系，不断提高房屋建筑和市政基础设施工程质量水平。

推进基于信息化、数字化、智能化的新型城市基础设施建设，指导各地开展城市信息模型（CIM）基础平台建设。实施网络强国、数字中国、智慧社会的战略部署，加强新型城镇化建设和新型基础设施建设。住房和城乡建设部会同中央网信办、科技部、工业和信息化部等六部门先后印发《关于加快推进新型城市基础设施建设的指导意见》《关于开展新型城市基础设施建设试点工作的函》，推进新一代数字技术与城市规划建设管理深度融合，引领城市转型发展，在重庆、太原、南京、苏州、杭州、嘉兴、福州、济南、青岛、济宁、郑州、广州、深圳、佛山、成都、贵阳16个城市开展"新城建"试点。

国家发展改革委办公厅印发《关于加快落实新型城镇化建设补短板强弱项工作，有序推进县城智慧化改造的通知》，有序引导各地区因地制宜推进县城智慧化改造，发挥数字化、智慧化赋能效应，支撑县域经济社会高质量发展。

全面推进城市信息模型（CIM）平台搭建，助力智慧城市建设。住房和城乡建设部、工业和信息化部、中央网信办印发《关于开展城市信息模型（CIM）基础平台建设的指导意见》，着力打造智慧城市基础操作平台，推进CIM平台在城市体检、智慧市政、智慧社区、智慧交通等领域的应用。住房和城乡建设部总结广州、南京等城市试点经验做法，制定《城市信息模型（CIM）基础平台技术导则》指导各地开展建设。导则提出了CIM基础平台建设在平台构成、功能、数据、运维等方面的技术要求。

全面推进城市体检评估，治理"城市病"，开展美丽中国、美丽乡村建设和评估。以"防疫情补短板扩内需"为主题开展2020年城市体检。住房和城乡建设部印发《关于支持开展2020年城市体检工作的函》，选择天津、上海、重庆等36个样本城市全面推进城市体检工作。样本城市根据《2020年城市体检工作方案》，有针对性地查找城市发展和城市规划建设管理存在的问题，加强技术支撑，建立城市体检信息平台，提出有针对性的治理措施。

发挥评估工作对美丽中国建设的引导推进作用。国家发展改革委印发《美丽中国建设评估指标体系及实施方案》，聚焦生态环境良好、人居环境整洁等方面，构建评估指标体系，结合各地实际提出预期目标。深入推进美丽乡村建设，开展乡村建设评价。主要围绕"缩小城乡差距、补短板提质量"目标，从发展水平、服务体系、居住舒适、生态安全、县城建设等5个方面对乡村建设进行全面分析评价。全国15个县入选乡村建设评价试点县。

整治市容市貌乱象，强化规范管理，提升城市形象和文化特色。 住房和城乡建设部印发《城市市容市貌干净整洁有序安全标准（试行）》，对城市道路、建（构）筑物、公共服务设施、户外广告与招牌、公共场所、城市绿化和城市水域、施工工地等容貌管理制定指导、监督和评价，提升城市管理精细化水平和治理能力。

治理"贪大、媚洋、求怪"等建筑乱象，加强城市建（构）筑物风貌管理，住房和城乡建设部、国家发展改革委印发《关于进一步加强城市与建筑风貌管理的通知》，要求明确城市与建筑风貌管理重点、完善城市与建筑风貌管理制度、加强责任落实和宣传引导；治理滥建巨型雕像等"文化地标"现象，住房和城乡建设部印发《关于加强大型城市雕塑建设管理的通知》，着力加强大型城市雕塑管控、重要地区雕塑管理、重大题材雕塑审查，健全和完善大型城市雕塑管理制度机制。

城市户外广告设施规范管理试点取得成效。长春、武汉、成都、厦门、青岛、深圳、无锡、株洲、如皋9个试点城市，健全顶层设计，整治提升城市户外广告设施，打造典型示范项目，形成了一批可复制、可推广的经验做法。

开展美好环境与幸福生活共同缔造活动，补齐城市社区短板，推进"完整社区"建设。 完善居住社区配套设施，大力开展居住社区建设补短板行动，建设安全健康、设施完善、管理有序的完整居住社区。住房和城乡建设部等十三部门印发《关于开展城市居住社区建设补短板行动的意见》，并出台《完整居住社区建设标准（试行）》，完善社区基础设施和公共服务，创造宜居的社区空间环境，营造体现地方特色的社区文化，推动建立共建共治共享的社区治理体系。

宣传和推广共同缔造活动工作成效。住房和城乡建设部将重庆市渝北区、内蒙古自治区赤峰市敖汉旗等17个县（市、区、旗）列为第一批全国美好环境与幸福生活共同缔造活动培训基地，开展共同缔造活动的优秀经验和典型案例培训交流，加强能力建设。

融入基层社会治理，推动物业服务业高品质升级，满足居民多样化多层次生活服务需求。 加强和创新社会治理，推动社会治理重心向基层下移，发挥基层组织和物业服务企业常驻社区、贴近居民、响应快速等优势，推动生活服务业向高品质和多样化升级，加快发展社区物业服务业。住房和城乡建设部联合多部门印发《关于加强和改进住宅物业管理工作的通知》《关于推动物业服务企业加快发展线上线下生活服务的意见》《关于推动物业服务企业发展居家社区养老服务的意见》，分别聚焦物业管理与基层社会治理融合；智慧物业管理服务；居家社区养老和照护，着力推动物业服务融入基层社会治理体系、提升物业管理服务水平、推动发展生活服务业、探索"物业服务＋"模式、规范维修资金使用和管理、强化物业服务监督管理等。

2020年中央政府发布规划管理方向政策见表1.3。

2020年中央政府发布规划管理方向政策一览 表1.3

发布时间	发布政策	发布机构
2020年1月	《资源环境承载能力与国土空间开发适宜性评价指南（试行）》	自然资源部办公厅
2020年1月	《省级国土空间规划编制指南（试行）》	自然资源部办公厅

发布时间	发布政策	发布机构
2020年2月	《美丽中国建设评估指标体系及实施方案》	国家发展改革委
2020年3月	《关于授权和委托用地审批权的决定》	国务院
2020年4月	《关于进一步加强城市与建筑风貌管理的通知》	住房和城乡建设部、国家发展改革委
2020年5月	《关于加强国土空间规划监督管理的通知》	自然资源部办公厅
2020年5月	《关于加快宅基地和集体建设用地使用权确权登记工作的通知》	自然资源部
2020年6月	《关于支持开展2020年城市体检工作的函》	住房和城乡建设部
2020年7月	《关于加快落实新型城镇化建设补短板强弱项工作，有序推进县城智慧化改造的通知》	国家发展改革委办公厅
2020年7月	《关于公布第一批全国美好环境与幸福生活共同缔造活动培训基地名单的通知》	住房和城乡建设部办公厅
2020年8月	《关于加快推进新型城市基础设施建设的指导意见》	住房和城乡建设部、中央网信办、科技部、工业和信息化部、人力资源社会保障部、商务部、银保监会
2020年8月	《关于开展城市居住社区建设补短板行动的意见》	住房和城乡建设部、教育部、工业和信息化部、公安部、商务部、文化和旅游部、国家卫生健康委、国家税务总局、国家市场监管总局、国家体育总局、国家能源局、国家邮政局、中国残联
2020年9月	《关于加强大型城市雕塑建设管理的通知》	住房和城乡建设部
2020年9月	《城市信息模型（CIM）基础平台技术导则》	住房和城乡建设部办公厅
2020年9月	《关于落实建设单位工程质量首要责任的通知》	住房和城乡建设部
2020年9月	《市级国土空间总体规划编制指南（试行）》	自然资源部办公厅
2020年10月	《关于开展城市信息模型（CIM）基础平台建设的指导意见》	住房和城乡建设部、工业和信息化部、中央网信办
2020年10月	《关于开展新型城市基础设施建设试点工作的函》	住房和城乡建设部
2020年11月	《关于推动物业服务企业发展居家社区养老服务的意见》	住房和城乡建设部、国家发展改革委、民政部、国家卫生健康委、国家医疗保障局、全国老龄办
2020年11月	《关于做好近期国土空间规划有关工作的通知》	自然资源部
2020年11月	《国土空间调查、规划、用途管制用地用海分类指南（试行）》	自然资源部办公厅
2020年12月	《关于加强和改进住宅物业管理工作的通知》	住房和城乡建设部、中央政法委、中央文明办、国家发展改革委、公安部、财政部、人力资源社会保障部、应急管理部、国家市场监管总局、银保监会
2020年12月	《关于推动物业服务企业加快发展线上线下生活服务的意见》	住房和城乡建设部、工业和信息化部、公安部、商务部、国家卫生健康委、国家市场监管总局
2020年12月	《城市市容市貌干净整洁有序安全标准（试行）》	住房和城乡建设部
2020年12月	《关于加强城市地下市政基础设施建设的指导意见》	住房和城乡建设部
2020年12月	《关于进一步做好村庄规划工作的意见》	自然资源部办公厅

1.4 遗产保护方向政策

目标 11·4

保护世界文化和自然遗产

SDG11.4：进一步努力保护和捍卫世界文化和自然遗产。

《中国落实2030年可持续发展议程国别方案》承诺：执行《文物保护法》《非物质文化遗产法》《风景名胜区条例》和《博物馆条例》，到2030年，保障公众的基本文化服务，满足多样化的文化生活需求。提高非物质文化遗产保护水平，到2020年，参加研修、研习和培训的非遗传承人群争取达到10万人次。

全面推进以国家公园为主体的自然保护地体系建设，国家公园体制试点进展顺利。国家林业和草原局组织第三方对10个国家公园体制试点区任务完成情况开展评估验收，将提出正式设立国家公园的建议名单。我国正在开展东北虎豹、祁连山、大熊猫、三江源、海南热带雨林、武夷山、神农架、普达措、钱江源、南山等10处国家公园体制试点，试点区涉及12个省份，总面积超过22万平方公里，约占我国陆域国土面积的2.3%。

持续推进和加强国家历史文化名城名镇名村、历史文化街区和传统村落保护。住房和城乡建设部、国家文物局印发《关于开展国家历史文化名城保护工作调研评估的通知》《国家历史文化名城申报管理办法（试行）》，加强和改进部分历史文化名城保护工作存在的问题，进一步规范国家历史文化名城申报和管理工作。在城市更新改造中加强历史文化保护传承工作，住房和城乡建设部办公厅印发《关于在城市更新改造中切实加强历史文化保护坚决制止破坏行

为的通知》，确保具有保护价值的城市片区和建筑得到有效保护。推动传统村落保护传承和发展，住房和城乡建设部办公厅印发《关于实施中国传统村落挂牌保护工作的通知》，统一设置中国传统村落保护标志，对中国传统村落实施挂牌保护。

统筹推进大运河文化保护传承利用，制定大运河国家文化公园建设顶层设计。国家发展改革委联合国家文物局、水利部、生态环境部、文化和旅游部分别编制的文化遗产保护传承、河道水系治理管护、生态环境保护修复、文化和旅游融合发展4个专项规划，为大运河文化保护传承利用各专项领域工作提供全局性、支撑性指引，指导大运河沿线北京、天津、河北、山东、河南、安徽、江苏、浙江等省市编制8个地方实施规划，作为各地推动大运河文化保护传承利用的具体实施依据，形成大运河文化保护传承利用"四梁八柱"规划体系。

具体来看，国家文物局、文化和旅游部、国家发展改革委印发《大运河文化遗产保护传承专

项规划》，着力实现大运河文化遗产全面保护传承，焕发新的生机与活力。水利部、交通运输部、国家发展改革委印发《大运河河道水系治理管护专项规划》，着力推进大运河河道水系治理管护，打造绿色安澜运河。生态环境部、自然资源部、国家发展改革委、国家林草局印发《大运河生态环境保护修复专项规划》，着力推进生态环境保护修复，建设绿色生态廊道。文化和旅游部、国家发展改革委印发《大运河文化和旅游融合发展专项规划》，着力推进文化和旅游融合发展，发挥经济社会综合效益。

弘扬和传承中华优秀传统文化，探索文化振兴，带动城市转型发展。推进国家古籍保护工程。文化和旅游部公布第六批《国家珍贵古籍名录》和《全国古籍重点保护单位名单》。进一步实施革命文物保护利用工程。中央宣传部、财政部、文化和旅游部、国家文物局公布第二批革命文物保护利用片区分县名单，加强革命文物的资源整合和整体保护；国务院公布第三批国家级抗战纪念设施、遗址名录，推进革命抗战纪念设施、遗址的保护管理。全面加强石窟寺保护利用。国务院办公厅印发《关于加强石窟寺保护利用工作的指导意见》，从管理体制机制、技术运用、人才培养、文化传承等方面推进工作。探索老工业城市转型发展新路径，以文化振兴带动老工业城市全面振兴。国家发展改革委、工业和信息化部、国务院国资委、国家文物局、国家开发银行制定并印发《推动老工业城市工业遗产保护利用实施方案》。

持续推进中国世界遗产、自然和文化遗产、非物质文化遗产申报和保护管理。2020年我国提交申报两项世界遗产，泉州：宋元中国的世界海洋商贸中心（文化遗产项目）和五里坡自然保护区（自然遗产项目）。天宝陂、龙首渠引洛古灌区、白沙溪三十六堰、桑园围成功入选2020年世界灌溉工程遗产名录。至此，我国的世界灌溉工程遗产达到23处，成为拥有遗产工程类型最丰富、分布范围最广泛、灌溉效益最突出的国家。湖南湘西、甘肃张掖获批世界地质公园。至此，我国世界地质公园数量升至41处，居世界首位。2020年12月14日，我国单独申报的"太极拳"、我国与马来西亚联合申报的"送王船——有关人与海洋可持续联系的仪式及相关实践"两个项目，列入联合国教科文组织人类非物质文化遗产代表作名录。截至2020年年底，我国共有42个非物质文化遗产项目列入联合国教科文组织非物质文化遗产名录（册），居世界第一。

创新非物质文化遗产保护利用方式，助力精准扶贫和乡村振兴。落实文化和旅游部办公厅、国务院扶贫办综合司《关于推进非遗扶贫就业工坊建设的通知》，全面推动非遗扶贫就业工坊建设，促进非遗保护传承融入脱贫攻坚、乡村振兴等国家重大战略。截至2020年11月，全国共设立非遗扶贫就业工坊2000余个，带动非遗项目超过2200个，带动近50万人就业，助力20万贫困户实现脱贫。文化和旅游部联合商务部、国务院扶贫办支持几大电商平台联合举办"非遗购物节"，开展非遗产品销售活动，促进社会文化消费。

2020年中央政府发布遗产保护方向政策见表1.4。

2020年中央政府发布遗产保护方向政策一览　　　　　　表1.4

发布时间	发布政策	发布机构
2020年5月	《关于实施中国传统村落挂牌保护工作的通知》	住房和城乡建设部办公厅
2020年6月	《大运河河道水系治理管护专项规划》	水利部、交通运输部、国家发展改革委
2020年6月	《推动老工业城市工业遗产保护利用实施方案》	国家发展改革委、工业和信息化部、国务院国资委、国家文物局、国家开发银行
2020年7月	《关于开展国家历史文化名城保护工作调研评估的通知》	住房和城乡建设部、国家文物局
2020年7月	《大运河文化遗产保护传承专项规划》	国家文物局、文化和旅游部、国家发展改革委
2020年7月	《关于公布<革命文物保护利用片区分县名单（第二批）>的通知》	中央宣传部、财政部、文化和旅游部、国家文物局
2020年8月	《关于在城市更新改造中切实加强历史文化保护坚决制止破坏行为的通知》	住房和城乡建设部办公厅
2020年8月	《国家历史文化名城申报管理办法（试行）》	住房和城乡建设部、国家文物局
2020年8月	《大运河生态环境保护修复专项规划》	生态环境部、自然资源部、国家发展改革委、国家林草局
2020年9月	《大运河文化和旅游融合发展专项规划》	文化和旅游部、国家发展改革委
2020年9月	《国务院关于公布第三批国家级抗战纪念设施、遗址名录的通知》	国务院
2020年11月	《国务院关于第六批国家珍贵古籍名录和第六批全国古籍重点保护单位名单的批复》	国务院
2020年11月	《国务院办公厅关于加强石窟寺保护利用工作的指导意见》	国务院办公厅

1.5 防灾减灾方向政策

目标 11·5

减少自然灾害造成的不利影响

SDG11.5：到2030年，大幅减少包括水灾在内的各种灾害造成的死亡人数和受灾人数，大幅减少上述灾害造成的与全球国内生产总值有关的直接经济损失，重点保护穷人和处境脆弱群体。

《中国落实2030年可持续发展议程国别方案》承诺：依照《中华人民共和国突发事件应对法》《中华人民共和国气象法》《森林防火条例》《中华人民共和国道路交通安全法》等法律法规科学减灾，重点保护受灾弱势群体。按照全面规划、统筹兼顾、预防为主、综合治理、局部利益服从全局利益的原则做好防洪工作，大幅减少洪灾造成的死亡人数、受灾人数和经济损失。

强化灾害风险管理和综合防范，加快推进自然灾害防治体系和防治能力现代化。2020年，我国积极应对一系列重大自然灾害，最大限度减少了人员伤亡和财产损失。与近5年均值相比，2020年全国因灾死亡失踪人数下降43%，其中因洪涝灾害死亡失踪279人、下降53%，均为历史新低。

多部门统筹发挥职能优势，提升洪涝和地质灾害防范能力。自然资源部办公厅、中国气象局办公室联合印发通知，部署加强汛期地质灾害气象风险预警。水利部重点强化监测预报预警，印发《2020年度超标洪水防御工作方案》指导各流域、各地编制超标洪水防御预案，研究制定超标洪水应对措施；水利部办公厅印发《关于进一步加强堤防水闸安全度汛工作的通知》，保障堤防、水闸工程安全运行。自然资源部办公厅印发《关于贯彻落实习近平总书记重要指示精神，加强汛期地质灾害防治工作的通知》，重点强化专家技术指导、监测预警、应急避险和转移、灾情信息报送等方面的工作。住房和城乡建设部办公厅印发《关于做好2020年城市排水防涝工作的通知》，从落实工作责任、排查安全隐患、加强作业人员防护、完善应急预案、整治易涝区段、加强信息报送等方面指导城市排水防涝安全。

在森林草原防火方面，国家森防指办公室、应急管理部、国家林业和草原局印发《关于进一步加强当前森林草原防灭火工作的通知》，严防重特大森林草原火灾发生。国务院办公厅印发《国家森林草原火灾应急预案》，明确了处置森林草原火灾的基本遵循和行动指南，着眼解决森林草原防灭火工作新情况新问题，建立上下贯通预案体系。2020年全国发生森林火灾1153起、草原火灾13起，分别比2019年下降50.8%和71.1%。

在农作物病虫害防治方面，国务院公布的《农作物病虫害防治条例》从明确防治责任、健全防治制度、规范专业化防治服务、鼓励绿色防控四方面对农作物病虫害防治工作予以规范。

强化自然灾害防治基础工作，开展第一次全国自然灾害综合风险普查，完善自然灾害情况统计调查制度。为全面掌握我国自然灾害风险隐患情况，提升全社会抵御自然灾害的综合防范能力，国务院办公厅印发《关于开展第一次全国自然灾害综合风险普查的通知》，明确要求摸清全国自然灾害风险隐患底数，查明重点区域抗灾能力，客观认识全国和各地区自然灾害综合风险水平。为及时准确、客观全面反映自然灾害和救援救灾工作情况，应急管理部修订并印发《自然灾害情况统计调查制度》和《特别重大自然灾害损失统计调查制度》。

国家综合性消防救援队伍发挥应急救援主力军作用，全力防范化解重大安全风险。全国消防救援队伍积极应对新冠肺炎疫情影响，持续开展隐患排查整治，承担各类灾害事故的应对处置任务。全国消防救援队伍共接警出动128.4万起，其中，全年共参与社会救助39.5万起，处置灾害事故近35万起，扑救火灾25.1万起，参加公务执勤6.4万起，其他类出动22.4万起。全年日均出动消防指战员3.44万人次、消防车辆6200辆次，共从灾害现场营救被困人员16.3万人，疏散遇险人员42.4万人。根据地方防疫指挥部的安排，配合开展涉疫人员转运、涉疫场所消毒、涉疫物品和车辆洗消、转运防疫物资等工作，提供排水排涝、紧急送水、送药就医等救助服务工作。

多措并举提升基层防灾减灾救灾能力，支持和规范社会应急力量发展。通过强化灾害风险网格化管理、落实基层应急物资储备、统筹基层应急力量建设、加强应急避难场所建设、加大防灾减灾知识宣传教育等方面，积极推进基层应急能力建设。国家减灾委员会办公室、应急管理部印发《关于加强基层应急能力建设，做好2020年全国防灾减灾日有关工作的通知》，指导全国各地以"提升基层应急能力，筑牢防灾减灾救灾的人民防线"为主题，推进能力建设，开展防灾减灾活动。

完善全国灾情报告系统，吸纳社会力量参与灾情信息服务体系建设。应急管理部、民政部、财政部印发《关于加强全国灾害信息员队伍建设的指导意见》，着力构建覆盖全国所有城乡社区，熟练掌握灾情统计报送和开展灾情核查评估的"省—市—县—乡—村"五级灾害信息员队伍。

研究探索社会应急力量参与抢险救援工作的新路径。应急管理部办公厅印发《关于进一步引导社会应急力量参与防汛抗旱工作的通知》，支持和鼓励社会应急力量有序开展相关工作。

2020年中央政府发布防灾减灾方向政策见表1.5。

2020年中央政府发布防灾减灾方向政策一览　　　　　　表1.5

发布时间	发布政策	发布机构
2020年2月	《关于加强全国灾害信息员队伍建设的指导意见》	应急管理部、民政部、财政部
2020年2月	《关于进一步加强当前森林草原防灭火工作的通知》	国家森防指办公室、应急管理部、国家林业和草原局
2020年3月	《自然灾害情况统计调查制度》	应急管理部
2020年3月	《特别重大自然灾害损失统计调查制度》	应急管理部
2020年3月	《关于做好2020年城市排水防涝工作的通知》	住房和城乡建设部办公厅
2020年3月	《2020年度超标洪水防御工作方案》	水利部

发布时间	发布政策	发布机构
2020年4月	《农作物病虫害防治条例》	国务院
2020年4月	《关于加强基层应急能力建设，做好2020年全国防灾减灾日有关工作的通知》	国家减灾委员会办公室、应急管理部
2020年4月	《关于进一步加强堤防水闸安全度汛工作的通知》	水利部办公厅
2020年5月	《关于进一步加强汛期地质灾害气象风险预警工作的通知》	自然资源部办公厅、中国气象局办公室
2020年6月	《国务院办公厅关于开展第一次全国自然灾害综合风险普查的通知》	国务院办公厅
2020年6月	《关于进一步引导社会应急力量参与防汛抗旱工作的通知》	应急管理部办公厅
2020年7月	《关于贯彻落实习近平总书记重要指示精神，加强汛期地质灾害防治工作的通知》	自然资源部办公厅
2020年11月	《国家森林火灾应急预案》	国务院办公厅

1.6 环境改善方向政策

目标 11·6

减少城市的负面环境影响

SDG11.6：到2030年，减少城市的人均负面环境影响，包括特别关注空气质量，以及城市废物管理等。

《中国落实2030年可持续发展议程国别方案》承诺：积极推动城乡绿化建设，人均公园绿地面积持续增加。全面提升城市生活垃圾管理水平，全面推进农村生活垃圾治理，不断提高治理质量。制定城市空气质量达标计划，到2020年，地级及以上城市重污染天数减少25%。

推进生态环境法治建设，完善现代环境治理体系，为建设生态文明和美丽中国提供有力制度保障。 中共中央办公厅、国务院办公厅印发《关于构建现代环境治理体系的指导意见》，着力构建党委领导、政府主导、企业主体、社会组织和公众共同参与的现代环境治理体系。总结实践经验，健全固体废物污染环境防治长效机制，强化生态环境保护法律制度和公共卫生法治保障。2020年4月29日第十三届全国人民代表大会修订了《中华人民共和国固体废物污染环境防治法》。

积极开展爱国卫生行动、村庄清洁行动，巩固提升环境卫生质量，推进城乡人居环境综合整治和公共卫生体系建设。 国务院印发《关于深入开展爱国卫生运动的意见》，着力完善公共卫生设施，改善城乡人居环境。要求全面推进城乡环境卫生综合整治，补齐公共卫生环境短板；加快垃圾污水治理，全面推进厕所革命，保障饮用水安全，强化病媒生物防治，推进卫生城镇创建等。住房和城乡建设部印发《关于进一步做好城

市环境卫生工作的通知》，关心一线环卫工作者，巩固疫情防控期间城市环卫各项工作成果。全国各地采取有效措施，着力解决村庄环境脏乱差问题。全国95%以上村庄开展了清洁行动，引导4亿多人次农民参加，绝大多数村庄实现干净整洁有序。中央农村工作领导小组办公室、农业农村部通报表扬2020年106个全国村庄清洁行动先进县，发挥其示范带动作用，并要求各地因地制宜拓展提高"三清一改"标准，引导农民群众养成良好卫生习惯和健康生活方式。

建立健全环境基础设施和分类收运处置体系，因地制宜推进城乡生活垃圾分类和资源化利用。 国家发展改革委、住房和城乡建设部、生态环境部印发《城镇生活垃圾分类和处理设施补短板强弱项实施方案》，推动各地区健全城镇环境基础设施，形成与经济社会发展相适应的生活垃圾分类收集和分类运输体系。住房和城乡建设部等12部门印发《关于进一步推进生活垃圾分类工作的若干意见》的通知，着力解决在责任落实、习惯养成、设施建设、配套政策等方面存在

的问题，重点通过源头减量，因地制宜建立分类投放、分类收集、分类运输、分类处理的垃圾分类系统；加强宣传教育，推动全民参与；加快建立市、区、街道、社区四级联动的长效工作机制，形成全过程管理系统等方面推进工作。首批开展先行先试的46个重点城市，生活垃圾分类小区覆盖率已达86.6%，生活垃圾平均回收利用率为30.4%。

住房和城乡建设部开展农村生活垃圾分类和资源化利用示范县认定，总结推广优秀经验和做法。经专家评审，将北京市大兴区、北京市平谷区、河北省唐山市遵化市等41个县（市、区）列为2020年农村生活垃圾分类和资源化利用示范县。对各乡村地区要求持续遏制城乡生活垃圾乱堆乱放，强化村庄日常保洁，健全农村生活垃圾收运处置体系，完善运行维护长效机制，不断提高县域农村生活垃圾治理质量和水平。截至2020年底，累计建成生活垃圾收集、转运、处理设施450多万个（辆），农村生活垃圾收运处置体系覆盖全国90%以上的行政村。

加快补齐设施短板，优化完善体制机制，深入推进城乡生活污水治理。国家发展改革委、住房和城乡建设部印发《城镇生活污水处理设施补短板强弱项实施方案》，重点通过提升城镇生活污水收集处理能力，加大生活污水收集管网配套建设和改造力度，促进污水资源化利用，推进污泥无害化资源化处理处置等方面补齐设施短板，完善生活污水收集处理设施体系。到2023年，县级及以上城市设施能力基本满足生活污水处理需求。截至2020年年底，全国地级及以上城市2914个黑臭水体消除比例达到98.2%；全国省级及以上工业园区全部建成污水集中处理设施。

乡村地区在县域统筹治理、生活污水收集、生活污水处理、尾水排放与利用、运行管护等

方面深入推进生活污水治理。住房和城乡建设部开展全国农村生活污水治理示范县（市、区）认定，经专家审查，将北京市门头沟区、河北省衡水市武邑县、山西省运城市河津市等20个县（市、区）列为全国农村生活污水治理示范县（市、区）。

推进农村户厕标准体系建设，强化问题导向，提高农村改厕工作实效。推进农村户用厕所标准体系建设。国家市场监管总局、农业农村部、国家卫生健康委印发《关于推进农村户用厕所标准体系建设的指导意见》，要求建立农村户用厕所标准体系，推动建设标准化、管理规范化、运维常规化，为农村厕所革命提供标准支撑。农业农村部会同国家卫生健康委组织编制《农村三格式户厕建设技术规范》《农村三格式户厕运行维护规范》《农村集中下水道收集户厕建设技术规范》3项国家标准，聚焦当前我国农村改厕工作中的薄弱环节，统筹考虑不同地区的实际情况制定规定和指导。

农业农村部、国家卫生健康委、市场监管总局印发《关于进一步提高农村改厕工作实效的通知》，针对当前农村改厕工作存在的问题，提出充分尊重农民意愿、找准适用技术模式、严格执行标准规范、公开透明实施奖补工作、建立健全运行维护机制等方面要求。截至2020年年底，全国农村卫生厕所普及率超过68%。

持续推动北方地区冬季清洁取暖，强化企业清洁生产审核，全国空气质量总体改善。截至2020年年底，北方地区清洁取暖面积达125.9亿平方米，比2016年增加60.9亿平方米，清洁取暖率达60%以上，替代散煤（含低效小锅炉用煤）1.4亿吨以上；京津冀及周边地区清洁取暖率达80%以上。住房和城乡建设部组织编制了《农村地区被动式太阳能暖房图集（试

行）》和《户式空气源热泵供暖应用技术导则（试行）》，指导农村地区建筑能效提升，推进北方地区冬季清洁取暖试点。深入推进企业清洁生产审核，挖掘企业节能减排潜力。生态环境部办公厅、国家发展改革委办公厅印发《关于深入推进重点行业清洁生产审核工作的通知》，进一步强化清洁生产审核在重点行业节能减排和产业升级改造中的支撑作用，促进形成绿色发展方式。

2020年，全国空气质量有所改善。全国337个地级及以上城市平均优良天数比例为87.0%，同比上升5.0个百分点。202个城市环境空气质量达标，占全部地级及以上城市数的59.9%，同比增加45个。$PM_{2.5}$年均浓度为33微克/立方米，同比下降8.3%；PM10年均浓度为56微克/立方米，同比下降11.1%。三大重点区域环境空气质量同比改善，细颗粒物（$PM_{2.5}$）平均浓度同比下降。京津冀及周边地区"2+26"城市平均优良天数比例为63.5%，同比上升10.4个百分点；$PM_{2.5}$年均浓度为51微克/立方米，同比下降10.5%。长三角地区41个城市平均优良天数比例为85.2%，同比上升8.7个百分点；$PM_{2.5}$年均浓度为35微克/立方米，同比下降14.6%。汾渭平原11个城市平均优良天数比例为70.6%，同比上升8.9个百分点；$PM_{2.5}$年均浓度为48微克/立方米，同比下降12.7%。

2020年中央政府发布环境改善方向政策见表1.6。

2020年中央政府发布环境改善方向政策一览　　　　　　　　表1.6

发布时间	发布政策	发布机构
2020年3月	《关于构建现代环境治理体系的指导意见》	中共中央办公厅、国务院办公厅
2020年3月	《关于通报表扬2019年全国村庄清洁行动先进县，深入开展2020年村庄清洁行动的通知》	中央农村工作领导小组办公室、农业农村部
2020年3月	《关于进一步做好城市环境卫生工作的通知》	住房和城乡建设部办公厅
2020年4月	《中华人民共和国固体废物污染环境防治法》	全国人民代表大会常务委员会
2020年4月	《农村三格式户厕建设技术规范》(GB/T 38836-2020)	国家市场监督管理总局、国家标准化管理委员会发布，农业农村部主管
2020年4月	《农村三格式户厕运行维护规范》(GB/T 38837-2020)	国家市场监督管理总局、国家标准化管理委员会发布，农业农村部主管
2020年4月	《农村集中下水道收集户厕建设技术规范》(GB/T 38838-2020)	国家市场监督管理总局、国家标准化管理委员会发布，农业农村部主管
2020年7月	《城镇生活垃圾分类和处理设施补短板强弱项实施方案》	国家发展改革委、住房和城乡建设部、生态环境部
2020年7月	《城镇生活污水处理设施补短板强弱项实施方案》	国家发展改革委、住房和城乡建设部
2020年7月	《农村地区被动式太阳能暖房图集（试行）》	住房和城乡建设部
2020年7月	《户式空气源热泵供暖应用技术导则（试行）》	住房和城乡建设部
2020年8月	《关于公布2020年农村生活垃圾分类和资源化利用示范县名单的通知》	住房和城乡建设部办公厅
2020年8月	《关于推进农村户用厕所标准体系建设的指导意见》	国家市场监管总局、农业农村部、国家卫生健康委
2020年8月	《关于进一步提高农村改厕工作实效的通知》	农业农村部、国家卫生健康委、国家市场监管总局
2020年10月	《关于深入推进重点行业清洁生产审核工作的通知》	生态环境部办公厅、国家发展改革委办公厅

发布时间	发布政策	发布机构
2020年11月	《国务院关于深入开展爱国卫生运动的意见》	国务院
2020年11月	《关于进一步推进生活垃圾分类工作的若干意见》	住房和城乡建设部、中央宣传部、中央文明办、国家发展改革委、教育部、科技部、生态环境部、农业农村部、商务部、国家机关事务管理局、共青团中央、中华全国供销合作总社
2020年11月	《关于拟公布全国农村生活污水治理示范县（市、区）名单的公示》	住房和城乡建设部村镇建设司

1.7 公共空间方向政策

SDG11.7：到2030年，向所有人，特别是妇女、儿童、老年人和残疾人，普遍提供安全、包容、无障碍、绿色的公共空间。

《中国落实2030年可持续发展议程国别方案》承诺：严格控制城市开发强度，保护城乡绿色生态空间。结合水体湿地修复治理、道路交通系统建设、风景名胜资源保护等工作，推进环城绿带、生态廊道建设。到2020年，城市建成区绿地率达到38.9％，人均公园绿地面积达14.6％。

持续推进国家森林城市、国家森林城市群、国家生态园林城市建设和管理，改善城市人居生态环境。全国新增66个城市开展国家森林城市建设，开展国家森林城市建设的城市达441个。国家林业和草原局发布2019年度国家森林城市动态监测结果，安徽省宣城市等38个国家森林城市动态监测结果合格，继续保留国家森林城市称号。京津冀、长三角、中原、关中平原等4个国家级森林城市群发展规划编制完成，沿大江大河森林城市带和雄安新区全国森林城市示范区建设加快推进。住房和城乡建设部命名2019年国家生态园林城市（县城、城镇），江苏省南京市等8个城市为国家生态园林城市、河北省晋州市等39个城市为国家园林城市、河北省正定县等72个县城为国家园林县城、浙江省泰顺县百丈镇等13个城镇为国家园林城镇。

克服疫情不利影响，积极有序推进春季造林绿化工作。国务院办公厅印发《关于在防疫条件下积极有序推进春季造林绿化工作的通知》，要求各地按照疫情科学防控的要求，因地制宜实施

春季造林绿化。国家林草局印发《关于积极应对新冠肺炎疫情有序推进2020年国土绿化工作的通知》，督导各地全面完成年度造林任务。国家发展改革委、财政部加大国土绿化支持力度，保障2020年造林绿化中央投资。交通运输部下发防疫条件下积极有序推进公路绿化工作通知。水利部结合春季造林绿化，加快推进重点区域水土保持生态治理。2020年我国完成造林面积677万公顷，其中人工造林面积289万公顷，占全部造林面积的42.7％。

统筹推进城乡绿化美化，规范城市公园绿地管理，为居民提供更多高品质绿色公共空间。中国风景园林学会发布《城市公园绿地应对新冠肺炎疫情运行管理指南》（T/CHSLA 10002—2020），指导城市公园绿地疫情防控和安全运行管理。2020年中国城市人均公园绿地面积达14.8平方米。科学开展绿道建设，行业标准《城镇绿道工程技术标准》（CJJ/T 304—2019）正式实施，规范各地新建、扩建和改建的城镇绿道设计、施工、验收和维护。全国建成绿道近8

万公里，新增公路绿化里程18万公里、铁路绿化里程4933公里。中央农村工作领导小组办公室、农业农村部印发《2020年农村人居环境整治工作要点》，要求各地统筹推进村庄清洁行动与绿化美化。国家林业和草原局组织开展全国村庄绿化覆盖率调查，编写《全国乡村绿化美化典型模式选编》。

持续推进无障碍环境建设，保障残疾人、老年人平等融入社会生活。 各地积极推进无障碍环境建设，涌现出一批创建成效显著的市县村镇。按照《关于开展无障碍环境市县村镇创建工作验收的通知》要求，住房和城乡建设部会同工业和信息化部、民政部、中国残联、全国老龄办共同组织专家对申报参加"十三五"无障碍环境创建的211个市县村镇创建工作情况进行验收，确定了全国无障碍环境市县村镇名单，授予72个市县村镇为"创建全国无障碍环境示范市县村镇"并予以表彰，同时授予74个市县村镇为"创建全国无障碍环境达标市县村镇"。

加强社区健身场地设施建设，开展群众体育活动，促进提高居民健康水平。 贯彻全民健身战略、实施健康中国行动，推进健身设施建设，推动群众体育蓬勃开展，提升全民健身公共服务水平。国务院办公厅印发《关于加强全民健身场地设施建设发展群众体育的意见》，从完善顶层设计、挖掘存量建设用地潜力、提升建设运营水平、实施群众体育提升行动4个方面明确举措。

住房和城乡建设部、国家体育总局联合印发《关于全面推进城市社区足球场地设施建设的意见》，以城市更新、老旧社区改造等为契机，将社区足球场地设施建设作为重要民生工程和促进全民健身的基础性工程，调动全社会力量共同参与，抓紧补齐社区体育设施短板；总结城市社区足球场地设施建设试点经验，组织编制了《城市社区足球场地设施建设技术指南》《城市社区足球场地设施建设试点示范图集》，指导各地开展建设。2020年中央政府发布公共空间方向政策见表1.7。

2020年中央政府发布公共空间方向政策一览　　　　　　　　　　　　表1.7

发布时间	发布政策	发布机构
2020年1月	《关于命名2019年国家生态园林城市、园林城市（县城、城镇）的通知》	住房和城乡建设部
2020年2月	《关于积极应对新冠肺炎疫情有序推进2020年国土绿化工作的通知》	国家林业和草原局
2020年2月	《城市公园绿地应对新冠肺炎疫情运行管理指南》	中国风景园林学会
2020年3月	《国务院办公厅关于在防疫条件下积极有序推进春季造林绿化工作的通知》	国务院办公厅
2020年3月	《2020年农村人居环境整治工作要点》	中央农村工作领导小组办公室、农业农村部
2020年4月	《关于在防疫条件下积极有序推进公路绿化工作的通知》	交通运输部办公厅
2020年7月	《关于开展无障碍环境市县村镇创建工作验收的通知》	住房和城乡建设部、工业和信息化部、民政部、中国残疾人联合会、全国老龄工作委员会办公室
2020年10月	《关于加强全民健身场地设施建设发展群众体育的意见》	国务院办公厅
2020年11月	《关于全面推进城市社区足球场地设施建设的意见》	住房和城乡建设部、国家体育总局
2020年11月	《城市社区足球场地设施建设技术指南》	住房和城乡建设部、国家体育总局
2020年11月	《城市社区足球场地设施建设试点示范图集》	住房和城乡建设部、国家体育总局

1.8 城乡融合方向政策

目标 11·A

加强国家和区域发展
规划，建立城乡联系

SDG11.a：通过加强国家和区域发展规划，支持在城市、近郊和农村地区之间建立积极的经济、社会和环境联系。

《中国落实2030年可持续发展议程国别方案》承诺：推动新型城镇化和新型农村建设协调发展，促进公共资源在城乡间均衡配置。统筹规划城乡基础设施网络，推动城镇公共服务向农村延伸，逐步实现城乡基本公共服务制度并轨、标准统一。"十三五"期间推进有能力在城镇稳定就业和生活的农村转移人口举家进城落户，并与城镇居民享有同等权利和义务。

顺利实现1亿非户籍人口在城市落户，加快推进新型城镇化建设和城乡融合发展。 中央财政发放2020年农业转移人口市民化奖励资金350亿元，支持加快落实农业转移人口市民化。截至2020年年底，1.2亿农业转移人口落户城镇。

国家发展改革委印发《2020年新型城镇化建设和城乡融合发展重点任务》，要求加快实施以促进人的城镇化为核心、提高质量为导向的新型城镇化战略，增强中心城市和城市群综合承载、资源优化配置能力，提升城市治理水平，推进城乡融合发展。任务从提高农业转移人口市民化质量、优化城镇化空间格局、提升城市综合承载能力、加快推进城乡融合发展等方面提出重点任务。

推进以县城为重要载体的新型城镇化建设，聚焦县城补短板领域，提高综合承载能力和治理能力。 针对大量农民到县城居住发展的需求，加大以县城为载体的城镇化建设。国家发展改革委印发《关于加快开展县城城镇化补短板强弱项工作的通知》，着力补齐县城公共卫生、人居环

境、公共服务、市政设施、产业配套等方面短板弱项，提升县城综合承载能力和治理能力，选择120个县及县级市开展县城新型城镇化建设示范工作；国家开发银行、中国农业发展银行、中国工商银行、中国农业银行、中国建设银行、中国光大银行共6家银行联合印发《关于信贷支持县城城镇化补短板强弱项的通知》，要求6家银行总行每年分别安排一定规模的信贷额度，专项用于支持县城城镇化补短板强弱项项目。

优化城镇化空间格局，推动都市圈市域（郊）铁路发展，促进特色小镇规范健康发展。 推进都市圈同城化建设，以轨道交通为重点健全都市圈交通基础设施，推进中心城市轨道交通向周边城镇合理延伸。国务院办公厅转发国家发展改革委等单位《关于推动都市圈市域（郊）铁路加快发展的意见》，发挥中心城市辐射带动作用，着力扩大公共交通服务供给、缓解城市交通拥堵、推进新型城镇化发展。《意见》从都市圈市域（郊）铁路功能定位和技术标准、规划体系、推进实施、运营管理、投融资方式、发展机制等

方面提出重点任务。规范发展特色小镇和特色小城镇。国务院办公厅转发国家发展改革委《关于促进特色小镇规范健康发展的意见》，清晰界定特色小镇概念内涵和发展定位，加强对特色小镇发展的顶层设计，健全激励约束机制和规范管理机制，引导特色小镇高质量发展。国家发展改革委办公厅印发《关于公布特色小镇典型经验和警示案例的通知》，推广来自20个精品特色小镇的"第二轮全国特色小镇典型经验"，发挥引领示范作用，同时公布淘汰整改的"问题小镇"，推动规范纠偏。

深入实施京津冀协同发展、长江经济带发展、粤港澳大湾区建设、长三角一体化发展、黄河流域生态保护和高质量发展等区域重大战略。

京津冀协同发展到2020年目标任务全面顺利完成。京津冀城市群布局不断优化，北京非首都功能疏解稳步实施，雄安新区高标准推进，北京副中心与河北省北三县协同加快推进，张家口首都"两区"建设取得明显成效，天津滨海新区改革开放深入推进。

生态优先推动长江经济带绿色发展。2020年12月26日，全国人民代表大会常务委员会通过《中华人民共和国长江保护法》，将推动长江经济带"生态优先、绿色发展"的战略定位和"共抓大保护、不搞大开发"的战略导向提升到法律层面，把资源保护、污染防治、山水林田湖一体化管理等囊括于法律中，加强对长江流域生态系统全面保护。

积极稳妥推进粤港澳大湾区建设。文化和旅游部、粤港澳大湾区建设领导小组办公室、广东省人民政府联合印发《粤港澳大湾区文化和旅游发展规划》，围绕人文湾区和休闲湾区建设，统筹推进粤港澳大湾区文化和旅游发展。中国人民银行、中国银保监会、中国证监会、国家外汇局印发《关于金融支持粤港澳大湾区建设的意见》，推出26条措施，进一步推进金融开放创新，深化内地与港澳金融合作。

加速推进长三角一体化发展。2020年6月28日，商合杭高铁全线贯通，加快长三角交通一体化进程。国家发展改革委、交通运输部印发《长江三角洲地区交通运输更高质量一体化发展规划》，目标到2025年，以一体化发展为重点，加快构建长三角地区现代化综合交通运输体系。

扎实推进黄河流域生态保护和高质量发展。2020年8月31日，中共中央政治局召开会议审议《黄河流域生态保护和高质量发展规划纲要》。沿黄各省区加快制定实施具体规划、实施方案和政策体系。

推进区域协调发展，支持资源型地区转型，中央财政加大力度支持革命老区、民族地区、边疆地区、贫困地区改革发展。中共中央、国务院印发《关于新时代推进西部大开发形成新格局的指导意见》，为推动西部地区高质量发展提出具体措施，意见提出，到2035年，西部地区基本实现社会主义现代化，基本公共服务、基础设施通达程度、人民生活水平与东部地区大体相当；科技部印发《关于加强科技创新促进新时代西部大开发形成新格局的实施意见》，为西部地区大开发和建设创新型国家提供政策支持。2020年中央对地方资源枯竭城市转移支付222.90亿元，支持资源枯竭城市和独立工矿区、采煤沉陷区解决社会矛盾，加快转型发展；对东北振兴专项转移支付50亿元。

2020年中央对地方老少边穷地区转移支付2790.92亿元，其中2020年中央财政安排革命老区转移支付180.60亿元，比2019年增长10.80%，促进革命老区各项社会事业发展；2020年中央财政对地方民族地区转移支付

914.70亿元，比2019年增长7.99%，支持少数民族地区加快发展，提高少数民族地区财政保障能力；2020年中央财政对边境地区转移支付236.67亿元，比2019年增长8.56%，重点用于加强边境和海洋事务管理、改善边境及沿海地区民生、促进边境贸易发展等方面；2020年中央财政专项扶贫资金下达1458.95亿元。主要用于围绕培养和壮大贫困地区特色产业、改善小型公益性生产生活设施条件、增强贫困人口自我发展能力和抵御风险能力。

2020年中央政府发布城乡融合方向政策见表1.8。

2020年中央政府发布城乡融合方向政策一览 表1.8

发布时间	发布政策	发布机构
2020年4月	《2020年新型城镇化建设和城乡融合发展重点任务》	国家发展改革委
2020年4月	《关于金融支持粤港澳大湾区建设的意见》	中国人民银行、中国银保监会、中国证监会、国家外汇局
2020年5月	《关于加快开展县城城镇化补短板强弱项工作的通知》	国家发展改革委
2020年5月	《关于新时代推进西部大开发形成新格局的指导意见》	中共中央、国务院
2020年7月	《长江三角洲地区交通运输更高质量一体化发展规划》	国家发展改革委、交通运输部
2020年7月	《关于公布特色小镇典型经验和警示案例的通知》	国家发展改革委办公厅
2020年8月	《关于信贷支持县城城镇化补短板强弱项的通知》	国家发展改革委、国家开发银行、中国农业发展银行、中国工商银行、中国农业银行、中国建设银行、中国光大银行
2020年9月	《关于促进特色小镇规范健康发展的意见》	国家发展改革委
2020年12月	《中华人民共和国长江保护法》	全国人民代表大会常务委员会
2020年12月	《关于加强科技创新促进新时代西部大开发形成新格局的实施意见》	科技部
2020年12月	《粤港澳大湾区文化和旅游发展规划》	文化和旅游部、粤港澳大湾区建设领导小组办公室、广东省人民政府
2020年12月	《关于推动都市圈市域（郊）铁路加快发展的意见》	国家发展改革委、交通运输部、国家铁路局、中国国家铁路集团有限公司

1.9 低碳韧性方向政策

目标 11·B

建立并实施资源集约化、综合防灾减灾的政策

SDG11.b：到2020年，大幅增加采取和实施综合政策和计划以构建包容、资源使用效率高、减缓和适应气候变化、具有抵御灾害能力的城市和人类住区数量，并根据《2015—2030年仙台减少灾害风险框架》在各级建立和实施全面的灾害风险管理。

《中国落实2030年可持续发展议程国别方案》承诺：完善住房保障制度，大力推进棚户区和危房改造。提高建筑节能标准，推广超低能耗、零能耗建筑。开展既有建筑节能改造，推广绿色建材，大力发展装配式建筑。加强自然灾害监测预警体系、工程防御能力建设，完善防灾减灾社会动员机制，建立畅通的防灾减灾社会参与渠道。全面推广海绵城市建设，在省市、城镇、园区、社区等区域开展全方位低碳试点，开展气候适应型城市建设试点。

推动智能建造与建筑工业化协同发展，促进建筑产业转型升级。以新型建筑工业化发展带动建筑业全面转型升级。住房和城乡建设部等9部门印发《关于加快新型建筑工业化发展的若干意见》提出：加强系统化集成设计、优化构件和部品部件生产、推广精益化施工、加快信息技术融合发展、创新组织管理模式、强化科技支撑、加快专业人才培育、开展新型建筑工业化项目评价、加大政策扶持力度等要求。推进建筑工业化、数字化、智能化升级，加快建造方式转变，推动建筑业高质量发展。住房和城乡建设部等13部门印发《关于推动智能建造与建筑工业化协同发展的指导意见》，重点发展装配式建筑、加强技术创新、提升信息化水平、培育产业体系、推行绿色建造、拓展应用场景、创新行业监督与服务模式。

逐步健全装配式建筑技术标准体系构建，推动装配式建筑及相关产业快速发展。积极推进装配式建筑发展，住房和城乡建设部认定重庆市等18个城市为第二批装配式建筑范例城市，天津市现代建筑产业园区等12个园区、北京建工集团有限责任公司等121家企业为第二批装配式建筑产业基地。2020年，全国31个省、自治区、直辖市和新疆生产建设兵团新开工装配式建筑共计6.3亿平方米，较2019年增长50%，占新建建筑面积的比例约为20.5%，完成了《"十三五"装配式建筑行动方案》确定的到2020年达到15%以上的工作目标。

推进钢结构装配式住宅建设试点和标准体系构建。住房和城乡建设部发布通知，同意广东、浙江2个项目列为2020年住房和城乡建设部钢结构装配式住宅建设试点项目；发布《钢结构住宅主要构件尺寸指南》，构建"1+3"标准化设计和生产体系，引导生产企业、设计单位、施工单位协调统一部品构件，提高装配式建筑设计、生产、施工效率，进一步推动全产链协同发展。2020年新开工装配式钢结构住宅1206万平方米，较2019年增长33%。

装配式建筑相关产业发展迅速。截至2020年，全国共创建国家级装配式建筑产业基地328个，省级产业基地908个。构件生产产能和产能利用率进一步提高，2020年装配化装修面积较2019年增长58.7%。

加快绿色社区、绿色建筑创建，支持绿色建材推广应用，促进城乡建设绿色发展。 住房和城乡建设部联合多部门印发《绿色社区创建行动方案》并制定《绿色社区创建标准（试行）》，从建立健全社区人居环境建设和整治机制、推进社区基础设施绿色化、营造社区宜居环境、提高社区信息化智能化水平、培育社区绿色文化方面作出具体要求；印发《绿色建筑创建行动方案》，着力推动新建建筑全面实施绿色设计、完善星级绿色建筑标识制度、提升建筑能效水平、提高住宅健康性能、推广装配化建造方式、推动绿色建材应用、加强技术研发推广、建立绿色住宅使用者监督机制。财政部、住房和城乡建设部印发《关于政府采购支持绿色建材促进建筑品质提升试点工作的通知》，在南京市、杭州市、绍兴市、湖州市、青岛市、佛山市开展试点，探索支持绿色建筑和绿色建材推广应用的有效模式。

开展绿色建造试点，推进建筑垃圾减量化，探索绿色建造发展模式。 住房和城乡建设部办公厅印发《绿色建造试点工作方案》《关于开展绿色建造试点工作的函》，在湖南省、广东省深圳市、江苏省常州市开展绿色建造试点，探索可复制推广的绿色建造技术体系、管理体系、实施体系以及量化考核评价体系。住房和城乡建设部先后印发《关于推进建筑垃圾减量化的指导意见》《施工现场建筑垃圾减量化指导手册（试行）》《施工现场建筑垃圾减量化指导图册》，明确了建筑垃圾减量化的总体要求、主要目标和具体措施，指导新建、改建、扩建的施工现场建筑垃圾减量化工作，促进绿色建造发展和建筑业转型升级。

统筹推进国家安全发展示范城市、全国综合减灾示范县、示范社区创建，提升城市安全管理和社区综合减灾能力。 以国家安全发展示范城市创建为抓手，不断提升城市安全保障水平。国务院安委会办公室印发《国家安全发展示范城市建设指导手册》，从城市安全源头治理、城市安全风险防控、城市安全监督管理、城市安全保障能力、城市安全应急救援、城市安全状况、鼓励项等方面指导帮助各地创建国家安全发展示范城市。整合县域、社区资源和力量，提高基层应急管理能力。国家减灾委员会、应急管理部等部门印发《全国综合减灾示范县创建管理办法》《全国综合减灾示范社区创建管理办法（2020年修订）》，提出创建标准规范管理全国综合减灾示范县、示范社区建设，发挥典型示范和引领作用，提升城乡综合防灾减灾和应急管理能力。

海绵城市建设试点初见成效，持续跟进和完善海绵城市建设技术标准和管理机制。 截至2020年年底，30个国家海绵城市建设试点城市共完成落实海绵城市建设理念项目4900余个，实现雨水资源年利用量3.5亿吨。除试点城市外，已有超过400个城市出台了海绵城市建设实施规划方案。住房和城乡建设部组织相关单位编制海绵城市规划和建设标准，公开征求《海绵城市建设专项规划与设计标准（征求意见稿）》《海绵城市建设工程施工验收与运行维护标准（征求意见稿）》《海绵城市建设监测标准（征求意见稿）》3项国家标准的意见。

2020年中央政府发布节能增效方向政策见表1.9。

2020 年中央政府发布节能增效方向政策一览　　　　　　表 1.9

发布时间	发布政策	发布机构
2020 年 5 月	《关于推进建筑垃圾减量化的指导意见》	住房和城乡建设部
2020 年 5 月	《施工现场建筑垃圾减量化指导手册（试行）》	住房和城乡建设部办公厅
2020 年 6 月	《全国综合减灾示范县创建管理办法》	国家减灾委员会、应急管理部
2020 年 6 月	《全国综合减灾示范社区创建管理办法》	国家减灾委员会、应急管理部、中国气象局、中国地震局
2020 年 7 月	《关于推动智能建造与建筑工业化协同发展的指导意见》	住房和城乡建设部、国家发展和改革委、科学技术部、工业和信息化部、人力资源和社会保障部、生态环境部、交通运输部、水利部、国家税务总局、国家市场监督管理总局、中国银行保险监督管理委员会、国家铁路局、中国民用航空局
2020 年 7 月	《钢结构住宅主要构件尺寸指南》	住房和城乡建设部
2020 年 7 月	《关于印发绿色社区创建行动方案的通知》	住房和城乡建设部、国家发展改革委、民政部、公安部、生态环境部、国家市场监督管理总局
2020 年 7 月	《关于印发绿色建筑创建行动方案的通知》	住房和城乡建设部、国家发展改革委、教育部、工业和信息化部、中国人民银行、国管局、中国银保监会
2020 年 8 月	《关于加快新型建筑工业化发展的若干意见》	住房和城乡建设部、教育部、科技部、工业和信息化部、自然资源部、生态环境部、中国人民银行、国家市场监管总局、中国银保监会
2020 年 9 月	《关于认定第二批装配式建筑范例城市和产业基地的通知》	住房和城乡建设部办公厅
2020 年 9 月	《施工现场建筑垃圾减量化指导图册》	住房和城乡建设部办公厅
2020 年 9 月	《国家安全发展示范城市建设指导手册》	国务院安委会办公室
2020 年 10 月	《关于政府采购支持绿色建材促进建筑品质提升试点工作的通知》	财政部、住房和城乡建设部
2020 年 12 月	《绿色建造试点工作方案》	住房和城乡建设部办公厅

1.10 对外援助方向政策

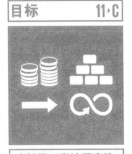

SDG11.c：通过财政和技术援助等方式，支持最不发达国家就地取材，建造可持续的、有抵御灾害能力的建筑。

《中国落实 2030 年可持续发展议程国别方案》承诺：支持最不发达国家建造可持续的基础设施，在节能建筑领域推动与相关国家技术合作，帮助最不发达国家培养本地技术工人。

深入推进南南合作，在亚非拉等发展中国家开展基础设施完善、灾后重建、低碳发展等领域援助项目。

推进"万村通"项目：中非人文领域合作"万村通"项目，为非洲国家的 1 万个村庄接入卫星数字电视信号，帮助农村地区民众丰富文化生活。截至 2020 年 7 月底，"万村通"项目已覆盖非洲大陆 8162 个村落，非洲 19 个国家已完成项目验收。2020 年 12 月 11 日，中国援莫桑比克"万村通"项目在莫桑比克楠普拉省穆卢普拉市举行交接仪式。

援助灾后重建：2020 年 7 月 3 日，中国政府在南南合作援助基金项目下与联合国开发计划署开展合作，帮助津巴布韦受热带气旋"伊代"影响严重的奇马尼马尼和奇平戈地区修缮部分受损居民住房以及学校和医疗诊所的屋顶。

推进气候变化南南合作"十百千"项目：通过合作建设低碳示范区、实施减缓和适应气候变化项目、举办能力建设培训班等方式，分享

我国应对气候变化与绿色低碳发展的有益经验和最佳实践，为其他发展中国家应对气候变化提供支持。截至目前，与 34 个国家开展了合作项目。2020 年 7 月 16 日，中国生态环境部与老挝自然资源与环境部签约合作建设万象赛色塔低碳示范区，共同推进低碳示范区建设，中国生态环境部将与老挝方面共同编制低碳示范区建设方案，并向老挝方赠送太阳能 LED 路灯、新能源客车、新能源卡车、新能源环境执法车和环境监测设备等低碳环保物资，为老方应对气候变化提供支持。2020 年 12 月 21 日，我国气候变化南南合作柬埔寨低碳示范区建设项目首批物资交付柬方。

与共建"一带一路"国家广泛开展人居环境领域国际合作，提升社区建设、防灾减灾、文物保护等方面可持续发展能力。

改善社区人居环境：中国援柬埔寨减贫示范合作项目基本完工，在村级社区分享"整村推进"等减贫经验，开展基础设施、公共服务与环

境、居民生计、技术培训等方面建设。中国援建柬埔寨乡村供水项目第二期工程正在推进，并计划在柬埔寨10个省份的乡村地区新建近千口水井和50多个社区池塘，为柬埔寨乡村近百万民众的日常生活生产、农业灌溉、牲畜养殖提供清洁卫生的水资源，改善当地民生。

提升防灾减灾能力：中国通过援建灾害管理设施、提供防灾救灾储备物资、支持社区防灾备灾项目、开展能力培训、制定政策规划等方式，帮助相关国家克服资金和技术瓶颈，加强灾害风险治理能力。截至2020年4月底，已有22个国家的机构和国际组织加入"一带一路"地震减灾合作机制，中国地震局与"一带一路"沿线国家在地震监测、震害防御、基础研究等领域广泛开展合作，提升相关国家抵御地震灾害风险的能力，包括为老挝、缅甸、巴基斯坦、印度尼西亚、阿尔及利亚、尼泊尔、萨摩亚7国建成53个地震台站；为中缅油气管线、中国—马尔代夫友谊大桥等20个国家的30个重大工程项目开展地震安全性评价；为数十个国家的300多名人员开展地震监测和应急能力技术培训等。

开展文物保护修复：到2020年，中国与共建"一带一路"国家开展33个文物援助项目，包括柬埔寨吴哥窟、缅甸蒲甘地区震后受损佛塔、乌兹别克斯坦花剌子模州希瓦古城等保护修复和哈萨克斯坦伊赛克拉特古城拉哈特遗址、孟加拉国毗河罗普尔遗址联合考古等。推进援外历史古迹保护修复，合作项目增至6国11处。

开展建筑节能合作：住房和城乡建设部与瑞士外交部签署《关于在建筑节能领域发展合作的谅解备忘录》，在低能耗建筑技术交流培训、推广零能耗建筑标准与示范项目等方面开展合作。

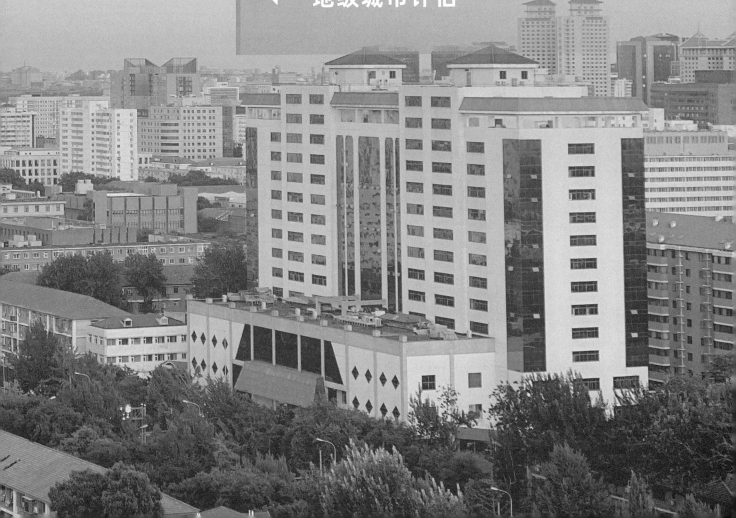

第二篇 城市评估

2.1 中国城市SDG11评价技术方法

《中国城市人居蓝皮书：中国落实2030年可持续发展目标11评估报告》（以下简称"人居蓝皮书"）衡量中国城市在实现联合国SDG11方面的进展。该指数使用公开、来源可靠的最新数据，概述了实现SDG11的进展情况。它基于SDSN及IAEG-SDGs指标框架，结合国家发布的中长期专项发展规划里明确提出的考核指标、国家对外发布国家行动中明确考核的指标，形成一套符合SDGs语境的、针对SDG11的中国城市人居领域的本土化指标体系。指标体系包含城市住房保障、公共交通、规划管理、遗产保护、防灾减灾、环境改善、公共空间等七个专题，全面反映"SDG11：可持续城市和社区"中对可持续城市提出的目标和要求。

2.1.1 全球SDGs本土化实践

2.1.1.1 区域及国际组织实践

（1）联合国可持续发展解决方案网络

联合国可持续发展解决方案网络（Sustainable Development Solutions Network，SDSN）是2012年在联合国秘书长潘基文推动下成立的全球网络性组织，自2016年起，每年与贝塔斯曼基金会联合发布可持续发展目标指数和指示板全球报告，在联合国SDGs跨机构专家组（IAEG-SDGs）提出的全球指标框架基础上构建评价体系，提出了SDG指数（SDG Index）和SDG指示板（SDG Dashboards），为国别层面SDGs进展测量提供了方法的同时，对各国实际落实情况进行比较分析。

1）SDG11相关指标选择

为筛选出适用于SDG指数和指示板中的指标，SDSN与贝塔斯曼基金会就每项目标提出了基于技术的定量指标，并确保指标筛选符合以下5项标准：①相关性和普适性：所选指标与监测SDGs进展相关联，且适用于所有国家。它们可以直接对国家表现进行评估，并能在国家间进行比较。它们能定义表明SDGs进展的数量阈值。②统计的准确性：采用有效可信的方法选择指标。③时效性：数据序列必须具有时效性，近些年的数据有效且能够获取。④数据质量：必须采用针对某一问题最有效的测量方法获取数据。数据须是国家或国际官方数据以及其他国际知名来源的数据。比如，国家统计局、国际组织数据以及同行评议的出版物。⑤覆盖面：数据至少覆盖80%联合国成员国，覆盖国家的人口规模均超过百万。2016—2021年间指数报告SDG11中指标选择见表2.1。

2）评估方法及评估标准

为确保与联合国官方框架的一致性，基于联合国发布可持续发展目标体系和全球指标框架，并根据IAEG-SDGs对指标的动态调整结果，SDSN和贝塔斯曼基金会动态调整SDG指数和指示板的评估技术体系。

年份	指标			
2016	PM$_{2.5}$浓度（ug/m^3）	城市管网供水覆盖率（%）	—	—
2017	PM$_{2.5}$浓度（ug/m^3）	城市管网供水覆盖率（%）	—	—
2018				
2019	PM$_{2.5}$浓度（ug/m^3）	城市管网供水覆盖率（%）	对公共交通的满意程度	—
2020				
2021	PM$_{2.5}$浓度（ug/m^3）	城市管网供水覆盖率（%）	对公共交通的满意程度	居住在贫民窟的城市人口比例（%）

构建SDG指数的方法：SDG指数由17项可持续发展目标构成，每项目标至少有一项用于表现其现状的指标，个别情况下一项目标对应多项指标。通过两次求取平均值可以得出SDG指数得分，即第一次是将对应的指标分别求平均值得出每项目标的得分，第二次是将17项目标的得分加总求平均值得出该国的SDG指数。

针对每一个具体评价指标，首选确定最优值和最差值的方式，然后采用插值法确定每一个国家的指标评分值。其中，最差值的确定是在评估年份，对当前的每一项指标从低到高进行排名，剔除"最差"中2.5%的观测值以消除异常值对评分的干扰后得到。最优值按照自然状态下最佳、技术上可行、并且与"不落下任何人"原则相一致的原则确定，在具体实施过程中主要分为两类：对于有明确量化目标的指标，如有既定目标或理论最优值，则直接采用该值；对于没有明确量化目标的指标，将评估年度表现最好的五个国家的平均值作为最优值。

构建SDG指示板的方法：SDG指示板是利用可获取的数据，通过红、橙、黄、绿四种颜色编码来体现17项SDGs的整体实施情况。在利用颜色编码表时，根据所有国家的每个指标引入量化后的临界值，再通过对每项目标进行指标聚合，算出每个国家在每项可持续发展目标上的总分值。其中，绿色表示距实现2030年的目标面临的挑战较少，一些目标甚至已经达到了实现该目标所要求的临界值；黄色表示距实现2030年的目标面临挑战、有待提升；橙色表示距实现2030年的目标面临较大挑战；红色表示距实现2030年的目标面临严峻挑战。

从评估方法和评估标准设计上看，这套SDG指数和指示板难免出现数据缺失、分类错误、时效性滞后等问题，例如从一些国家的发展现状来看若干年前的数据往往并不准确；一些强调SDGs优先性问题的数据可能无法获取，或已失去时效性。解决该类问题需要更好的数据和指标，因此SDG实施过程中也在不断加强数据收集和统计能力方面的投入。

（2）联合国开发计划署

联合国开发计划署（The United Nations Development Programme，UNDP）是近半个世纪以来联合国系统内居于领导地位的发展机构，也是世界上最大的负责进行技术援助的多边机构。作为联合国主要发展机构，UNDP在协助170个国家和地区落实可持续发展目标中发挥着不可取代的作用，在2018年由古特雷斯秘书长推动的联合国改革中，明确将UNDP定位为可持续发展议程的统筹协调机构。一直以来UNDP在跨领域的工作中积累了宝贵的经验和行之有效的政策建议，这将有利于2030年可持续发展目标的实现。

1）城市层面可持续发展指标体系的建立

UNDP发布的《2016年中国城市可持续发展报告：衡量生态投入与人类发展》（以下简称《中国城市可持续发展报告》）从城市角度出发，关注联合国可持续发展目标11：建设包容、安全、有抵御灾害能力和可持续的城市和人类住区，使用城市可持续发展状态指数对中国直辖市及省会城市的可持续发展现状进行评估。城市可持续发展状态指数由城市生态投入指数和人类发展指数构成。其中包括9项生态投入指标及3项人类发展指标。城市层面可持续发展指标体系见表2.2。

城市可持续发展状态指数包含的指标   表2.2

总指数	指数	子指数	指标	子指标
中国城市可持续发展指数	城市生态投入指数	城市资源消耗指数	城市水资源消耗指标	人均供水量
			城市土地资源消耗指标	人均建成区面积
			城市能源消耗指标	人均消费标准煤
		城市污染排放指数	水污染排放指标	化学需氧量
				氨氮
			空气污染排放指标	二氧化硫
				氮氧化物
			固体废物排放指标	工业固体废弃物
				生活垃圾清运量
	人类发展指数	—	预期寿命指标	人均预期寿命
			教育指标	平均受教育年限
				预期受教育年限
			收入指标	人均GDP

2）探索区域SDG本土化方法

UNDP积极探索区域SDGs本土化方法，发布《东盟SDG本土化：制定政策和落实路径的经验》，报告在认识到将可持续发展目标本土化对于落实SDGs的重要推动作用后，结合东盟国家和中国在可持续发展目标本土化方面的实践经验，制定一个综合方法，指导当地的行动者在推动SDGs方面，发挥更大的作用。鉴于可持续发展目标的不可分割性和相互联系的性质，一个目标不能孤立地实现，因此，综合方法对于制定跨越可持续发展的三大支柱（社会、经济和环境）的整体计划至关重要。具体而言，综合方法为包括四个推动力（有利的政策和制度环境、数据系统、利益相关者参与、融资）和一个交叉推动力（创新）的"4+1"推动力方法。

其中数据系统是总体有利政策和制度框架的组成部分。但是，由于需要加强大多数国家的数据系统，以满足监测，跟踪和报告可持续发展目标指标的额外需求，因此值得单独关注。可靠的数据对于决策过程以及确保"不落下任何人"原则的落实至关重要。如果没有国家和地方层面提供基准数据并根据可持续发展目标跟踪进展的强大数据系统，那么各国将无法确定行动的优先次序，也无法分析有助于制定更全面的可持续发展目标实施战略的相互关系和因果关系。可靠的数据对于政策的制定和执行过程中，保证不同利益相关者的知情参与、提高透明度、强化问责制度以及保障对可持续发展议程的执行权也很重要。

（3）经济合作与发展组织

经济合作与发展组织（Organization for Economic Co-operation and Development，OECD）长期致力于推进联合国有关人类发展和福祉、发展筹资、环境可持续性和气候变化的倡议，参与制定了《2030年可持续发展议程》。OECD与发展中经济体、发达经济体都有长期、良好的合作记录，拥有发展中国家和发达国家强有力的政策跟踪记录。利用OECD的能力和经验，可为及时有效地达成可持续发展目标做出贡献。

2019年5月，OECD发布《测量与可持续发展目标的距离：2019年经合组织国家实现SDGs进程评估》报告，报告中采用的指标与IAEG-SDGs的全球指标框架的内容高度一致（SDG11相关指标见表2.3）。这些参数来源于经合组织和联合国可持续发展目标全球数据库。设定目标水平时尽可能地参考了《2030年可持续发展议程》中所述的目标水平。如果《2030年可持续发展议程》对目标水平没有清晰的表述，研究则主要依靠国际协定和专家意见，余下的指标

2019年OECD进程评估指标及数据来源（仅列出SDG11相关指标）　表2.3

指标名称	数据来源
居住地有基本环境卫生条件（%）	OECD
人均建筑面积年均变化（%）	OECD
都市废物的物料回收率（循环再造及堆肥）（%）	OECD
大都市PM$_{2.5}$人均暴露水平（毫克每立方米）	OECD
已建立法律或监督机制应对灾害的国家数量（1=是，0=否）	UN

则主要参照经合组织表现最好的10%成员。

指标选择方面，OECD在对各个国家的评估中，将联合国提供的全球指标作为参考，同时扩展了自己的指标体系。OECD可持续发展指标的选择遵循以下3条基本原则：①政策的相关性原则。包括：指标要提供环境状况、环境压力或社会响应的代表性图景；简单、易于解释并能够揭示随时间的变化趋势；对环境和相关人类活动的变化敏感；提供国际比较的基础；是国家尺度的或者能够应用于具有国家重要性的区域环境问题；具有一个可与之相比较的阈值或参照值，据此使用者可以评估其数值所表达的重要意义。②分析的合理性原则。包括：在理论上应当是用技术或科学术语严格定义；基于国际标准和国际共识的基础上；可以与经济模型、预测、信息系统相联系。③指标的可测量性原则。包括：已经具备或者能够以合理的成本/效益比取得；适当的建档并知道其质量；可以依据可靠的程序定期更新。

2020年10月，OECD发布《如何测量与任何地方SDG目标的距离》文件，提供了一套适用于不同国家测量SDG目标距离的方法。方法文件中强调，以数据为基础的任何评估的优缺点往往取决于基础指标的质量。而指标质量在这里被定义为根据需求"适合使用"，需要涵盖指标的相关性、准确性、及时性及可用性，这是在构建指标体系时必须要考虑的。

（4）联合国亚洲及太平洋经济社会委员会

联合国亚洲及太平洋经济社会委员会（United Nations Economic and Social Commission for Asia and Pacific，UNESCAP）是联合国促进各国合作、实现包容和可持续发展的区域中心。其战略重点是落实《2030年可持续发展议程》，加强和深化区域合作和一体化，推进互联互通、金

融合作和市场一体化。面向各国政府提供政策咨询服务、能力建设和技术援助，支持各国实现可持续发展目标。

1）SDG11相关指标选择

自2017年起，亚太经社会开始发布可持续发展进展报告，并于2021年4月16日发布最新的《2021年亚洲及太平洋可持续发展目标进展报告》。指标选取方面，亚太可持续发展目标进展评估所采用的指标来源于联合国的全球指标框架。指标值大多来自全球可持续发展目标数据库。当指标缺乏充分的数据时，报告使用国际公认的其他指标。指标选取遵循3个原则：①数据可用性：过半数的亚太地区国家具有2个或以上的数据点时，可选用该指标；②可设置明显的目标值；③元数据明确：选取的指标可由元数据支持。所选择的指标必须全部满足以上三项目标。《2021年亚太可持续发展进展报告》共选取了122项指标，其中与SDG11相关的指标共5个，见表2.4。该报告同时强调了因新冠疫情而实施的强制性封锁和社交远离措施对数据收集工作的影响，特别是有关弱势群体的数据。为了更好地落实可持续发展议程，各国政府应重申对可持续发展目标监控框架的承诺，以使复苏能够加速实现《2030年可持续发展议程》所承诺的全球转型。

2021年ESCAP SDG11相关指标　表2.4

SDG	指标名称
11	每10万人口道路交通死亡率
	灾害造成的死亡、失踪人员和直接受影响的人员数量
	灾害造成的直接经济损失，以及灾害造成的关键基础设施受损和基本服务中断数量
	PM$_{2.5}$年平均浓度
	根据《仙台框架》采纳和实施国家减灾战略得分指数

2）评估内容

指标监测需对两方面进行评估：①当前状况指数：自2000年以来所取得的进展。②预期进展指数：2030年实现这些目标的可能性。在进展评估年报中，当前状况指数从目标层面呈现，预期进展指数从目标和指标两个层面进行汇报。

（5）欧盟

欧盟可持续发展战略启动于2001年，2010年起，可持续发展已成为欧洲2020战略的主流，始终致力于成为全球《2030年可持续发展议程》的领跑者。围绕可持续发展，其工作主要有两个方向：一是将联合国可持续发展目标与欧盟政策框架、欧盟委员会的优先目标（10 commission's priorities）整合，识别与可持续发展最为相关的目标，评估欧盟的可持续发展目标完成情况。二是发布2020年之后的长期发展规划及各部门政策的侧重点。

2017年4月，由欧盟委员会SDGs相关工作组商定了2017年欧盟SDGs指标集，以监测欧盟的可持续发展进程。该指标集被欧盟统计局发布的《欧盟可持续发展目标监测报告》等采用。受到了欧洲统计系统委员会（European Statistical System Committee，ESSC）的好评。欧盟SDGs指标集是一个广泛协商的结果，涉及包括委员会、成员国、理事会委员会、用户、非政府组织、学术界和国际组织在内的诸多利益攸关方。

关于政策的相关性，欧盟SDGs指标集的目的是在欧盟的背景下监测实现可持续发展目标的进展。选择的指标与委员会发布的"欧洲可持续未来的下一步"（Next steps for a sustainable European future）密切相关，与SDG11相关的指标见表2.5。此外，所有选定的指标都清楚

欧盟SDGs指标及数据来源（仅列出SDG11相关指标） 表2.5

目标	指标	更新频率	数据来源
11	过度拥挤率	每年	Eurostat
	居住在受噪声影响的家庭中的人	每年	Eurostat
	人均定居用地面积	每三年	Eurostat
	交通事故死亡人数	每年	DG MOVE
	颗粒物浓度	每年	EEA
	城市垃圾循环利用率	每年	Eurostat
	居住在屋顶漏水、墙壁潮湿、地板、地基或窗框因贫困而腐烂的住宅内的人	每年	Eurostat
	至少经过二次处理的污水处理系统的人口比例	每两年	Eurostat
	公共汽车和火车在客运总量中所占的份额	每年	Eurostat
	报告其地区发生犯罪、暴力或故意破坏行为的人数	每年	Eurostat

地说明了欧盟有关政策和倡议所规定的改革方向。优先考虑以简单、清楚和容易理解的绩效指标来衡量欧盟政策、倡议的影响。该指标集着眼于欧盟政策对落实《2030年可持续发展议程》的贡献，从欧盟角度补充了联合国全球指标框架。

关于质量要求，欧盟SDGs指标集中只采用了目前可用的或将定期发布的数据。要求数据能够在线访问，元数据必须公开可用。指标选取也考虑了欧洲统计的标准质量原则：传播的频率、及时性、地理范围、国家间和随时间的可比性以及时间序列的长度。在气候变化、海洋或陆地生态系统等领域，指标集中的部分指标虽并非出自欧洲统计系统，但采用的是满足质量要求的外部数据。

2.1.1.2 国家及城市层面SDGs本土化及进展评估方法研究及实践进展

（1）德国

德国自2006年开始每两年发布一次可持续发展指标报告，自2015年《2030年可持续发展议程》发布后，德国先后发布了《德国可持续发展指标报告》（2016年）及《德国可持续发展指标报告》（2018年）。报告生动地描绘了德国已经走过的道路、德国前面的道路以及德国走向政治商定的目标的速度，这些目标的实现将有助于使德国更加可持续，从而使其具有前瞻性《德国可持续发展指标报告》（2016年）从三个层面提出了包括气候和生物多样性保护、资源效率和移动解决方案等领域以及减少贫困、卫生保健、教育、性别平等、稳健的国家财政、公平分配和反腐等17个可持续发展目标及36个发展领域的具体实施措施。在这17个目标里，制定了63个关键指标，其中多数指标与量化目标相关联，17个可持续发展目标中每一个都包含至少一个可量化指标。《德国可持续发展指标报告》（2018年）大体内容与2016版报告相同。2018版报告除了详细介绍指标所反映的内容外，还利用天气标志——从阳光到雷雨这种简单而容易理解的方式说明了该指标在向目标迈进的"天气状况"，将指标的发展方向可视化，并对指标的变化及价值进行陈述。

报告制定的德国可持续发展指标体系（仅列出SDG11）见表2.6。

德国可持续发展指标体系（仅列出SDG11相关指标）　　　　　　表2.6

序号	指标范围可持续发展要求	指标	目标
11.1.a		居住用地和交通用地的增加	到2030年降至低于每天30公顷
11.1.b	土地使用 可持续的土地使用	自由空间的损失（平方米每个居民）	减少涉及居民的空地损失
11.1.c		单位住宅面积和交通面积的居民人数（居住密度）	避免居住密度降低
11.2.a		货物流通的终端能源消费量	到2030年的"目标走廊"为降低15%~20%
11.2.b	交通运输 保障交通运输，爱护环境	客运的终端能源消费量	到2030年的"目标走廊"为降低15%~20%
11.2.c		居民人口加权后使用公共交通工具从每个车站到下一个中型及大型城镇的平均行驶时间	缩短
11.3	居住 为所有人提供价格可承受的住房	居住费用造成的过重负担	到2030年将这部分居民的比例降至13%

（2）美国纽约市

2015年4月，为解决纽约仍然面临的很多问题，例如，生活成本不断升高、收入不平等也在不断加剧；贫困和无家可归的人数居高不下；气候变化等，纽约市政府基于增长、公平、可持续性和恢复力这四个相互依赖的愿景发布第四版《PlaNYC 2015》。同年9月，世界领导人聚集纽约通过了《2030年可持续发展议程》，在认识到《一个纽约》与可持续发展目标之间的协同作用后，纽约市市长办公室利用这一共同框架，与世界各地的城市和国家分享纽约市可持续发展的创新。为了跟踪纽约市在实现OneNYC详细目标方面的进展，纽约市制定一套关键绩效指标，每年公开报告，旨在让纽约市对实现具体的量化目标负责，同时提供有关OneNYC计划和政策有效性的指导性数据。最新"一个纽约"规划——《一个纽约2050》战略的30个倡议和监测指标集见表2.7。

美国纽约市SDGs指标（仅列出SDG11相关指标）　　　　　　表2.7

目标	倡议
1 充满活力的民主	1.授权所有纽约人参与我们的民主
	2.欢迎来自世界各地的纽约人，让他们充分参与公民生活
	3.促进正义和平等权利，在纽约人和政府之间建立信任
	4.在全球舞台上促进民主和公民创新
2 包容经济	5.以高薪工作促进经济增长，让纽约人做好填补空缺的准备
	6.通过合理的工资和扩大的福利为所有人提供经济保障
	7.扩大工人和社区的发言权、所有权和决策权
	8.加强城市财政健康，以满足当前和未来的需要
3 繁荣社区	9.确保所有纽约人都能获得安全、可靠和负担得起的住房
	10.确保所有纽约人都能获得社区开放空间和文化资源
	11.促进社区安全的共同责任，促进社区治安
	12.推广以地点为基础的社区规划和策略

目标	倡议
4 健康生活	13. 确保所有纽约人享有高质量、负担得起和可获得的医疗保健
	14. 通过解决所有社区的卫生和精神卫生需求促进公平
	15. 让所有社区的健康生活更容易
	16. 设计一个为健康和幸福创造条件的物理环境
5 公平与卓越教育	17. 使纽约市成为全国领先的幼儿教育模式
	18. 提高 K-12 机会和成绩的公平性
	19. 增加纽约市学校的融合、多样性和包容性
6 宜居气候	20. 实现碳平衡和 100% 清洁电力
	21. 加强社区、建筑、基础设施和滨水区建设，增强抗灾能力
	22. 通过气候行动为所有纽约人创造经济机会
	23. 为气候问责制和正义而战
7 高效移动性	24. 现代化纽约市的公共交通网络
	25. 确保纽约的街道安全畅通
	26. 减少交通堵塞及废气排放
	27. 加强与本地区和世界的联系
8 现代化基础设施	28. 在核心实体基础设施和减灾方面进行前瞻性投资
	29. 改善数字基建设施，以配合 21 世纪的需要
	30. 实施资产维护和资本项目交付的最佳实践

（3）中国浙江省德清县

国家基础地理信息中心联合国内多所高校和高新技术企业，依据联合国 SDGs 全球指标框架，综合利用地理和统计信息，对德清县践行 SDGs 实施情况进行了定量、定性和定位相结合的评估分析。2018 年 11 月 20 日，联合国世界地理信息大会举行"基于地理与统计信息开展德清可持续发展定量评估"分会，会上发布了我国首个践行联合国 2030 可持续发展目标定量评估报告——《德清践行 2030 年可持续发展议程进展报告（2017）》，提出了适合德清县情的 SDGs 指标群，进行了 102 个指标量化计算，完成了 16 个 SDGs（不包含 SDG14）的单目标评估以及经济、社会和环境三大领域总体发展水平和协调程度综合分析。

1）指标选择依据

在理解联合国 SDGs 和各别国别方案的基础上，通过分析德清县可持续发展状况，对联合国 SDGs 全球指标框架的 244 个指标进行筛选和调整，形成适合德清县情的 SDGs 指标集，共含有 102 个指标，其中，直接采纳的指标 47 个，扩展的指标 6 个，修改的指标 42 个，替代的指标 7 个。中国浙江省德清县 SDGs 指标见表 2.8。

2）SDGs 评估分析方法

指标评价方面，首先参考贝塔斯曼基金会与 SDSN 于 2017 年发布的报告《SDGs 指数和指示板》，对指标进行量化评估。鉴于其提供的指标较少，难以完全覆盖德清指标集，采用《中国落实 2030 年可持续发展议程国别方案》、世界

中国浙江省德清县SDGs指标（仅列出SDG11相关指标） 表2.8

内容	指标
居住条件	11.1.1居住在城中村[1]和非正规住区内或者住房不足的城市人口比例
	11.3.1土地使用率与人口增长率之间的比率
宜居环境	11.2.1可便利使用公共交通的人口比例
	11.4.1政府在文化和自然遗产的公共财政支出比例
	11.7.1城市建设区中供人使用的人均公共开放空间、绿地率及人均公园绿地
居住安全	11.5.1每十万人中因灾害死亡、失踪和直接影响的人数
	11.5.2灾害造成的直接经济损失
	11.6.1定期收集并得到适当最终排放的城市固体废物占废物总量的比例
	11.6.2城市细颗粒物年均浓度及空气重污染物天数减少占比

数据来源：统计数据主要来源于《德清县统计公报》《德清县政府工作报告》《水资源公报》等官方资料，或由政府相关部门提供。地理空间数据主要由德清地理信息中心提供，也采用遥感等手段获取数据资料。为便于实现统计和地理数据的融合分析，对人口等统计数据进行地理空间分解处理。

联合国网站 https://unstats.un.org/sdgs/indicators/indicators-list/

水平综合评估及多元评估方法，顺序依次进行指标评价。

①单目标评价：为便于进行单目标评价，根据区域实际情况将其包含的具体目标分为2~3个子集，凝练出对应的基本内涵、分析重点及其指标；继而采用量化的指标和事实（数据和实况），进行有针对性、有重点的评估。定量评价：基于指标的量化评估结果，按照最小因子原理对单个目标进行评级，每个目标的实现程度均受目标内最低指标的实现程度约束和决定。定性分析：按照确定的分析重点，阐述德清践行该项目标的基本情况、具体措施和经验做法或特色、分析存在问题和改进方向。②多目标评估：为便于进行经济—社会—环境综合评估分析，按照各目标所含指标对环境、经济、社会的贡献和影响程度，将16项SDGs（不包含SDG14）分归为环境、经济、社会三个目标群。每个SDG一般都对经济增长、社会包容、环境友好具有重要影响，考虑到一些目标对经济、社会、环境具有不同程度的相关性，因此按照相关性强弱将他们

分为2个或以上目标群。目标群划分：参考联合国贸发会议可持续发展目标结构和斯德哥尔摩应变中心提出的可持续发展综合概念框架，借鉴David Le Blanc等学术专家相关研究成果，并结合德清践行SDGs实际，将16项SDGs归类到经济—社会—环境三个目标群，如图2.1所示。③指标和事实相结合的分析：依据SDGs

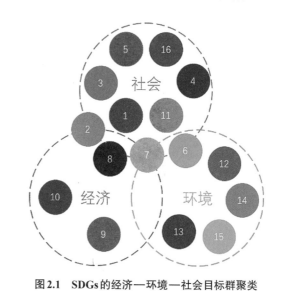

图2.1　SDGs的经济—环境—社会目标群聚类

资料来源：《德清践行2030年可持续发展议程进展报告（2017）》

单目标和多目标评估结果结合德清践行SDGs的经验做法，分析德清县SDGs的总体发展水平、发展经验、德清特色，讲述德清可持续发展的故事，讨论今后的努力。

2.1.1.3　经验借鉴

（1）纵观其他国家、区域或城市公布的报告，其可持续发展实践过程中大多根据自身实际情况，重点关注自身表现较差的几个目标或目标中的较差指标，例如日本重点关注在《2018年可持续发展目标指数和指示板报告》中日本指标得分较低、表现较差的几方面，即SDG1（消除贫困）、SDG5（性别平等）、SDG7（经济适用的清洁能源）、SDG13（气候行动）、SDG14（水下生物）、SDG15（陆地生物）和SDG17（促进目标实现的伙伴关系）等。本书依据此经验，在指标选择过程中也会纳入中国城市层面表现较差的指标。

（2）欧盟指标的选择考虑到其政策相关性，从欧盟的角度对指标的可用性、普及性、数据即时性和质量做出要求。除了少数例外，这些指标源自用于监测欧盟长期政策的现有指标集，如《欧洲2020总体指标》《2016—2020年战略计划影响指标集》（10个委员会优先事项）等。所以我们在选取指标时，首先考虑的是国家中长期规划中明确要考核的指标，看其与联合国给出的指标能否对接，以及考虑数据的可获得性、数据的质量以及连续性。

（3）《德清践行2030年可持续发展议程进展报告（2017）》建立的适合县域层面指标体系时将各大可持续发展目标下细分为几大专题内容，如SDG11这一目标下分了"居住条件""宜居环境"及"居住安全"等三个专题，在本书建立指标体系时参考此种做法将SDG11目标进行专题

划分。

（4）在指标选取方面，部分国家及城市的做法可以提供一些经验。用于选择和衡量可持续发展目标指标的标准考虑以下因素：原则上，可持续发展目标指标在全球指标框架中进行衡量，如果列表中的指标无法测量，则会寻求一个替代指标，用于说明中国城市层面在有关目标方面的位置。有时增加额外的指标，用来更好地反映该目标的现状。所有测量的指标最好满足以下每个标准：与SDG有关系；可以显示中国城市之间的明显差异（区分）；可以直接测量；符合统计质量的要求（大多数指标来自官方统计来源，公众咨询产生的指标也符合统计要求）；优先使用存在国际公认定义的指标。

（5）在指标数据来源方面，要注重指标的统计质量。数据必须来自信誉良好的来源，以可复制和可靠的方式产生数据。优先考虑定期更新和可以分解数据的数据集，因此可以跟踪到2030的进度以及跟踪所有组的进度。数据必须是近期公布的，优先考虑覆盖2015年之后的数据。

2.1.2　中国城市SDG11评价指标体系设计

2.1.2.1　研究综述

（1）国外城市可持续发展研究

《2030年可持续发展议程》正式发布前，国外已经针对可持续发展基础理论、可持续城市的内涵、城市可持续发展指标框架、城市可持续发展评价等方面做了大量研究，Nijkamp、Walter和Pezzy分别提出了各自关于可持续发展基本内涵的理解和认识。关于城市可持续发展指标体系构建，国外专家学者做了比较多研究，Marta通过对13个代表性指标体系进行总结，结合西

班牙地中海城市的特点构建了可持续发展评价指标体系。Didem对当前国际、国家等不同层面的可持续评价指标体系和方法及评价内容进行了研究总结。国外相关机构或国际组织如荷兰智库阿卡迪斯、西门子和经济学人智库联合国人居署（United Nations Human Settlements Programme，UN-HABITAT）、美国住房和城市发展部等都对城市可持续性指标进行了深入研究并展开实践。

《2030年可持续发展议程》正式发布后，国外学者及机构将先前研究与SDGs对接，进一步分析可持续发展的内涵，并积极探索SDGs本土化方法，建立适合于某一国家或地区的面向SDGs的指标，并对SDGs的实施情况进行了监测和分析。Tomislav结合经济、社会、资源三方面，参考《2030年可持续发展议程》，基于国际视野较为完整地介绍了可持续发展概念及其理论的历史起源、发展进程和其现状；Luca Coscieme等认为《2030年可持续发展议程》及未来可持续发展国家政治议程中的相关政策连贯性将主要得益于加大力度研究开发一系列符合可持续性原则（及其支持数据）以及可持续性科学与治理等领域的进步。此外，学者还在城市SDGs本土化理论及基于SDGs的城市可持续发展评估方面展开了研究。Billie Giles-Corti等考察了SDGs在多大程度上帮助城市评估其为实现可持续发展和健康成果所做的努力，综合SDGs及UN-HABITAT指定的城市指标行动框架，建议对旨在实现健康和可持续城市的政策制定基准、监测和评估政策以及评估空间不平等问题采取更全面的办法。Florian Koch等考虑到城市在促进可持续发展方面的具体作用，把重点放在国家和地方各级之间的关系，分析了德国如何通过不同的举措将SDGs与城市水平的

可持续性联系起来。Stefan Steiniger等通过专家咨询法选择5个可持续发展类别和29个指标，对智利的6个城市进行评估，这29个指标均可以分配给特定的SDG，提出对于《2030年可持续发展议程》《新城市议程》等中强调的城市发展挑战，至关重要的是优先考虑有效的指标集，以视情况而定地审查随时间变化的城市可持续发展水平。另外，部分学者开始探讨不同类型城市、不同产业与实现联合国可持续发展目标的关系，如S.J. Pittman等探讨了沿海城市和联合国可持续发展目标的关系，指出与沿海城市相关联的多个SDGs。Ranjula BaliSwain等探究了电力行业与可持续发展之间的密切联系，Nathalie Barbosa ReisMonteiro等探讨了采矿活动与可持续发展目标之间的一致性，指出了将可持续发展目标应用于采矿业的许多可能性，以期为实现SDGs做出贡献。

（2）国内城市可持续发展研究

《2030年可持续发展议程》正式发布前，中国的专家学者已对可持续发展的基本内涵、可持续发展主要指标体系的构建、可持续发展能力或水平的评估方法，可持续发展政策、路径等问题做了大量的深入研究。牛文元从可持续发展的基本内涵提取、三维映射、数学分析和可持续发展的阈值判断等维度分析了中国可持续发展的基础及其理论实际。对于可持续发展评价指标体系的研究，杨银峰等引入协调发展程度的基本概念，引入人口维度将前人研究的协调发展度扩展到5个方面，并创建了一套关于城市可持续发展程度系统协调评价的指标体系。孙晓等针对中国不同规模的277个地级城市建立了包含经济发展、社会进步、生态环境3大类、24项可持续发展指标的体系。评价方法方面，学者主要采用客观熵权法、神经网络分析法、数据包络分析法、层

次分析法、模糊综合评价法等评估方法对国家、区域、城市、县域等不同层次的可持续发展水平或能力进行测度。在推进区域性的可持续发展政策、路径、机制等方面，姚琼建立"人—产业—空间—制度"的研究框架，提出了城市可持续发展的路径。

《2030年可持续发展议程》正式发布后，中国建立国家一级的协调领导机制，并且研究和制定了国家2030年可持续发展战略目标的具体国家计划，还将SDGs的实施及落实纳入"十三五"规划，同时也积极推动在更大的范围内实现SDGs。国内学者及各大研究机构也积极推进SDGs本地化研究，对SDGs各个目标指标进行度量和监测。中国国际经济交流中心、美国哥伦比亚大学地球研究院等机构发布的《中国可持续发展评价报告》建立了由经济发展、社会民生、资源环境、消耗排放、环境治理五个一级指标以及若干二级指标组成的城市可持续发展评价指标体系，对中国100个大城市可持续发展水平进行了探索性评价。2018年国家基础地理信息中心组织开展了德清县域层面可持续发展本地化行动，并发布《德清践行2030年可持续发展议程进展报告（2017）》，对德清县可持续发展水平进行了定性及定量的评估，2019年陈军等在先前的相关研究基础上采用四种本土化模式构建了SDGs本土化指标系统，并将其应用于德清县实现SDG15的定量化评价中。国内学者也积极推进SDGs本地化研究。王鹏龙等在梳理国际城市可持续性评价指标研究的基础上，以SDG11为研究导向建立了一个开放式的城市可持续性评价指标体系框架。朱婧等以贯彻落实《2030年可持续发展议程》精神为依据，以中国的可持续发展战略所强调的经济、社会、资源和环境三者之间协调发展作为重要的理论依据和支撑，对标SDGs构建了一套完整的适用于中国国家层面的可持续发展进展评估方法及指标体系。马延吉等结合SDGs构建了城镇化可持续发展评价指标体系，从省内外两个方面研究了吉林省城镇化可持续发展现状。杨振山等基于SDGs的内容和相关的现有研究，在当前中国城市管理的大背景下，选择了经济、生活、风险、环境、污染治理和自然资源6个子系统共20项指标，采用熵值法对京津冀地区13个城市的可持续发展能力分别进行了评估。

2.1.2.2 中国城市SDG11评价指标体系构架

SDG11旨在解决城镇化进程中城市无序扩张、居住条件差、大气污染等严重制约城市可持续发展的问题，涉及居民居住条件改善、公共交通发展、城乡绿色发展、城市治理能力等方面，具体子目标及核心见表2.9。借鉴已有可持续发展评价和SDGs本土化经验，结合SDG11目标及子目标要求，本书将中国城市SDG11评价指标体系划分为7个专题。同时，为方便对城市进行统计分析、分类评估，增加基础指标反映城市的基本背景。最终评价指标体系由"基础指标集+7个专题"构成。

2.1.2.3 中国城市SDG11评价指标体系设计

（1）指标体系的构建流程

SDGs是一个普适性的框架，各国、各地区在追踪评价SDGs的过程中，也纷纷对SDGs展开本土化探索，目前而言SDGs本土化的概念已经从在地方（即国家以下）一级实施可持续发展目标演变为调整可持续发展目标及其指标，以适应当地的实际情况。

系统梳理国内外SDGs的重要实践。整理全球针对SDGs的本地化实践，重点关注德国、

SDG11 目标及子目标核心内容 表 2.9

目标	子目标	核心
建设包容、安全、有抵御灾害能力和可持续的城市和人类住区	11.1 到2030年，确保人人获得适当、安全和负担得起的住房和基本服务，并改造贫民窟[1]。	住房保障
	11.2 到2030年，向所有人提供安全、负担得起的、易于利用、可持续的交通运输系统，改善道路安全，特别是扩大公共交通，要特别关注处境脆弱者、妇女、儿童、残疾人和老年人的需要。	公共交通
	11.3 到2030年，在所有国家加强包容和可持续的城市建设，加强参与性、综合性、可持续的人类住区规划和管理能力。	规划管理
	11.4 进一步努力保护和捍卫世界文化和自然遗产。	遗产保护
	11.5 到2030年，大幅减少包括水灾在内的各种灾害造成的死亡人数和受灾人数，大幅减少上述灾害造成的与全球国内生产总值有关的直接经济损失，重点保护穷人和处境脆弱群体。	防灾减灾
	11.6 到2030年，减少城市的人均负面环境影响，包括特别关注空气质量，以及城市废物管理等。	环境改善
	11.7 到2030年，向所有人，特别是妇女、儿童、老年人和残疾人，普遍提供安全、包容、无障碍、绿色的公共空间。	公共空间
	11.a* 通过加强国家和区域发展规划，支持在城市、近郊和农村地区之间建立积极的经济、社会和环境联系。	城乡融合
	11.b* 到2020年，大幅增加采取和实施综合政策和计划以构建包容、资源使用效率高、减缓和适应气候变化、具有抵御灾害能力的城市和人类住区数量，并根据《2015—2030年仙台减少灾害风险框架》在各级建立和实施全面的灾害风险管理。	节能增效
	11.c* 通过财政和技术援助等方式，支持最不发达国家就地取材，建造可持续的、有抵御灾害能力的建筑。	对外援助

*目标执行手段

美国纽约市、中国浙江省德清县等适合其城市现状的SDG11本土化指标体系。整理中国官方发布的可持续发展相关评价指标。以《中国统计年鉴》的统计指标为基准，统筹考虑绿色发展、生态文明建设、循环经济发展、美丽中国建设等中国现有可持续发展相关评价指标，汇总国家发布的《能源生产和消费革命战略（2016—2030）》《全国国土规划纲要（2016—2030年）》等中长期专项发展战略规划与行动计划中针对城市提出的主要目标。结合外交部两次发布的中国进展报告，对接绿色低碳重点小城镇建设评价、国家生态文明建设试点示范区建设、中国人居

环境奖评价、2021年城市体检指标体系等城市层面的评价指标，构建中国官方可持续发展相关指标库。梳理国内外关于城市可持续发展评价指标体系的重要研究，构建城市可持续发展研究指标库。

汇总"SDGs评估指标库""中国官方可持续发展相关指标库"和"城市可持续发展研究指标库"的所有指标，删除不能适用于中国城市可持续发展评估或无可靠数据来源的指标，剔除重复指标，并依据权威性、"就高不就低"的检索频次要求和数据来源的可靠性删去具有相同内涵的相似指标，即保留来源权威性高、检索频次

[1] 联合国网站http://www.un.org/sustainabledevelopment/zh/cities/

高、数据来源可靠的指标，组建中国城市可持续发展评价基础指标库，作为城市层面可持续发展评估的备选指标库。最终基于指标筛选原则确定SDG11评价指标体系。SDG11评价指标体系创建路径如图2.2所示。

（2）指标选择原则

相关性：所选指标应当与可持续发展SDG11实施情况相关联，且适用于中国绝大多数城市。指标体系在给出的SDG11的相关列表中选择与城市背景最相关的，不包括"11.b.1依照《2015—2030年仙台减少灾害风险框架》通过和执行国家减少灾害风险战略的国家数目"等明显是国家级别或涉及国际合作的指标。最后，在可能的情况下，指标应与政策背景相关或支持领导人的决策。

科学性：指标体系应建立在科学基础上，既能够客观地反映对应专题城市的发展水平和状况，整体上能够形成可持续发展内部的相互联系，又要保证其研究方法具有一定的科学依据。

普适性：一般指标的数据覆盖度须达到所选城市的70%以上；选择的数据具有合理或科学确定的阈值，这些指标还应当能够在中国范围内直接用于城市间的绩效评估和比较。

可靠性：数据的收集处理基于有效和可靠的统计学方法，优先考虑定期更新的数据集，以便可以跟踪到2030年的进展；数据还必须是针对某一问题最有效的测度，且来源于国家或地方上的官方数据（比如国家、地方统计局）或其他国家相关知名数据库。

及时性：数据序列必须具有时效性，近些年的数据有效且能够获取，所选指标为最新且按合理计划适时公布的指标。

（3）评价指标体系构建

最终构建的SDG11评价指标体系见表2.10。

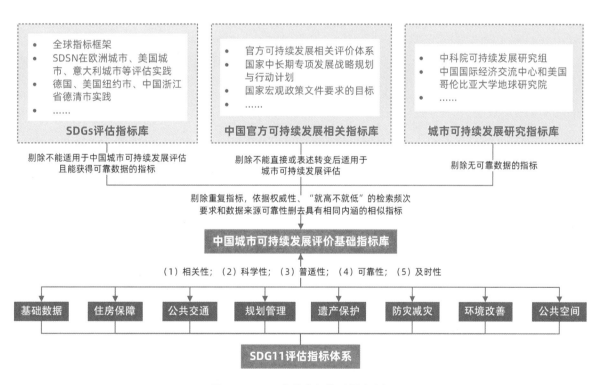

图2.2　SDG11评价指标体系创建路径

SDG11评价指标体系   表 2.10

专题	指标	单位	指标解释
基础数据	常住人口	万人	实际居住在某地区半年以上的人口
	人均GDP	万元	一定时期内GDP与同期常住人口平均数的比值
	GDP增长率	%	GDP的年度增长率，按可比价格计算的国内生产总值计算
	辖区面积	平方公里	行政区域土地面积
	城镇化率	%	城镇常住人口占总人口的比例
11.1-住房保障	城镇居民人均住房建筑面积	平方米	城镇地区按居住人口计算的平均每人拥有的住宅建筑面积
	售租比	—	每平方米建筑面积房价与每平方米使用面积的月租金之间的比值
	房价收入比	—	住房价格与城市居民家庭年收入之比
11.2-公共交通	公共交通发展指数	—	由"每万人拥有公共交通车辆""公交车出行分担率""建成区公交站点500米覆盖率"三项子指标得分等权聚合
	道路网密度	公里/平方公里	道路网的总里程与该区域面积的比值
	交通事故发生率	%	交通事故数量与常住人口的比值
11.3-规划管理	国家贫困线以下人口比例	%	贫困线以下人口占总人口的比重
	刑事案件发生率	%	刑事案件数量与常住人口的比值
	财政自给率	%	地方财政一般预算内收入与地方财政一般预算内支出的比值
	基本公共服务保障能力	%	城乡基本公共服务支出占财政支出比重
	单位GDP能耗	吨标准煤/万元	每生产万元地区生产总值消耗的能源量
	单位GDP水耗	立方米/万元	每生产万元地区生产总值消耗的水资源量
	国土开发强度	GDP/平方公里	每平方公里辖区地区生产总值产生量
	人均日生活用水量	升	每一用水人口平均每天的生活用水量
11.4-遗产保护	每万人国家A级景区数量	个/万人	每万常住人口国家A级景区拥有量
	万人非物质文化遗产数量	个/万人	每万常住人口非物质文化遗产拥有量
	自然保护地面积占陆域国土面积比例	%	自然保护地面积与陆域国土面积的比值
11.5-防灾减灾	人均水利、环境和公共设施管理业固定投资	万元/万人	水利、环境和公共设施管理业固定投资与常住人口的比值
	单位GDP碳排放	万吨/万元	产生万元GDP排放的二氧化碳数量
	人均碳排放	万吨/万人	每万常住人口二氧化碳排放量
11.6-环境改善	城市空气质量优良天数比率	%	一年内城市空气质量为优或者良的天数比例
	生活垃圾无害化处理率	%	生活垃圾中进行无害化处理的比例
	生态环境状况指数	—	反映被评价区域生态环境质量状况的一系列指数的综合
	地表水水质优良比例	%	根据全市主要河湖水质断面状况计算得出的断面达到或好于Ⅲ类水质的百分比

专题	指标	单位	指标解释
11.6－环境改善	城市污水处理率	%	经管网进入污水处理厂处理的城市污水量占污水排放总量的百分比
	PM$_{2.5}$年均浓度	微克/立方米	指每立方米空气中空气动力学直径小于或等于2.5微米的颗粒物含量的年平均值
11.7－公共空间	人均公园绿地面积	平方米	城镇公园绿地面积的人均占有量
	建成区绿地率	%	建成区内绿化用地所占比例

2.1.3　中国城市SDG11评价方法

2.1.3.1　指标数据来源

数据来源主要包括以下途径：国家及地方统计年鉴、地方国民经济及社会发展统计公报、生态环境状况公报、地方政府工作报告、地方预算执行情况和预算草案报告等官方公布的统计报告，若官方指标还存在数据缺失等问题，则通过其他可靠数据来源和测量方法加以完善，包括安居客、中国房价行情网等网站及中国经济社会大数据研究平台、中国经济与社会发展统计数据库、前瞻数据库等国内数据库，正式发布的期刊文献以及家庭调查或民间社会组织。

2.1.3.2　数据处理及标准化

为了对数据进行重新标度和标准化，采用改进的离差标准化法进行数据处理，具体如下：为了使不同指标的数据具有可比性，将各个指标的数据都重新标度为0~100的数值，0表示与目标最远（最差），100表示与目标最接近（最优）。该步骤旨在将所有指标的取值约束到可以进行比较和汇总成综合指数的通用数值范围内。

（1）确定指标上限及下限的方法

重新缩放数据上限和下限的选择是一个敏感的问题，如果不考虑极值和异常值，可能会给评价结果带来意想不到的影响。在确定指标阈值上限时，将《2030年可持续发展议程》中"不落下任何人"的原则作为基本准则，参考目前国内外关于SDGs进展评估的实践探索和典型经验，结合中国实际情况，最优值确定具体规则见表2.11。在确定指标下限时，考虑到最差值对异常值比较敏感，采用全部城市剔除表现最差中2.5%的观测值后的最差值作为指标下限。

最优值确定规则　表2.11

指标情况	最优值设定	举例
SDGs中有明确标准导向的指标	使用其绝对数值	贫困发生率的最优值为0
SDGs中无明确要求，但具有公认理想值的指标	选取公认理想值	空气质量优良天数比率的最优值为公认理想值100%
对于其他所有的指标	使用全国表现最好的5个城市数据平均值	—

（2）数据标准化

建立上限和下限之后，运用该公式对变量进行[0，100]范围内的线性转换：

$$x' = \frac{x - \min(x)}{\max(x) - \min(x)}$$

其中，x是原始数据值；max/min分别表示某一指标的最优值和最差值，而x'是计算之后的标准化值。

经过这一计算过程，指标分数可以解释为

实现可持续发展目标的进展百分比，所有指标的数据都能够按照升序进行比较，即更高的数值意味着距离实现目标更近，100分意味着指标（目标）已经实现。如果使用前5名的平均值来确定100分，则"100分"仅表示在中国背景下可以合理预期这一阈值水平的成就。

2.1.3.3 计算得分和分配颜色

通过取归一化指标得分的算术平均值来创建七个专题得分。总分是通过计算七个专题的平均得分出来的。颜色是通过创建内部阈值来制定的，这些阈值是实现SDGs的基准。

（1）指标加权及聚合

由于要求到2030年实现所有目标，所以选择固定的权重赋予SDG11目标下的每一项指标，以此反映决策者对这些可持续发展目标平等对待的承诺，并将其作为"完整且不可分割"的目标集。这意味着为了提高SDG11的分数，各城市需要将注意力平等集中在所有指标上，并需要特别关注得分较低的指标，因为这些指标距离实现最遥远，也因此预期实现进展最快。

指标加权聚合主要分为两个步骤：①利用标准化后的指标数值计算算数平均值，得出每个专题的得分；②用算术平均来对每一个专题进行聚合，得出SDG11得分。

具体加权及聚合的方法见下式：

$$I_i = \sum_{j=1}^{N_{ij}} \frac{1}{N_{ij}} I_{ij}$$

$$I = \sum_{i=1}^{N_i} \frac{1}{N_i} I_i$$

其中，I_i表示第i个专题的分数，N_i表示一个城市有数据的专题数（一般，所有城市八个专题的数据及得分均有）。N_{ij}表示每个城市的第i个专题内包含的指标数，I_{ij}表示第i个专题内的

指标j的分数。第i个专题的分数I_{ij}由该城市重新调整的指标j的分数确定。接下来，将第i个专题上的I_{ij}进行聚合。第i个专题的分数I_i由该城市分数I_{ij}的算术平均值确定。各城市的SDG11指数的分数I由分数I_i的算术平均值确定。

（2）内部阈值的确定及颜色分配

为了评估一个城市在特定专题和可持续发展目标方面的进展，构建了可持续发展目标指示板，并在一个有四个色带的"交通灯"（包含红色、橙色、黄色、绿色）表中对各城市进行分组，见表2.12。由红色色带到绿色色带表示城市可持续发展表现由差到优，构建可持续发展目标指示板的目的是确定面临重大挑战并需要每个城市给予更多关注的目标。指示板用于对不同城市的绩效进行比较评估，并确定落后于全国其他城市的城市。"绿色"类别意味着一个城市与一系列城市相比表现相对较好。相反，"红色"类别意味着一个城市与一系列城市相比表现相对较差。增加灰色表示数据缺失。

可持续发展目标指示板含义   表2.12

指示板	指示板含义
●	表现差，2030年实现SDG11困难
●	表现较差，2030年实现SDG11面临较大困难
●	表现中等，2030年距离实现SDG11挑战较小
●	表现良好，2030年有很大可能实现SDG11
●	数据缺失

1）指标内部阈值的确定及颜色分配

使用以下方法确定内部阈值：0~30分为红色，30~50分为橙色，50~65分为黄色，65~100分是绿色，并保证每一个间隔的连续性，如图2.3所示。

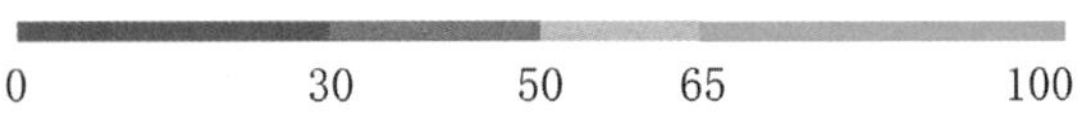

| 0 | 30 | 50 | 65 | 100 |

图2.3 指标内部阈值的确定及颜色分配

2）专题内部阈值的确定及颜色分配

①如果某个专题下只有一个指标，那么该指标的颜色等级决定了专题的总体评级。

②如果某个专题下不止一个指标，那么利用所有指标的平均值来确定专题的评级。

（3）趋势判断

为衡量各城市在SDG11上的实现情况，进行得分趋势判断，即利用近五年历史数据来估算城市向SDG11迈进的速度，并推断该速度能否保证城市在2030年前实现SDG11。利用各城市最近一段时间（2015—2019年）SDG11得分的面板数据混合回归预测2030年得分情况，比较城市2019年的实际得分和2030年的预测

得分差异，利用"四箭头系统"来描述SDGs实现的趋势。具体见表2.13。

描述SDGs实现趋势的"四箭头系统" 表2.13

四箭头系统	箭头含义
↓	下降：2030年预测得分低于2020年得分，2030年预测得分指示板颜色不为绿色
→	停滞：2030年预测得分高于2020年得分，且2030年模拟得分指示板颜色与2019年相同（不为绿色）
↗	适度改善：2030年预测得分高于2020年得分，且2030年模拟得分指示板颜色改善（不为绿色）
↑	步入正轨：2030年预测得分指示板达到绿色

参考文献

[1] ARCADIS. Sustainable Cities Index[R]. Amsterdam：2011.

[2] BILLIE G C，MELANIE L，JONATHAN A. Achieving the SDGs：Evaluating indicators to be used to benchmark and monitor progress towards creating healthy and sustainable cities[J]. Health Policy，2020，6（124）：581-590.

[3] BRAULIO M. Sustainability on the urban scale：Proposal of a structure of indicators for the Spanish context[J]. Environmental Impact Assessment Review，2015，53：16-30.

[4] DIZDAROGLU D. The Role of Indicator-Based Sustainability Assessment in Policy and the Decision-Making Process：A Review and Outlook[J]. Sustainability，2017（6）：1018.

[5] Economist Intelligence Unit. Green City Index[R]. München，2009.

[6] European Commission，Europe 2020.Strategy[R]. 2010.

[7] European Commission，Next steps for a sustainable European future[R]. 2016.

[8] FLORIAN K，KERSTIN K. How to Contextualize SDG 11？ Looking at Indicators for Sustainable Urban Development in Germany[J]. International Journal of Geo-Information，2018，7（12）：1-16.

[9] Gomes F B，Moraes J C，Neri D . A sustainable Europe for a Better World. A European Union Strategy for Sustainable Development. The Commission's proposal to the Gothenburg European Council[J]. Proceedings of the Institution of Mechanical Engineers Part H Journal of Engineering in Medicine，2001，228（4）：330-341.

[10] Institute for Global Environmental Strategies. Achieving the Sustainable Development Goals: From Agenda to Action[R]. Japan: Institute for Global Environmental Strategies, 2015.

[11] LUCA C, LARS F, ANDERSON S, et.al. Going beyond Gross Domestic Product as an indicator to bring coherence to the Sustainable Development Goals[J]. Journal of Cleaner Production, 2019, 248: 6.

[12] NATHALIE B R, ELAINE A S, José MachadoMoita Neto. Sustainable development goals in mining[J]. Journal of Cleaner Production, 2019(228): 509-520.

[13] New York Mayor's Office for International Affairs. New York City's Implemention of the 2030 Agenda for Sustainable Development[R]. New York, 2018.

[14] Organization for Economic Co-operation and Development. Better Policies for 2030: An OECD Action Plan on the Sustainable Development Goals[R]. 2016.

[15] Organization for Economic Co-operation and Development. Measuring Distance to the SDG Targets: OECD Statistics and Data Directorate[R]. Paris, 2019.

[16] PITTMANA S J, RODWELLA L D, SHELLOCK R J, et.al. Marine parks for coastal cities: A concept for enhanced community wellbeing, prosperity and sustainable city living[J]. Marine Policy, 2019, (103): 160-171.

[17] RANJULA B S, AMIN K. Renewable electricity and sustainable development goals in the EU[J]. World Development, 2020(125): 5-9.

[18] Statistisches Bundesamt. Nachhaltige entwicklung in Deutschland Indikatorenbericht 2016[R].2016.

[19] Statistisches Bundesamt. Nachhaltige entwicklung in deutschlandIndikatorenbericht 2018[R]. 2018.

[20] STEFAN S, ELIZABETH W, FRANCISCO B, et al. Localising urban sustainability indicators: The CEDEUS indicator set, and lessons from an expert-driven process[J]. Cities, 2020(101): 1-15.

[21] STEFAN S, ELIZABETH W, FRANCISCO B, et al. Localising urban sustainability indicators: The CEDEUS indicator set, and lessons from an expert-driven process[J]. Cities, 2020(101): 1-15.

[22] SUN L, CHEN J, LI Q, et al.Dramatic uneven urbanization of large cities throughout the world in recent decades[J].Nature Communications, 2020, 11(1): 5366.

[23] Sustainable Development Solutions Network, Bertelsmann Foundation. Sustainable Development Report of the United States 2018[R]. 2018.

[24] Sustainable Development Solutions Network, BERTELSMANNS. 2016 SDG Index and Dashboards Report [R]. Paris: SDSN, 2016.

[25] Sustainable Development Solutions Network, BERTELSMANNS. 2017 SDG Index and Dashboards Report [R]. Paris: SDSN, 2017.

[26] Sustainable Development Solutions Network, BERTELSMANNS. 2018 SDG Index and

Dashboards Report [R]. Paris：SDSN，2018.

[27] Sustainable Development Solutions Network，BERTELSMANNS. 2019 SDG Index and Dashboards Report [R]. Paris：SDSN，2019.

[28] Sustainable Development Solutions Network，BERTELSMANNS. 2020 SDG Index and Dashboards Report [R]. Paris：SDSN，2020.

[29] The City of New York Mayor Bill de Blasio. One New York：The Plan for a strong and Just City[R]. New York，2015.

[30] The City of New York Mayor Bill de Blasio. OneNYC 2050：Building a strong and fair city[R]. 2019.

[31] The Inter-agency and Expert Group on SDG Indicators. Global indicator framework for the Sustainable Development Goals and targets of the 2030 Agenda for Sustainable Development [EB/OL]. （2020-02-01）[2021-03-01]. https：//unstats.un.org/sdgs/indicators/indicators-list/.

[32] The United Nations Development Programme. Sustainable Development Goals in motion：China's progress and the 13th Five-Year Plan[R]. 2016.

[33] TOMISLAV. K. The Concept of Sustainable Development：From its Beginning to the Contemporary Issues[J]. Zagreb International Review of Economics and Business，2018（5）：67-94.

[34] United Nations Economic and Social Commission for Asia and Pacific. Asia and the Pacific SDG Progress Report 2018[R]. Bangkok：UNESCAP，2019.

[35] United Nations. SDG Indicators：global indicator framework for the Sustainable Development Goals and targets of the 2030 Agenda for Sustainable Development [R]. NewYork：UN，2015.

[36] United Nations. Transforming our World：The 2030 Agenda for Sustainable Development[R]. NewYork：UN，2015.

[37] 陈军，彭舒，赵学胜，等. 顾及地理空间视角的区域SDGs综合评估方法与示范[J]. 测绘学报，2019，48（4）：473-479.

[38] 联合国经济和社会事务部. 世界人口展望2019[R]. 纽约，2019.

[39] 邵超峰，陈思含，高俊丽，等. 基于 SDGs 的中国可持续发展评价指标体系设计[J]. 中国人口·资源与环境，2021，31（4）：1-12.

[40] 杨锋.加快构建城市可持续发展标准新格局[J].质量与认证，2019（4）：33-35.

2.2 参评城市整体情况

考虑到数据的可获取性和评价的科学性，本书选择139个城市作为中国城市SDG11评估对象，其中包含副省级及省会城市和地级城市。与一般城市相比较，副省级市的区别主要体现为国民经济与社会发展计划方面，在国民经济和社会发展规划上，副省级市政府已经部分拥有了相当于省级政府的职权。而省会城市作为一个省的政治、决策中心，比较好地集中了全省各种资源，经济社会发展在省内较高。因此，副省级及省会城市相较于普通地级市，在享有的政策和资源方面具有较多的优势，要素集聚性和规模化效益更显著，目前中国共有32个副省级城市及省会城市。在进行参评地级市的筛选过程中，主要综合考虑了地域分布及城市可持续发展基础，最终选择了107个国家级有可持续发展实验示范建设基础的地级城市作为评估对象进行评价。

2.2.1 总体进展分析

从整体上看（图2.4），中国城市的SDG11落实情况向好发展，从2016年到2020年提高了5.03%，但是进步速度较慢。见图2.5，从发展趋势看，超过一半的城市能够在SDG11落实上步入正轨；仍有47%的参评城市正在向着相反的方向发展或停止发展；另外有约2%的城市适度改善，整体上看，SDG11落实两极分化现象较为严重。根据近五年SDG11得分趋势模拟2030年SDG11得分情况，中国城市距离

SDG11的实现还存在较大差距，主要是发展的不均衡性导致的，同时还面临各类重大灾害（如新冠疫情）的影响，因此我国城市层面在2030年整体实现SDG11相关目标还颇具挑战。

从城市排名看，在2016年总得分前15名的城市中，有10座城市2020年再次上榜，同时新增泸州、湖州、金华、绍兴、台州等南方城市，整体排名较为稳定。2016年前3名的城市在2020年排名均有不同程度的下降，但烟台、郴州、林芝等部分城市五年内排名上升较为明显，见图2.6。

图2.4 参评城市2016—2020年SDG11平均得分

图2.5 参评城市发展趋势分析图

TOP15 (2016)	TOP15 (2020)
① 泉州	① 泸州
② 大连	② 湖州
③ 株洲	③ 烟台
④ 烟台	④ 宝鸡
⑤ 鄂尔多斯	⑤ 郴州
⑥ 郴州	⑥ 林芝
⑦ 林芝	⑦ 黄山
⑧ 海南藏族自治州	⑧ 东营
⑨ 黄山	⑨ 宜昌
⑩ 宜昌	⑩ 金华
⑪ 东营	⑪ 泉州
⑫ 丽江	⑫ 绍兴
⑬ 鹰潭	⑬ 台州
⑭ 宿迁	⑭ 株洲
⑮ 宝鸡	⑮ 鹰潭

↗ 排名上升　↘ 排名下降

图 2.6　2016—2020 副省级及省会城市总分前 15 名及其 5 年变化

图 2.7　参评城市 2016—2020 年各专项平均得分

从区域分布上看，参评城市 2020 年 SDG11 得分呈现以下特征：①城市得分总体上呈现南高北低的分布格局。表现相对较差的城市（红色和橙色）主要集中在西北和东北地区。大部分城市得分在 50—65 之间（黄色），表现较好（绿色）的城市主要集中在东南地区和中部地区。②中西部城市得分差距较大，东部城市得分较为均衡。西部地区的城市得分跨度最大，涵盖各个指示板颜色。中部和东北部地区以黄色和橙色为主，东部沿海城市则主要以黄色和绿色为主，城市之间的差距从西部向东部差距变小。

从各专题得分（图 2.7）上看，除"11.1—住房保障"专题外，所有专题得分均呈现上升趋势，特别是在"11.6—环境改善"方面提升最大，说明我国近几年重视生态环境保护、积极推进绿色发展、建设生态文明等举措效果显著，城市生态环境质量得到明显改善。而随着城市的不断发展，城市化进程加快，城市人口增多导致住房保障水平有所下滑。"11.4—遗产保护"在所有专题中得分最低，目前已经成为制约中国城市 SDG11 落实的关键因素。

表 2.14 展示了各个专题排名前十的领先城市，以及其 2020 年的分项得分与 2019 年相比的变化情况。在所有参评副省级、省会城市以及地级市中，多数城市在某一个或几个专题可以实现领先，但很难看到一个城市在多个或全部专题都能保持领先，这说明我国目前的城市人居环境仍然处于发展阶段，不同城市已经可以看到在某一专题实现良好的表现，然而在更多的其他专题上仍有进一步提高的空间。这一结果也与参评城市的经济发展水平以及当地的各种资源禀赋有着很大的关系。经济发展水平较高的城市，在基础设施水平等方面往往具有更好的表现，但这类城市由于经济发展较快、人口密集，在住房保障、生态环境质量等方面通常无法实现领先。反观一些经济暂时较为落后的城市，人口压力、环境压力相对较低，在住房保障、环境改善、遗产等专题往往有更好的表现。同时，还需要看到，在各个专题上处于领先地位的城市中，仍然有一部分表现为正在退步，这提醒我们，在城市人居环境发展改善的过程中，不能过分放松对优势专题的把控，在对弱势专题进行不断改善的过程中，也要提防已经取得良好成绩的优势专题产生倒退现象。

2020年各维度上的领先城市　　　　　　　　　　　　　　　　　　表2.14

排名	11.1 住房保障		11.2 公共交通		11.3 规划管理		11.4 遗产保护		11.5 防灾减灾		11.6 环境改善		11.7 公共空间	
1	克拉玛依	↑	营口		常州	↑	拉萨	↑	泸州	↑	海口	↑	林芝	↑
2	巴音郭楞蒙古自治州	↓	德州	↑	绍兴	↑	林芝	↓	三明	↑	梅州	↑	鄂尔多斯	↑
3	黔南布依族苗族自治州	↑	深圳	↑	潍坊	↓	黄山	↓	厦门	↑	林芝	↑	东莞	↑
4	宝鸡	↑	金华	↑	烟台	↑	海南藏族自治州	↑	宝鸡	↓	本溪	↑	绍兴	↑
5	榆林	↑	广州	↑	枣庄	↑	酒泉	↓	南平	↑	龙岩	↑	潍坊	↑
6	上饶	↑	日照	↑	大连	↓	海西蒙古族藏族自治州	↓	福州	↑	黄山	↑	泸州	↑
7	郴州	↓	东营	↑	平顶山	↑	银川	↑	临沧	↑	南平	↑	江门	↑
8	宜昌	↑	临沂	↑	杭州	↑	呼伦贝尔	↑	襄阳	↑	漳州	↑	东营	↓
9	朔州	↓	烟台	↑	佛山	↑	鄂尔多斯	↑	武汉	↑	抚州	↑	云浮	↑
10	昌吉回族自治州	↓	常州	↑	许昌	↑	巴音郭楞蒙古自治州	↑	龙岩	↑	佛山	↑	广州	↑

注：箭头表示2020年分项排名与2019年比较情况，↑表示排名上升，↓表示排名下降。

2.2.2　城市分类分析

2.2.2.1　按城市规模划分

　　参考2014年10月国务院发布的《关于调整城市规模划分标准的通知》（国发〔2014〕51号），可将城市按照常住人口划分为六类：常住人口50万以下为小城市；常住人口50万以上100万以下的城市为中等城市；常住人口100万以上500万以下的城市为大城市，其中300万以上500万以下的城市为Ⅰ型大城市，100万以上300万以下的城市为Ⅱ型大城市；常住人口500万以上1000万以下的城市为特大城市；常住人口1000万以上的城市为超大城市。

　　建设可持续发展的城市实质上就是建设以人为本的宜居城市，在实际评价中也关注对人均指

标的考察，因此不同人口规模的城市在SDG11方面表现有所差异。如图2.8所示，不同规模的城市在SDG11的平均得分上呈现出不同程度上升的趋势。同时，不同规模城市呈现出比较明显

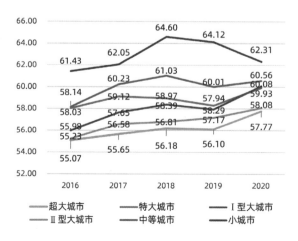

图2.8　各规模城市2016—2020年间总体分数

的得分差异。总体上看，人口规模较小的中小型城市平均得分普遍高于大规模城市，这也与以人为本的宜居城市建设内涵相符，契合未来适度控制城市规模的发展趋势，中小型城市将成为宜居可持续城市的优选。

图2.9展示了不同规模城市2020年的分项得分情况。总体上看，不同规模的城市表现差距不大，在遗产保护方面表现普遍较差；在环境改善、住房保障、公共交通、规划管理方面没有明显的差距；但在公共空间、防灾减灾、遗产保护三方面，不同规模的城市可见明显的差异性。其中，中等规模城市在公共空间专题平均得分明显低于其他规模城市。人口规模较小的城市在遗产保护专题又明显好于其他规模城市，这主要因为中等城市和小城市的人口数量少、而景区及非物质文化遗产数量又相对较多。可见由于人口规模和各方面资源禀赋的差异，不同类型城市在SDG11的各专题存在明显的优势与劣势之分。

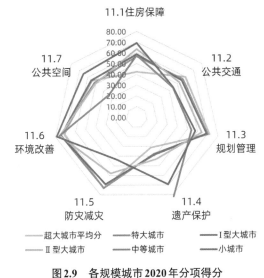

图2.9 各规模城市2020年分项得分

注：中等城市在"11.5—防灾减灾"专题数据缺失

2.2.2.2 按经济发展水平划分

根据经济社会发展状况及人均GDP水平，参照联合国人均GDP评定国家富裕程度的分级标准，我们将参评的城市分为四类：一类城市，年人均GDP高于70,000元；二类城市，年人均GDP介于40,000至70,000元；三类城市，年人均GDP介于30,000—40,000元；四类城市，年人均GDP低于30,000元。见图2.10所示，不同经济发展水平的城市在SDG11的总体得分上呈现较明显的差异，其中一类城市的得分最高，四类城市的低分最低。可以看出，经济发展水平越高的城市，SDG11总体得分往往也越高，具有比较明显的正相关关系。同时，各类城市的总体得分均表现出一定的增长趋势。其中，四类城市的增长幅度最大，而其他三类城市则相对不明显。

图2.10 不同经济发展水平的城市2016—2020年总体得分

图2.11展示了不同类型城市在各专题上的表现。不同经济发展水平的城市在环境改善、住房保障、规划管理、遗产保护四个专题表现总体差距不大；但在遗产保护方面，各类城市都存在普遍的短板，需要进一步加强相关自然遗产和非物质文化遗产的认证与保护工作；在公共空间、公共交通、防灾减灾三个专题，则可以看出比较明显的差别，且均是一类城市表现最好，四类城市表现最差，与经济发展水平有明显的正相关关系，说明经济发展水平较高的城市，在城市基础设施建设和公共服务方面具有更好的表现，而经

济发展水平较差的城市往往受到财政等因素限制，在这些方面仍存在很大的进步空间。

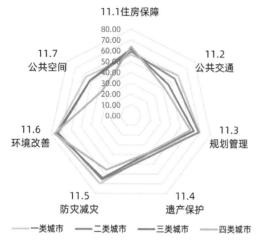

图2.11　不同经济发展水平的城市分专题得分

2.2.3　数据缺失分析

在实际评价中，一些城市的部分指标由于统计口径、统计条件的限制，存在数据缺失的情况，但近五年的数据缺失比例在不断下降，说明中国城市层面已经开始重视对于统计数据的收集工作，如图2.12所示。

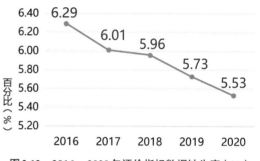

图2.12　2016—2020年评价指标数据缺失率（%）

2020年评价指标数据缺失具体情况见表2.15。仅有"交通事故发生率""刑事案件发生率""单位GDP能耗""人均水利、环境和公共设施管理业固定投资"等4项指标数据缺失率高于10%，其中缺失率最大的指标为"刑事案件发生率"，这项指标能够反映社会稳定度，但目前数据收集或公开情况相对较差。

2020年评价指标数据缺失情况　　　　　　　　　　表2.15

专题	指标	缺失率（%）
11.1—住房保障	城镇居民人均住房建筑面积	7.19
	售租比	0.00
	房价收入比	0.00
11.2—公共交通	公共交通发展指数	3.60
	道路网密度	1.44
	交通事故发生率	21.58
11.3—规划管理	国家贫困线以下人口比例	8.63
	刑事案件发生率	35.97
	财政自给率	0.00
	基本公共服务保障能力	6.47
	单位GDP能耗	10.07
	单位GDP水耗	3.60
	国土开发强度	0.00
	人均日生活用水量	2.88

专题	指标	缺失率（%）
	每万人国家A级景区数量	0.00
11.4—遗产保护	万人非物质文化遗产数量	5.76
	自然保护地面积占陆域国土面积比例	1.44
	人均水利、环境和公共设施管理业固定投资	23.74
11.5—防灾减灾	单位GDP碳排放	3.60
	人均碳排放	3.60
	城市空气质量优良天数比率	0.72
	生活垃圾无害化处理率	1.44
11.6—环境改善	生态环境状况指数	0.00
	地表水水质优良比例	6.47
	城市污水处理率	0.72
	年均PM$_{2.5}$浓度	0.00
11.7—公共空间	人均公园绿地面积	3.60
	建成区绿地率	2.88

2.3 副省级及省会城市评估

2.3.1 2020年副省级及省会城市现状评估

2.3.1.1 总体情况

（1）SDG11得分情况

首先选择32个副省级城市及省会城市进行评估，整体得分如图2.13所示。在所有城市中，得分最高的为厦门——65.37分，得分最低的是

济南——52.08分，分差为13.29分，整体上差距不明显。如图2.14所示，约87.55%的城市SDG11总体得分介于55~65分之间。

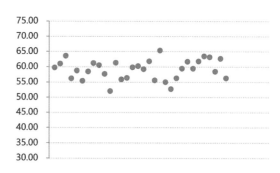

图2.14 副省级及省会城市总体得分区间

按照城市规模划分，32座副省级及省会城市分属于Ⅱ型大城市、Ⅰ型大城市、特大城市、超大城市和中等城市。各规模城市平均得分情况如图2.15所示。对于副省级及省会城市而言，大城市（Ⅰ型大城市和Ⅱ型大城市）SDG11得分最高，不论城市规模增加还是减小，从城市人居环境水平平均得分上看均处于不利的状况。

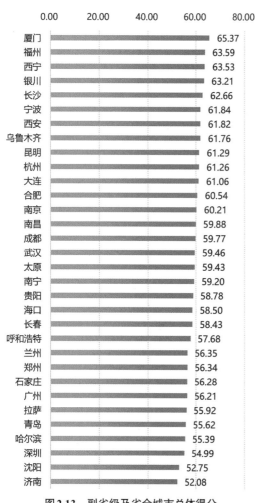

图2.13 副省级及省会城市总体得分

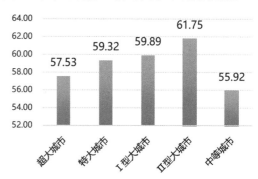

图2.15 不同规模副省级及省会城市平均分

（2）SDG11专题得分情况

从住房保障、公共交通、规划管理、遗产保护、防灾减灾、环境改善、公共空间7个专

题得分情况（表2.16和图2.16）上来看，城市 SDG11落实具有明显的不均衡特征，大部分城 市在SDG11方面都存在明显短板，迫切需要采 取有效的改革措施提升SDG11的落实水平。

副省级城市专题得分及排名　　　　　　　　　　　　　　　　　　　表2.16

参评城市	11.1住房保障		11.2公共交通		11.3规划管理		11.4遗产保护		11.5防灾减灾		11.6环境质量		11.7公共空间	
	得分	排名	得分	排名	得分	排名	得分	排名	得分	排名	得分	排名	得分	排名
成都	50.05	11	65.97	11	66.38	23	19.30	29	81.22	7	82.57	8	52.89	14
大连	44.81	18	61.28	20	78.13	1	60.77	4	55.63	28	82.17	10	44.63	26
福州	33.69	27	51.48	27	72.20	11	49.63	9	89.76	2	86.88	4	61.46	6
广州	19.64	30	81.95	2	63.97	26	17.12	30	58.49	27	78.55	21	73.72	1
贵阳	58.96	6	60.63	21	70.40	14	16.46	32	70.68	22	83.76	7	50.57	16
哈尔滨	63.35	3	33.80	31	74.22	9	41.49	15	71.68	20	75.19	22	28.03	32
海口	34.27	26	58.14	24	64.99	25	43.85	13	75.40	15	94.91	1	37.92	29
杭州	38.50	24	54.24	26	77.92	2	48.71	10	76.97	13	84.30	6	48.16	20
合肥	38.21	25	76.78	6	72.68	10	16.91	31	82.06	5	82.57	9	54.59	11
呼和浩特	49.60	12	59.56	22	70.10	15	58.10	5	39.29	30	67.33	26	59.77	9
济南	41.95	21	62.72	19	69.68	17	23.72	24	62.81	25	56.40	31	47.30	21
昆明	67.66	1	63.69	15	65.48	24	33.52	19	72.17	19	80.74	14	45.79	24
拉萨	53.32	8	26.58	32	44.82	32	95.19	1	—	—	81.82	12	33.80	31
兰州	39.75	23	57.89	25	58.11	31	48.66	11	69.33	24	85.35	5	35.35	30
南昌	47.23	16	62.74	18	58.27	30	43.51	14	78.92	10	80.08	18	48.44	19
南京	26.41	28	78.60	3	68.55	18	22.10	28	85.82	4	79.42	19	60.58	8
南宁	49.36	13	59.01	23	61.03	28	45.51	12	72.81	18	87.52	2	39.18	28
宁波	41.48	22	63.01	16	63.82	27	54.10	8	79.43	9	80.37	17	50.66	15
青岛	20.83	29	64.25	13	74.98	7	35.25	18	74.13	16	65.95	27	53.96	12
厦门	4.88	31	77.90	5	76.68	3	54.72	6	91.96	1	87.37	3	64.08	4
深圳	2.58	32	84.55	1	75.19	6	23.43	25	81.40	6	68.98	25	48.83	18
沈阳	50.18	10	62.75	17	74.82	8	32.55	21	49.01	29	57.02	30	42.91	27
石家庄	44.69	19	48.50	29	71.14	12	37.56	16	62.57	26	60.46	28	69.07	2
太原	48.99	14	69.39	9	68.49	19	33.24	20	78.77	11	52.02	32	65.09	3
乌鲁木齐	62.73	4	74.85	7	68.29	20	22.12	27	77.67	12	69.70	24	56.96	10
武汉	44.85	17	66.14	10	67.85	22	23.76	23	87.96	3	80.81	13	44.83	25
西安	44.68	20	65.09	12	70.54	13	54.17	7	81.16	8	70.59	23	46.55	22
西宁	53.03	9	63.76	14	59.54	29	62.25	3	70.33	23	82.08	11	53.73	13
银川	62.17	5	78.43	4	69.74	16	67.01	2	22.71	31	79.38	20	63.02	5
长春	53.50	7	45.13	30	75.59	5	36.70	17	71.14	21	80.66	16	46.32	23
长沙	66.60	2	73.63	8	68.05	21	26.83	22	72.98	17	80.68	15	49.87	17
郑州	47.70	15	51.21	28	75.81	4	22.79	26	76.54	14	59.20	29	61.11	7

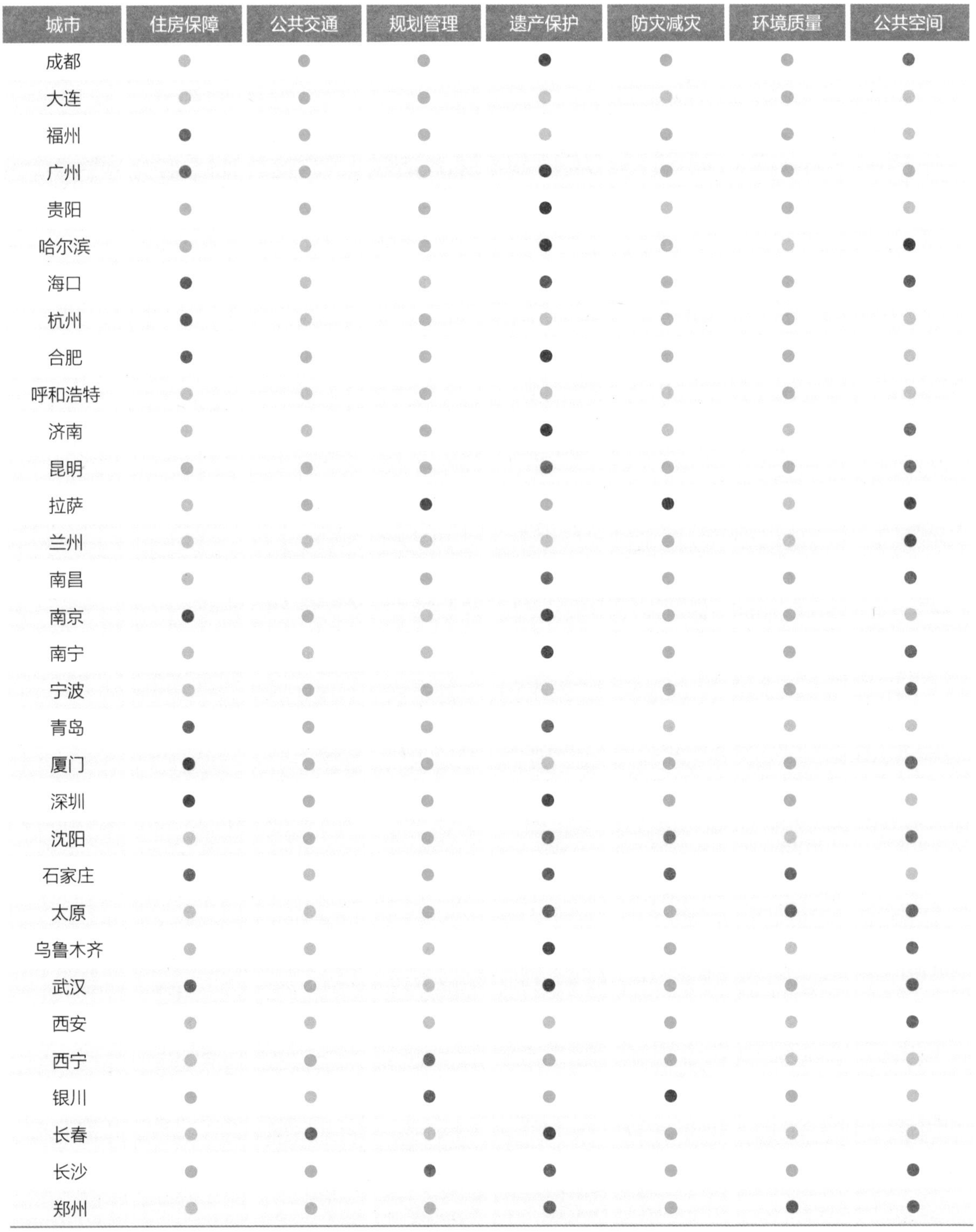

城市	住房保障	公共交通	规划管理	遗产保护	防灾减灾	环境质量	公共空间
成都	●	●	●	●	●	●	●
大连	●	●	●	●	●	●	●
福州	●	●	●	●	●	●	●
广州	●	●	●	●	●	●	●
贵阳	●	●	●	●	●	●	●
哈尔滨	●	●	●	●	●	●	●
海口	●	●	●	●	●	●	●
杭州	●	●	●	●	●	●	●
合肥	●	●	●	●	●	●	●
呼和浩特	●	●	●	●	●	●	●
济南	●	●	●	●	●	●	●
昆明	●	●	●	●	●	●	●
拉萨	●	●	●	●	●	●	●
兰州	●	●	●	●	●	●	●
南昌	●	●	●	●	●	●	●
南京	●	●	●	●	●	●	●
南宁	●	●	●	●	●	●	●
宁波	●	●	●	●	●	●	●
青岛	●	●	●	●	●	●	●
厦门	●	●	●	●	●	●	●
深圳	●	●	●	●	●	●	●
沈阳	●	●	●	●	●	●	●
石家庄	●	●	●	●	●	●	●
太原	●	●	●	●	●	●	●
乌鲁木齐	●	●	●	●	●	●	●
武汉	●	●	●	●	●	●	●
西安	●	●	●	●	●	●	●
西宁	●	●	●	●	●	●	●
银川	●	●	●	●	●	●	●
长春	●	●	●	●	●	●	●
长沙	●	●	●	●	●	●	●
郑州	●	●	●	●	●	●	●

图2.16　副省级及省会城市分项评估指示板

以副省级城市及省会城市在各专题得分的最大值和最小值差来衡量不均衡程度：不均衡度最大的城市是厦门，差异值为87，在防灾减灾和环境改善方面表现最好，而在住房保障方面存在明显的短板；不均衡度最小的是西宁，差异值为29，各专题发展水平较为均等，并在

大多数副省级城市及省会城市表现较差的遗产保护专题上具有较好表现，但在规划管理方面

低于该类城市平均值，仍存在一定的短板，如图2.17所示。

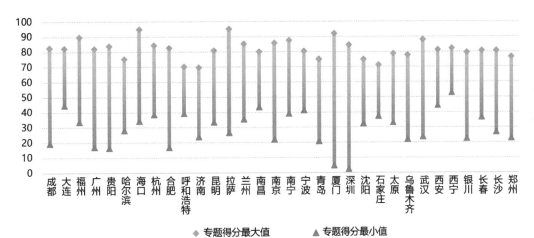

图2.17 各城市专题得分极值差

对各城市按照前述规模分类规则分析，可以看出，不同规模城市在公共交通、规划管理、公共空间等专题水平无明显差距。而在住房保障、遗产保护和防灾减灾等专题得分存在差距较为显著。随着城市规模增大，人口密度增加，居住条件和遗产保护水平逐渐降低，但城市的防灾减灾更加受到政府关注，防灾减灾水平分数随城市规模增大而升高。同时，随着国家对环境问题的重视，副省级城市及省会城市环境质量整体较好，环境改善专题得分总体较高，如图2.18所示。

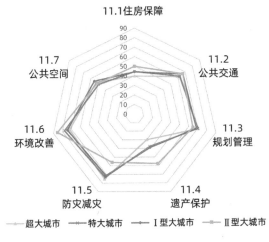

图2.18 不同规模副省级及省会城市各专题平均分

2.3.1.2 各专题情况

（1）住房保障

住房保障专题考察了"城镇居民人均住房建筑面积""售租比""房价收入比"3项指标。参评城市中有3个城市（厦门、深圳、南京）在"11.1—住房保障"专题表现为红色，即面临严峻挑战。在所有参评城市中，城镇居民人均住房建筑面积最差值为25.4平方米，离指标理想最优值58.14平方米有较大的距离，如图2.19所示。

从发展的角度来看，中国在城市居住方面已取得了长足的进步，2020年，城镇居民人均住房建筑面积达到39.8平方米，农村居民人均住房建筑面积达到48.9平方米。新建住房质量不断提高，住房功能和配套设施逐步完善。"十三五"期间全国棚改累计开工预计超过2300万套，帮助5000多万居民搬出棚户区住进楼房。截至2020年年底，3800多万困难群众住进公租房，累计近2200万困难群众领取了租赁补贴，低保、低收入住房困难家庭基本实现应保尽保，中等偏下收入家庭住房条件有效改善。大

参评城市	城镇居民人均住房建筑面积	售租比	房价收入比
成都	●	●	●
大连	●	●	●
福州	●	●	●
广州	●	●	●
贵阳	●	●	●
哈尔滨	●	●	●
海口	●	●	●
杭州	●	●	●
合肥	●	●	●
呼和浩特	●	●	●
济南	●	●	●
昆明	●	●	●
拉萨	●	●	●
兰州	●	●	●
南昌	●	●	●
南京	●	●	●
南宁	●	●	●
宁波	●	●	●
青岛	●	●	●
厦门	●	●	●
深圳	●	●	●
沈阳	●	●	●
石家庄	●	●	●
太原	●	●	●
乌鲁木齐	●	●	●
武汉	●	●	●
西安	●	●	●
西宁	●	●	●
银川	●	●	●
长春	●	●	●
长沙	●	●	●
郑州	●	●	●

图2.19 副省级及省会城市住房保障评估指示板

力发展小户型、低租金的政策性租赁住房，加快解决新市民住房问题。住房公积金制度不断完善，2017年以来累计支持约2000万缴存人贷款购买住房，支持超过2000万缴存人提取住房公积金支付房租。

房地产市场保持平稳健康发展，基本实现"稳地价、稳房价、稳预期"目标。加快发展住房租赁市场，多措并举增加租赁住房供应，为人民群众提供更加便捷高效的住房租赁服务。

（2）公共交通

公共交通专题考察了"公共交通发展指数""道路网密度""交通事故发生率"3项指标。从评估结果上看，拉萨在"11.2—公共交通"专题表现为红色，即面临严峻挑战；哈尔滨、石家庄、长春专题表现为橙色，面临较大挑战。从图2.20可以看出，绝大部分参评城市公共交通发展水平还有待提高，接近一半的城市公共交通发展指数评定为红色或橙色；而大部分参评城市在道路网密度和交通事故发生率方面表现较好。

公共交通是城市居民所必需的服务，也是经济增长和社会包容的催化剂。不仅如此，随着越来越多的人口搬到城市地区，公共交通是缓解空气污染和气候变化的必要途径。道路网密度反映了城市路网发展规模和水平，也是实施公交优先、提高公共交通服务水平的前提，参评城市在此基础上需加强公共交通建设。

参评城市	公共交通发展指数	道路网密度	交通事故发生率
成都	●	●	●
大连	●	●	●
福州	●	●	●
广州	●	●	●
贵阳	●	●	●
哈尔滨	●	●	●
海口	●	●	●
杭州	●	●	●
合肥	●	●	●
呼和浩特	●	●	●
济南	●	●	●
昆明	●	●	●
拉萨	●	●	●
兰州	●	●	●
南昌	●	●	●
南京	●	●	●
南宁	●	●	●
宁波	●	●	●
青岛	●	●	●
厦门	●	●	●
深圳	●	●	●
沈阳	●	●	●
石家庄	●	●	●
太原	●	●	●
乌鲁木齐	●	●	●
武汉	●	●	●
西安	●	●	●
西宁	●	●	●
银川	●	●	●
长春	●	●	●
长沙	●	●	●
郑州	●	●	●

图2.20　副省级及省会城市公共交通评估指示板

（3）规划管理

"11.3—规划管理"专题考察指标涉及贫困、社会安全、国土开发、公共服务保障等方面。参评城市中仅有1个城市（拉萨）在"11.3—规划管理"专题表现为橙色，即面临较大挑战，其他城市表现较好。

从图2.21可以看出，参评城市在减少贫困方面取得显著成效，所有参评城市（排除数据缺失城市）在国家贫困线以下人口比例评定为绿色，表现较好，这与国家坚定不移地开展脱贫攻坚战密不可分。

"刑事案件发生率"和"交通事故发生率"能够反映社会安全建设和城市管理水平，所有参评城市刑事案件发生率的缺失率高达28.13%，接近1/3的城市并未公布此项数据，说明中国城市在规划管理方面对此类指标重视程度尚需进一步提升。

"财政自给率"是判断一个城市发展健康与否的一个重要指标，在所有参评城市中，哈尔滨、拉萨和西宁该指标的得分较低，指示板呈红色，自给财政缺口较大，面临较大挑战。

"基本公共服务保障能力"是反映政府提供公共服务的指标，参评城市整体表现较好。从国家层面看，过去几十年里，中国政府的整体财力得以增强，用于三项基本公共服务（包括教育、医疗卫生和计划生育、社会保障和就业）的公共预算支出占财政总支出的比重稳中有升，近年来已占到1/3左右。

"单位GDP能耗、水耗"和"人均生活用水量"是反映城市发展对资源能源消费状况的主要指标。从评价结果来看，副省级城市及省会城市整体表现较好。南方水资源较为丰富的城市，水资源使用强度高于北方地区较为缺水的城市，这也符合富水地区的城市资源禀赋条件。

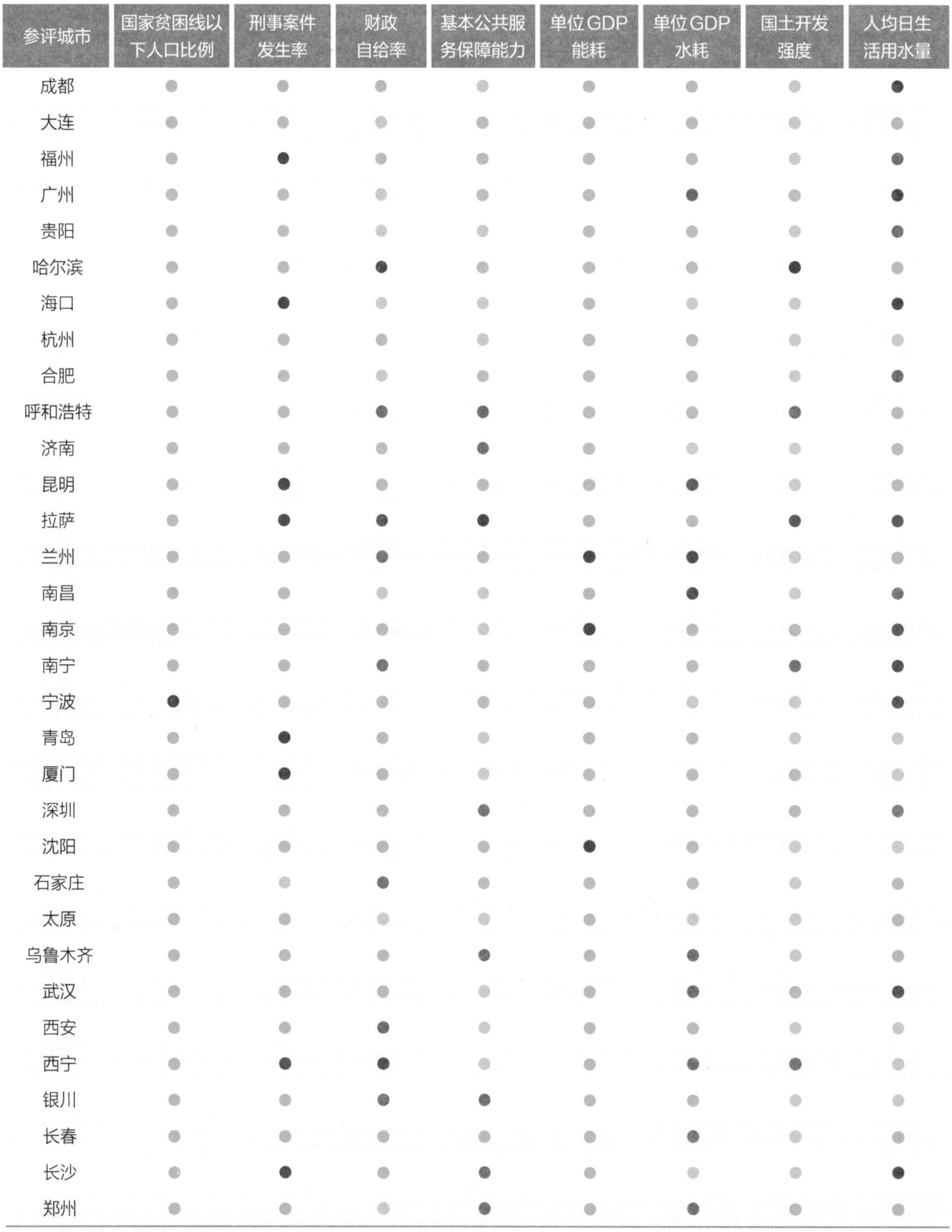

参评城市	国家贫困线以下人口比例	刑事案件发生率	财政自给率	基本公共服务保障能力	单位GDP能耗	单位GDP水耗	国土开发强度	人均日生活用水量
成都	○	○	○	○	○	○	○	●
大连	○	○	○	○	○	○	○	○
福州	○	●	○	○	○	○	○	●
广州	○	○	○	○	○	○	●	●
贵阳	○	○	○	○	○	○	○	●
哈尔滨	○	○	●	○	○	○	●	○
海口	○	●	○	○	○	○	○	●
杭州	○	○	○	○	○	○	○	○
合肥	○	○	○	○	○	○	○	●
呼和浩特	○	○	●	●	○	○	●	○
济南	○	○	○	●	○	○	○	○
昆明	○	●	○	○	●	○	○	○
拉萨	○	●	●	●	○	○	●	●
兰州	○	○	●	○	●	●	○	○
南昌	○	○	○	○	○	●	○	○
南京	○	○	○	○	●	○	○	○
南宁	○	○	●	○	○	○	●	●
宁波	●	○	○	○	○	○	○	●
青岛	○	●	○	○	○	○	○	○
厦门	○	●	○	○	○	○	○	○
深圳	○	○	○	●	○	○	○	●
沈阳	○	○	○	○	●	○	○	○
石家庄	○	○	●	○	○	○	○	○
太原	○	○	○	○	○	○	○	○
乌鲁木齐	○	○	○	●	○	●	○	○
武汉	○	○	○	○	○	●	○	●
西安	○	○	●	○	○	○	○	○
西宁	○	●	○	○	○	○	●	○
银川	○	○	●	●	○	○	○	○
长春	○	○	○	○	○	○	●	○
长沙	○	●	○	●	○	○	○	●
郑州	○	○	○	●	●	○	○	○

图2.21　副省级及省会城市规划管理评估指示板

（4）遗产保护

"11.4—遗产保护"专题考察了"每万人国家A级景区数量""万人非物质文化遗产数量"和"自然保护地面积占陆域国土面积比例"3项指标。参评城市中有11个城市在"11.4—遗产保护"专题表现为红色，仅两个城市（银川和拉萨）表现为绿色，绝大多数参评城市在遗产保护方面还有很大的提升空间，说明对于副省级城市和省会城市而言，遗产保护是制约其SDG11落实的重要障碍因素，各城市要在遗产方面采取积极行动，加强对于各类遗产（自然遗产和文化遗产）的保护，提高遗产保护专题相关指标的得分。

从图2.22中可以看出，参评城市每万人国家A级景区数量整体评级偏低，仅拉萨评级为绿色，表明中国现有景区数量虽多，但由于人口众多且分布不均，大部分参评城市A级景区建设需继续推进，并在已有景区基础上提升质量，加强景区管理。

由于多数副省级及省会城市承担社会经济发展功能，在自然保护区建设方面重视度相对较低，国家级自然保护区面积占辖区面积比例整体得分较低，绝大多数参评城市评级为红色。该指标与遗产自然分布有一定联系，但也能在一定程度上反映城市对国家级自然保护区和遗产保护方面的建设和管理水平。

参评城市	每万人国家A级景区数量	万人非物质文化遗产数量	自然保护地面积占陆域国土面积比例
成都	●	●	●
大连	●	●	●
福州	●	●	●
广州	●	●	●
贵阳	●	●	●
哈尔滨	●	●	●
海口	●	●	●
杭州	●	●	●
合肥	●	●	●
呼和浩特	●	●	●
济南	●	●	●
昆明	●	●	●
拉萨	●	●	●
兰州	●	●	●
南昌	●	●	●
南京	●	●	●
南宁	●	●	●
宁波	●	●	●
青岛	●	●	●
厦门	●	●	●
深圳	●	●	●
沈阳	●	●	●
石家庄	●	●	●
太原	●	●	●
乌鲁木齐	●	●	●
武汉	●	●	●
西安	●	●	●
西宁	●	●	●
银川	●	●	●
长春	●	●	●
长沙	●	●	●
郑州	●	●	●

图2.22　副省级及省会城市遗产保护评估指示板

（5）防灾减灾

"11.5—防灾减灾"专题考察了"人均水利、环境和公共设施管理业固定投资""单位GDP碳排放"和"人均碳排放"3项指标。参评城市中有1个城市（银川）在"11.5—防灾减灾"专题表现为红色，1个城市（拉萨）数据缺失，参评城市整体得分较高，其中一半城市表现为绿色，但各城市仍要在防灾减灾方面加强行动和应对措施。

从图2.23中可以看出，参评城市人均水利、环境和公共设施管理业固定投资指标整体得分较低，仅七个城市表现为绿色，表明各城市应重视水利、环境和公共设施管理业固定投资的投入，加强城市公共设施建设和管理水平，以提高抵御自然灾害的能力。

中国正式提出"2030年前碳达峰、2060年前碳中和的战略目标"（"双碳"目标），积极应对气候变化。从32个副省级城市和省会城市评价结果来看，单位GDP碳排放和人均碳排放两个指标表现较好，说明"双碳"目标的实现具有较好的基础。

参评城市	人均水利、环境和公共设施管理业固定投资	单位GDP碳排放	人均碳排放
成都	●	●	●
大连	●	●	●
福州	●	●	●
广州	●	●	●
贵阳	●	●	●
哈尔滨	●	●	●
海口	●	●	●
杭州	●	●	●
合肥	●	●	●
呼和浩特	●	●	●
济南	●	●	●
昆明	●	●	●
拉萨	●	●	●
兰州	●	●	●
南昌	●	●	●
南京	●	●	●
南宁	●	●	●
宁波	●	●	●
青岛	●	●	●
厦门	●	●	●
深圳	●	●	●
沈阳	●	●	●
石家庄	●	●	●
太原	●	●	●
乌鲁木齐	●	●	●
武汉	●	●	●
西安	●	●	●
西宁	●	●	●
银川	●	●	●
长春	●	●	●
长沙	●	●	●
郑州	●	●	●

图2.23 副省级及省会城市防灾减灾评估指示板

（6）环境改善

"11.6—环境改善"专题考察了"城市空气质量优良天数比率""生活垃圾无害化处理率""城市污水处理率""生态环境状况指数""地表水水质优良比例""年均PM$_{2.5}$浓度"共6项指标。副省级及省会城市在"11.6—环境改善"专题表现整体较好，其中27个城市表现为绿色，没有城市表现为红色，有5个城市表现为黄色，表明参评城市在环境改善方面取得了显著成效。

从图2.24中可以看出，生态环境状况指数和PM$_{2.5}$浓度是环境改善专题各指标中的弱项，部分城市生态环境状况指数表现为红色或橙色，PM$_{2.5}$浓度整体以黄色和橙色为主，均有待提高。"十三五"规划纲要明确地级及以上城市空气质量约束性指标，即地级及以上城市空气质量优良天数比率要超过80%，此报告中选取的所有参评副省级城市和省会城市空气质量优良天数比率平均值为69.88%，显然没有达到"十三五"规划纲要提出的要求。"生活垃圾无害化处理率"和"污水处理率"指标表现整体较好，

均为绿色，说明各城市对于生活垃圾和污水处理给予了足够的重视，取得了较为显著的成效。

（7）公共空间

"11.7—公共空间"专题考察了"人均公园绿地面积""建成区绿地率"2项指标。参评城市中有1个城市（哈尔滨）在"11.7—公共空间"专题表现为红色，面临严峻挑战，其他城市以红色和黄色为主，表明参评城市在公共空间建设和管理方面取得了一定成效，但仍需进一步加强。

从图2.25可以看出，对"人均公园绿地面积""建成区绿地率"两项指标进行综合比较，各参评城市间评级差异较大，其中广州两项指标表现较好、评级为绿色，在城市公共空间建设方面成果显著；兰州和南宁两项指标均为橙色，亟需加强城市公园和绿化建设。本书中公共空间选取的两个指标"人均公园绿地面积""建成区绿地率"各城市平均值分别为36平方米、66%，与城市的理想最优值仍存在一定的差距，城市应当在重视发展的同时加强对公共空间建设的关注。

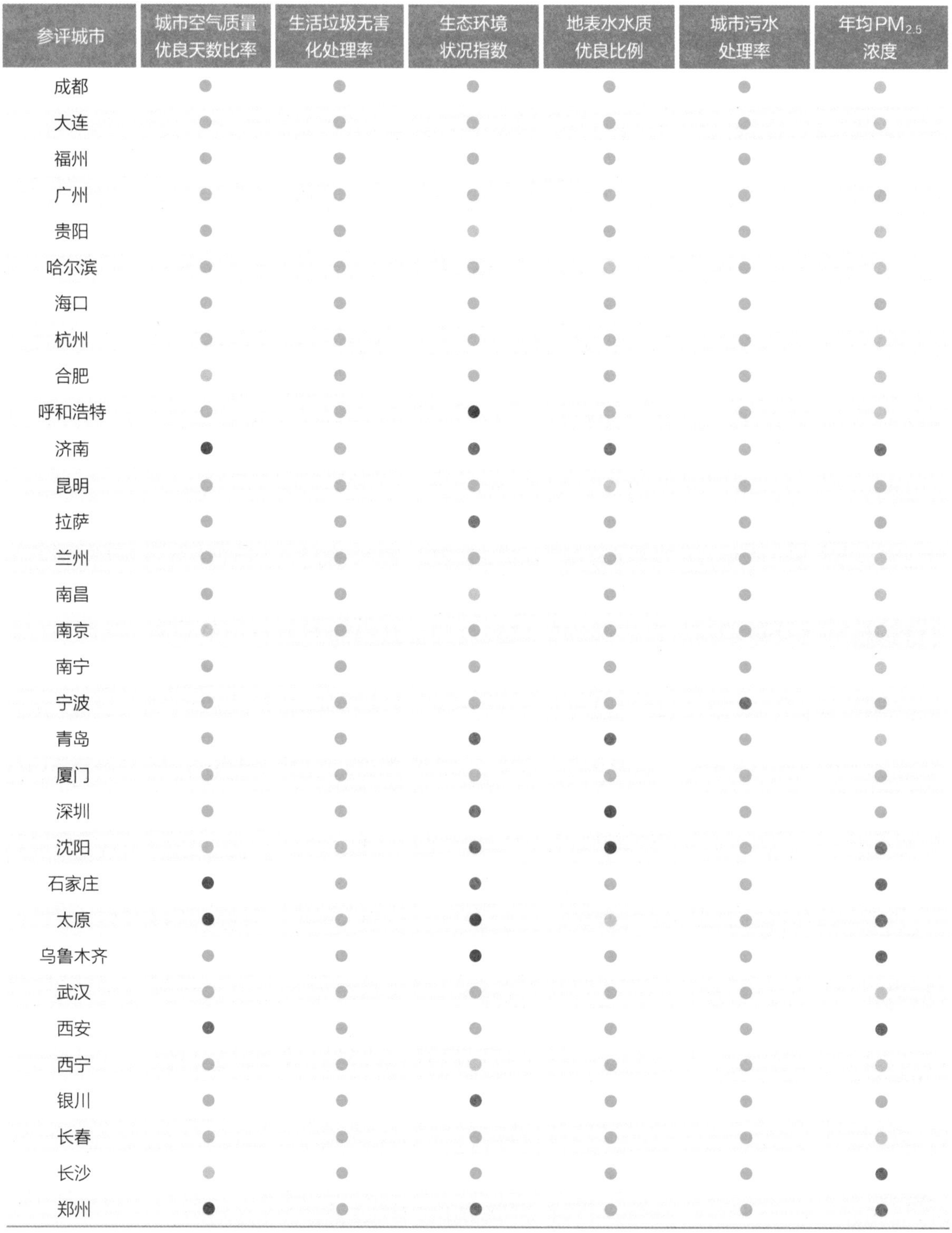

参评城市	城市空气质量优良天数比率	生活垃圾无害化处理率	生态环境状况指数	地表水水质优良比例	城市污水处理率	年均PM$_{2.5}$浓度
成都	●	●	●	●	●	●
大连	●	●	●	●	●	●
福州	●	●	●	●	●	●
广州	●	●	●	●	●	●
贵阳	●	●	●	●	●	●
哈尔滨	●	●	●	●	●	●
海口	●	●	●	●	●	●
杭州	●	●	●	●	●	●
合肥	●	●	●	●	●	●
呼和浩特	●	●	●	●	●	●
济南	●	●	●	●	●	●
昆明	●	●	●	●	●	●
拉萨	●	●	●	●	●	●
兰州	●	●	●	●	●	●
南昌	●	●	●	●	●	●
南京	●	●	●	●	●	●
南宁	●	●	●	●	●	●
宁波	●	●	●	●	●	●
青岛	●	●	●	●	●	●
厦门	●	●	●	●	●	●
深圳	●	●	●	●	●	●
沈阳	●	●	●	●	●	●
石家庄	●	●	●	●	●	●
太原	●	●	●	●	●	●
乌鲁木齐	●	●	●	●	●	●
武汉	●	●	●	●	●	●
西安	●	●	●	●	●	●
西宁	●	●	●	●	●	●
银川	●	●	●	●	●	●
长春	●	●	●	●	●	●
长沙	●	●	●	●	●	●
郑州	●	●	●	●	●	●

图2.24　副省级及省会城市环境改善评估指示板

参评城市	人均公园绿地面积	建成区绿地率
成都	●	●
大连	●	●
福州	●	●
广州	●	●
贵阳	●	●
哈尔滨	●	●
海口	●	●
杭州	●	●
合肥	●	●
呼和浩特	●	●
济南	●	●
昆明	●	●
拉萨	●	●
兰州	●	●
南昌	●	●
南京	●	●
南宁	●	●
宁波	●	●
青岛	●	●
厦门	●	●
深圳	●	●
沈阳	●	●
石家庄	●	●
太原	●	●
乌鲁木齐	●	●
武汉	●	●
西安	●	●
西宁	●	●
银川	●	●
长春	●	●
长沙	●	●
郑州	●	●

图2.25 副省级及省会城市公共空间评估指示板

2.3.2 近五年副省级及省会城市变化趋势分析

2.3.2.1 总体情况

2016—2020年5年中32座副省级和省会城市指示板整体呈黄色，大连2016年的总得分排名第一，指示板颜色为绿色，2017年之后变为黄色；济南市2016—2018年表现为黄色，2019年变为橙色，2020年又变为黄色；厦门2019年由黄色变为绿色，并在2020年保持领先其他城市的水平。

从发展趋势看（表2.17），有13个城市表现较好，其发展趋势已经步入正轨，根据现有数据预测其2030年在SDG11上的综合评价指标板有希望达到绿色，占参评城市的40.62%。有6个城市的发展趋势表现为停滞，即2030年的预测分数与2020年相比将有一定的提升，但不足以使指标板的颜色改变，该类城市占参评城市的18.75%。此外，有13个城市的发展趋势表现为下降，即2030年的预测分数将可能低于2020年的综合得分，占参评城市的40.62%。总体上来看，在所有参评的副省级及省会城市中，超过半数很可能无法在2030年达到指示板综合表现为绿色的目标，还面临着严峻挑战。

副省级及省会城市2016—2020年总体得分及排名　　　　表2.17

参评城市	2016			2017			2018			2019			2020			实现趋势
	排名	得分	等级	排名	得分	等级	排名	得分	等级	排名	得分	等级	排名	得分	等级	
成都	14	59.3	●	12	59.68	●	15	58.25	●	16	57.64	●	15	59.77	●	↓
大连	1	68.4	●	1	64.81	●	5	63.05	●	2	63.43	●	11	61.06	●	↓
福州	7	61.09	●	3	63.95	●	6	62.49	●	8	60.68	●	2	63.59	●	→
广州	18	56.21	●	18	57.07	●	22	56.62	●	22	56.58	●	26	56.21	●	↓
贵阳	15	58.74	●	10	60.34	●	11	59.7	●	6	61.03	●	19	58.78	●	→
哈尔滨	31	50.67	●	28	53.44	●	24	55.93	●	19	56.97	●	29	55.39	●	↑
海口	10	59.8	●	13	59.31	●	14	58.34	●	4	61.62	●	20	58.5	●	→
杭州	5	62.73	●	5	63.07	●	12	59.5	●	13	59.1	●	10	61.26	●	↓
合肥	19	55.78	●	21	56.08	●	21	56.86	●	25	55.22	●	12	60.54	●	↑
呼和浩特	11	59.79	●	9	60.44	●	9	61.13	●	17	57.61	●	22	57.68	●	↓
济南	29	51.17	●	25	54.68	●	32	52.21	●	32	48.01	●	32	52.08	●	↓
昆明	2	62.92	●	4	63.57	●	4	63.56	●	11	59.35	●	9	61.29	●	↓
拉萨	23	53.34	●	24	55.21	●	25	55.55	●	30	52.56	●	27	55.92	●	→
兰州	30	51.06	●	23	55.58	●	17	57.38	●	20	56.8	●	23	56.35	●	↑
南昌	6	61.21	●	6	62.39	●	1	64.63	●	12	59.1	●	14	59.88	●	↓
南京	21	55.45	●	19	56.4	●	16	57.78	●	23	56.42	●	13	60.21	●	↑
南宁	13	59.45	●	15	57.46	●	10	60.16	●	18	57.13	●	18	59.2	●	↓
宁波	3	62.89	●	2	64.41	●	3	64	●	5	61.14	●	6	61.84	●	↓
青岛	22	53.68	●	17	57.31	●	23	56.2	●	27	54.83	●	28	55.62	●	→
厦门	8	60.93	●	8	62.02	●	2	64.39	●	1	65.66	●	1	65.37	●	↑
深圳	12	59.51	●	16	57.35	●	19	56.92	●	24	56.01	●	30	54.99	●	↓
沈阳	20	55.54	●	31	52.37	●	27	54.59	●	28	53.29	●	31	52.75	●	↓
石家庄	32	50.43	●	32	50.19	●	31	52.32	●	31	50.07	●	25	56.28	●	↑
太原	25	52.96	●	30	52.94	●	30	54.39	●	29	52.64	●	17	59.43	●	↑
乌鲁木齐	27	52.66	●	27	54.05	●	18	57.18	●	15	58.36	●	8	61.76	●	↑
武汉	24	53.11	●	26	54.33	●	29	54.45	●	21	56.62	●	16	59.46	●	↑
西安	9	60.14	●	14	58.13	●	8	61.86	●	9	60.61	●	7	61.82	●	↑
西宁	17	57.8	●	11	59.77	●	13	58.85	●	7	60.96	●	3	63.53	●	↑
银川	26	52.89	●	20	56.27	●	20	56.91	●	10	59.58	●	4	63.21	●	↑
长春	16	57.96	●	29	52.96	●	28	54.46	●	14	58.56	●	21	58.43	●	→
长沙	4	62.81	●	7	62.34	●	7	61.97	●	3	61.77	●	5	62.66	●	↓
郑州	28	52.17	●	22	55.58	●	26	55.34	●	26	55.12	●	24	56.34	●	↑

2.3.2.2 各专题情况

（1）住房保障

从2016年到2020年指示板的颜色来看，五年内住房的总得分整体呈下降趋势，大部分城市指示板由黄色变为橙色，或者由橙色变为红色（以成都和广州为例）；在一些人口密集、经济发达的地区（厦门、深圳），五年内指示板甚至一直都表现为红色，由此可以看出，大城市的住房问题急需解决（表2.18）。

大城市住房的突出问题主要包括租赁市场供给量偏少、供给结构不合理、房价收入比过高、住房消费压力过大等。应加快构建以公租房、保障性租赁住房和共有产权住房为主体的住房保障体系，加大住房保障力度。加快完善住房市场体系，补齐租赁住房短板。落实好一城一策，着力稳地价稳房价稳预期。若商品住房价格继续过快上涨，可能会进一步增大住房问题解决的难度。

副省级及省会城市2016—2020年住房保障专题得分、排名及指示板　　表2.18

城市	2016			2017			2018			2019			2020		
	排名	得分	等级	排名	得分	等级	排名	得分	等级	排名	得分	等级	排名	得分	等级
成都	14	59.32	●	9	63.79	●	18	50.94	●	16	45.83	●	11	50.05	●
大连	20	53.54	●	21	54.69	●	16	54.25	●	19	43.67	●	18	44.81	●
福州	27	36.98	●	26	39.05	●	29	17.58	●	28	18.39	●	27	33.69	●
广州	28	31.19	●	27	37.21	●	28	20.48	●	27	19.52	●	30	19.64	●
贵阳	2	68.08	●	4	68.34	●	3	65.14	●	7	59.9	●	6	58.96	●
哈尔滨	4	64.05	●	3	69.44	●	2	69.09	●	1	67.39	●	3	63.35	●
海口	21	46.36	●	22	47.33	●	22	43.44	●	17	45.03	●	26	34.27	●
杭州	23	45.01	●	25	43.01	●	24	30.88	●	25	29.51	●	24	38.5	●
合肥	25	41.29	●	28	35.5	●	25	29.33	●	20	39.48	●	25	38.21	●
呼和浩特	5	63.99	●	10	63.71	●	6	62.49	●	9	57.26	●	12	49.6	●
济南	17	57.84	●	8	63.98	●	20	45.36	●	18	44.39	●	21	41.95	●
昆明	3	67.28	●	2	70.03	●	4	64.98	●	4	63.19	●	1	67.66	●
拉萨	11	60.38	●	19	57.14	●	12	57.95	●	11	50.72	●	8	53.32	●
兰州	6	63.05	●	6	64.85	●	7	62.07	●	8	58.86	●	23	39.75	●
南昌	19	54.41	●	18	57.25	●	19	50.61	●	24	36.7	●	16	47.23	●
南京	29	30.11	●	30	27.57	●	27	25.25	●	26	24.67	●	28	26.41	●
南宁	8	61.4	●	7	64.63	●	15	57.18	●	14	48.34	●	13	49.36	●
宁波	18	57.42	●	16	59	●	17	51.6	●	12	49.68	●	22	41.48	●
青岛	26	39.14	●	24	44.19	●	26	28.6	●	29	17.64	●	29	20.83	●
厦门	31	6.51	●	31	6.51	●	31	6.51	●	31	6.51	●	31	4.88	●
深圳	32	2.85	●	32	5.69	●	32	0	●	32	4.88	●	32	2.58	●
沈阳	10	60.42	●	12	62.08	●	10	60.19	●	13	49.04	●	10	50.18	●
石家庄	30	19.9	●	29	35.02	●	30	15.92	●	30	16.04	●	19	44.69	●
太原	16	58.03	●	17	58.28	●	13	57.64	●	15	48.32	●	14	48.99	●

续表

城市	2016			2017			2018			2019			2020		
	排名	得分	等级	排名	得分	等级	排名	得分	等级	排名	得分	等级	排名	得分	等级
乌鲁木齐	12	60.19	○	11	62.98	○	8	61.71	○	6	61.49	○	4	62.73	○
武汉	24	43.14	●	23	44.9	●	23	35.38	●	21	38.89	●	17	44.85	●
西安	9	60.61	○	13	62.03	○	14	57.45	○	23	37.58	●	20	44.68	●
西宁	13	59.56	○	14	61.97	○	9	61.16	○	5	62.71	○	9	53.03	○
银川	7	62.38	○	5	66.02	○	5	64.77	○	2	66.12	○	5	62.17	○
长春	15	58.16	○	15	59.46	○	11	58.83	○	10	54.05	○	7	53.5	○
长沙	1	74.82	○	1	75.51	○	1	70.51	○	3	65.05	○	2	66.6	○
郑州	22	46.21	●	20	55.79	○	21	43.83	●	22	38.46	●	15	47.7	●

（2）公共交通

从2016年到2020年指示板的颜色来看，五年内的总得分整体好转，大部分城市指示板由橙色变为黄色，或者由黄色变为绿色（以海口和厦门为代表）；成都和长沙五年内指示板都表现为绿色，整体上看经济发展水平较高的城市公共交通表现也较好（表2.19）。

近年来，随着我国国民经济持续稳定发展，城市人口及城市规模不断扩大，人们生活水平日益提高，机动车保有量迅速增加，人们的出行需求产生了前所未有的急剧增长，而公共交通设施却增长缓慢，城市交通拥堵的现象日益突出，这一问题在规模较大的城市更为突出。有关部门应给予重视，提高城市公共交通设施水平，加强交通监管。

副省级及省会城市2016—2020年公共交通专题得分、排名及指示板　　　　表2.19

参评城市	2016			2017			2018			2019			2020		
	排名	得分	等级	排名	得分	等级	排名	得分	等级	排名	得分	等级	排名	得分	等级
成都	5	66.36	●	9	71.49	●	10	71.75	●	11	68.93	●	11	65.97	●
大连	10	61.76	●	8	71.65	●	24	60.17	●	13	65.38	●	20	61.28	●
福州	25	52.6	●	14	68.05	●	13	68.56	●	28	52.77	●	27	51.48	●
广州	11	60.88	●	6	76.04	●	5	77.53	●	2	84.32	●	2	81.95	●
贵阳	13	60.36	●	10	70.75	●	19	61.85	●	5	75.18	●	21	60.63	●
哈尔滨	27	49.58	●	29	56.13	●	29	57.34	●	29	52.27	●	31	33.8	●
海口	29	48.14	●	23	61.69	●	23	60.78	●	19	61.18	●	24	58.14	●
杭州	20	56.72	●	20	62.47	●	30	53.76	●	26	55.3	●	26	54.24	●
合肥	9	62.31	●	13	68.76	●	8	75.45	●	23	60.47	●	6	76.78	●
呼和浩特	3	67.17	●	25	59.25	●	22	60.86	●	30	50.14	●	22	59.56	●
济南	8	64.86	●	21	62.26	●	27	57.56	●	20	61.17	●	19	62.72	●
昆明	2	69.18	●	3	78.57	●	4	78.55	●	27	54	●	15	63.69	●
拉萨	21	56.16	●	16	66.78	●	32	39.45	●	32	35.91	●	32	26.58	●

参评城市	2016			2017			2018			2019			2020		
	排名	得分	等级	排名	得分	等级	排名	得分	等级	排名	得分	等级	排名	得分	等级
兰州	30	46.35	●	26	58.48	●	21	61.13	●	24	58.8	●	25	57.89	●
南昌	26	50.78	●	22	62.08	●	11	71.51	●	16	62.6	●	18	62.74	●
南京	18	59.69	●	5	76.7	●	3	78.96	●	4	76.2	●	3	78.6	●
南宁	31	46.24	●	27	57.56	●	18	62.13	●	25	56.14	●	23	59.01	●
宁波	15	59.94	●	11	70.62	●	15	67.55	●	21	60.96	●	16	63.01	●
青岛	24	53.3	●	15	67.31	●	17	65.34	●	17	61.9	●	13	64.25	●
厦门	28	48.75	●	2	78.94	●	2	82.86	●	1	87.17	●	5	77.9	●
深圳	14	60	●	1	90.56	●	1	91.44	●	3	82.6	●	1	84.55	●
沈阳	16	59.81	●	18	65.94	●	14	68.34	●	12	68.84	●	17	62.75	●
石家庄	32	40.44	●	24	59.4	●	16	66.58	●	31	44.96	●	29	48.5	●
太原	23	54.58	●	30	55.33	●	26	59.06	●	18	61.34	●	9	69.39	●
乌鲁木齐	6	66.3	●	19	64.98	●	6	76.2	●	14	65.33	●	7	74.85	●
武汉	19	56.77	●	12	69.27	●	12	70.99	●	10	69.77	●	10	66.14	●
西安	4	66.92	●	28	57.37	●	20	61.59	●	7	73.27	●	12	65.09	●
西宁	17	59.73	●	7	72.56	●	25	59.72	●	22	60.47	●	14	63.76	●
银川	7	65.12	●	31	51.01	●	28	57.45	●	15	63.59	●	4	78.43	●
长春	12	60.82	●	32	46.71	●	31	44.35	●	9	71.95	●	30	45.13	●
长沙	1	72.34	●	4	77.18	●	7	76.08	●	6	74.27	●	8	73.63	●
郑州	22	55.08	●	17	66.51	●	9	73.06	●	8	73.25	●	28	51.21	●

（3）规划管理

参评城市中除个别城市（拉萨）外，绝大部分城市在规划管理专题表现较好，整体以绿色为主，且2016年到2020年整体趋势向好，2020年指示板颜色以绿色为主（表2.20）。

副省级及省会城市2016—2020年规划管理专题得分、排名及指示板　　　　表2.20

参评城市	2016			2017			2018			2019			2020		
	排名	得分	等级	排名	得分	等级	排名	得分	等级	排名	得分	等级	排名	得分	等级
成都	20	65.10	●	18	65.6	●	18	67.11	●	14	70.14	●	23	66.38	●
大连	2	76.71	●	3	75.61	●	4	75.69	●	1	78.57	●	1	78.13	●
福州	11	69.75	●	19	65.45	●	14	68.79	●	15	69.53	●	11	72.2	●
广州	25	61.15	●	22	61.43	●	16	67.74	●	23	63.97	●	26	63.97	●
贵阳	9	71.00	●	14	66.77	●	11	69.87	●	25	63.06	●	14	70.4	●
哈尔滨	16	66.97	●	10	69.21	●	13	68.98	●	12	70.68	●	9	74.22	●
海口	26	60.15	●	26	56.19	●	29	55.01	●	17	68.91	●	25	64.99	●

续表

参评城市	2016			2017			2018			2019			2020		
	排名	得分	等级	排名	得分	等级	排名	得分	等级	排名	得分	等级	排名	得分	等级
杭州	3	76.51	●	2	77.65	●	3	76.52	●	13	70.5	●	2	77.92	●
合肥	18	66.70	●	13	67.25	●	17	67.17	●	30	57.7	●	10	72.68	●
呼和浩特	12	69.65	●	12	68.02	●	20	65.68	●	3	74.65	●	15	70.1	●
济南	1	81.3	●	1	80.98	●	1	80.46	●	4	74.44	●	17	69.68	●
昆明	10	70.32	●	17	66.23	●	15	68.13	●	24	63.38	●	24	65.48	●
拉萨	32	24.6	●	32	29.62	●	32	40.83	●	32	51.22	●	32	44.82	●
兰州	27	57.45	●	20	63.57	●	22	63.08	●	31	55.8	●	31	58.11	●
南昌	7	72.01	●	8	71.28	●	8	71.04	●	26	60.82	●	30	58.27	●
南京	28	57.14	●	21	61.43	●	24	61.27	●	20	66.48	●	18	68.55	●
南宁	30	52.4	●	28	50.56	●	28	55.99	●	27	60.5	●	28	61.03	●
宁波	19	65.2	●	9	70.03	●	7	71.07	●	18	66.76	●	27	63.82	●
青岛	6	72.43	●	6	72.14	●	2	76.65	●	2	76.43	●	7	74.98	●
厦门	4	75.88	●	5	73.51	●	6	73.67	●	5	74.39	●	3	76.68	●
深圳	14	69.13	●	16	66.46	●	12	69.35	●	11	71.71	●	6	75.19	●
沈阳	8	71.24	●	7	71.76	●	5	73.83	●	10	71.76	●	8	74.82	●
石家庄	13	69.2	●	11	68.18	●	10	70.02	●	7	73.31	●	12	71.14	●
太原	15	67.36	●	15	66.7	●	19	65.88	●	19	66.52	●	19	68.49	●
乌鲁木齐	22	62.9	●	27	50.81	●	27	58.1	●	16	69.15	●	20	68.29	●
武汉	21	62.98	●	24	57.24	●	21	63.74	●	6	73.46	●	22	67.85	●
西安	24	61.85	●	23	59.51	●	23	61.51	●	22	65.44	●	13	70.54	●
西宁	29	56.94	●	30	48.2	●	31	44.13	●	28	59.86	●	29	59.54	●
银川	31	50.65	●	31	45.26	●	30	47.12	●	29	59.17	●	16	69.74	●
长春	17	66.84	●	25	56.48	●	25	60.88	●	8	73.29	●	5	75.59	●
长沙	23	62.72	●	29	49.94	●	26	58.85	●	21	65.73	●	21	68.05	●
郑州	5	74.08	●	4	73.94	●	9	70.97	●	9	72.58	●	4	75.81	●

（4）遗产保护

参评城市中2015—2019年整体表现较差，仅拉萨1个城市在5年表现均为绿色，银川在2016年也变为绿色，之后一直保持较高的水平。大多数城市五年内表现较差，尤其是在一些经济发达，人口密集的大城市，五年内指示板颜色均为红色。绝大多数参评城市在遗产保护方面还有很大的提升空间，说明遗产保护是制约中国城市可持续发展的突出短板，各城市要在遗产保护层面采取积极行动，提高遗产保护专题相关指标的得分（表2.21）。

副省级及省会城市2016—2020年遗产保护专题得分、排名及指示板　　表2.21

参评城市	2016			2017			2018			2019			2020		
	排名	得分	等级	排名	得分	等级	排名	得分	等级	排名	得分	等级	排名	得分	等级
成都	24	25.19	●	29	20.19	●	29	20.01	●	28	19.62	●	29	19.3	●
大连	5	63.26	◒	4	60.84	◒	4	60.84	◒	4	60.79	◒	4	60.77	◒
福州	16	40.28	●	11	50.19	◒	11	49.98	●	8	49.78	●	9	49.63	●
广州	28	18.74	●	31	15.28	●	31	15.19	●	31	15.88	●	30	17.12	●
贵阳	27	21.49	●	32	13.83	●	32	13.94	●	32	15.01	●	32	16.46	●
哈尔滨	29	17.63	●	25	25.56	●	16	41.22	●	13	41.36	●	15	41.49	●
海口	11	50.6	◒	12	44.35	●	13	44.18	●	12	44	●	13	43.85	●
杭州	9	51.33	◒	10	51.07	◒	10	50.45	◒	9	49.75	●	10	48.71	●
合肥	30	15.34	●	30	17.68	●	30	17.44	●	29	17.15	●	31	16.91	●
呼和浩特	3	64.62	◒	5	58.34	◒	5	58.21	◒	5	58.15	◒	5	58.1	◒
济南	31	14.68	●	24	26.47	●	26	26.3	●	23	26.03	●	24	23.72	●
昆明	21	34.03	●	17	34.14	●	21	33.98	●	18	33.78	●	19	33.52	●
拉萨	1	78.11	●	1	92.25	●	1	91.63	●	1	72.49	●	1	95.19	●
兰州	10	50.79	◒	8	54.34	◒	12	49.17	●	11	49.15	●	11	48.66	●
南昌	17	38.77	●	13	43.92	●	14	43.71	●	16	35.97	●	14	43.51	●
南京	26	22.61	●	28	22.51	●	28	22.32	●	26	21.77	●	28	22.1	●
南宁	13	46.02	●	21	28.95	●	17	40.77	●	14	39.51	●	12	45.51	●
宁波	7	56.54	◒	7	54.75	◒	7	54.61	◒	10	49.16	●	8	54.1	◒
青岛	25	23.17	●	16	35.39	●	20	35.31	●	17	35.34	●	18	35.25	●
厦门	14	45.96	●	9	52.7	◒	8	52.97	◒	6	55.32	◒	6	54.72	◒
深圳	15	42.1	●	27	23.83	●	27	23.55	●	24	25.04	●	25	23.43	●
沈阳	22	31.63	●	19	32.63	●	22	32.62	●	19	33.28	●	21	32.55	●
石家庄	8	51.91	◒	18	33.94	●	9	51.16	●	15	39.47	●	16	37.56	●
太原	18	37.09	●	15	36.78	●	19	36.81	●	21	26.72	●	20	33.24	●
乌鲁木齐	32	14.6	●	22	27.09	●	24	27.09	●	30	17.13	●	27	22.12	●
武汉	19	36.73	●	23	26.88	●	25	26.91	●	25	23.9	●	23	23.76	●
西安	6	59.18	◒	6	56.48	◒	6	56.55	◒	7	52.27	◒	7	54.17	◒
西宁	2	64.77	◒	3	65.31	◒	3	65.34	◒	3	61.63	◒	3	62.25	◒
银川	4	63.91	◒	2	69.66	◒	2	65.87	◒	2	65.74	◒	2	67.01	◒
长春	12	46.98	●	26	24.85	●	15	41.96	●	20	29.86	●	17	36.7	●
长沙	20	35.56	●	14	39.3	●	18	39.39	●	22	26.37	●	22	26.83	●
郑州	23	31.6	●	20	31.82	●	23	32.05	●	27	21.35	●	26	22.79	●

（5）防灾减灾

参评城市五年表现整体趋势向好，有1个城市（银川）在防灾减灾专题五年表现为红色，1个城市（拉萨）数据缺失，个别城市近两年表现较差，沈阳和呼和浩特近两年表现为橙色，参评城市在防灾减灾方面整体评价较好，其中一半城市表现为绿色，目前各城市仍要在防灾减灾方面加强行动和应对措施（表2.22）。

副省级及省会城市2016—2020年防灾减灾专题得分、排名及指示板　　　　表2.22

参评城市	2016			2017			2018			2019			2020		
	得分	排名	等级	得分	排名	等级	得分	排名	等级	得分	排名	等级	得分	排名	等级
成都	74.98	11	●	78.33	5	●	78.96	5	●	79.79	7	●	81.22	7	●
大连	80.64	2	●	59.84	26	●	59.16	27	●	59.25	28	●	55.63	28	●
福州	77.61	3	●	78.58	3	●	85.82	3	●	85.89	3	●	89.76	2	●
广州	71.4	16	●	71.54	18	●	73.07	16	●	73.75	17	●	58.49	27	●
贵阳	53.29	28	●	64.25	24	●	64.67	24	●	74.22	16	●	70.68	22	●
哈尔滨	63.14	25	●	65.36	23	●	67.91	23	●	69.7	23	●	71.68	20	●
海口	70.03	18	●	79.82	2	●	77.4	9	●	75.59	14	●	75.4	15	●
杭州	76.13	7	●	78.45	4	●	77.45	8	●	77.44	12	●	76.97	13	●
合肥	75.33	10	●	76.25	10	●	77.9	7	●	80.53	6	●	82.06	5	●
呼和浩特	40.82	30	●	50.44	28	●	55.19	28	●	42.17	30	●	39.29	30	●
济南	59.15	27	●	57.12	27	●	59.99	26	●	60.24	27	●	62.81	25	●
昆明	72.57	15	●	72.72	16	●	71.98	18	●	72.82	18	●	72.17	19	●
拉萨	—	—	●	—	—	●	—	—	●	—	—	●	—	—	●
兰州	66.92	21	●	67.37	21	●	68.11	22	●	68.93	24	●	69.33	24	●
南昌	75.64	8	●	75.69	11	●	77.03	12	●	78	11	●	78.92	10	●
南京	77.57	4	●	77.62	8	●	83.65	4	●	85.75	4	●	85.82	4	●
南宁	74.12	13	●	74.39	12	●	73.71	15	●	72.8	19	●	72.81	18	●
宁波	76.69	5	●	76.78	9	●	78.05	6	●	79.44	8	●	79.43	9	●
青岛	64.15	23	●	63.7	25	●	70.09	20	●	72.2	20	●	74.13	16	●
厦门	90.68	1	●	90.84	1	●	90.88	2	●	91.02	2	●	91.96	1	●
深圳	69.96	19	●	72.38	17	●	72.75	17	●	76.31	13	●	81.4	6	●
沈阳	63.03	26	●	48.94	29	●	49.37	29	●	49.48	29	●	49.01	29	●
石家庄	45.98	29	●	46.65	30	●	47.39	30	●	65.19	26	●	62.57	26	●
太原	63.2	24	●	66.67	22	●	64	25	●	66.6	25	●	78.77	11	●
乌鲁木齐	70.5	17	●	73.61	14	●	75.61	13	●	82.84	5	●	77.67	12	●
武汉	74.29	12	●	74.05	13	●	77.24	11	●	78.07	10	●	87.96	3	●
西安	75.36	9	●	77.76	7	●	92.56	1	●	93.79	1	●	81.16	8	●
西宁	64.51	22	●	68.67	20	●	71.55	19	●	70.73	21	●	70.33	23	●
银川	26.46	31	●	29.97	31	●	27.59	31	●	26.81	31	●	22.71	31	●
长春	67.95	20	●	69.61	19	●	69.92	21	●	69.85	22	●	71.14	21	●

参评城市	2016			2017			2018			2019			2020		
	得分	排名	等级	得分	排名	等级	得分	排名	等级	得分	排名	等级	得分	排名	等级
长沙	76.49	6	●	78.17	6	●	77.3	10	●	78.95	9	●	72.98	17	●
郑州	73.5	14	●	72.98	15	●	75.34	14	●	75.56	15	●	76.54	14	●

（6）环境改善

在环境改善方面，五年间参评城市整体上分数呈上升趋势，部分城市由橙色变为黄色（石家庄、太原、郑州），部分城市由黄色变为绿色（以哈尔滨、武汉为例），由此可以看出，随着一系列环境政策的实施落地，环境质量的改善也日渐明显。中国城市环境质量总体水平较好，其中南方城市总体比北方情况更好，并呈现由内陆向沿海地区逐渐变好的趋势，区域间依然存在一定的差异。由于产业结构和地理气候条件影响，相对于南方城市，中部及北部城市在空气质量与空气重污染天数指数方面较差，当地政府应加强产业与能源结构的调整（表2.23）。

副省级及省会城市2016—2020年环境改善专题得分、排名及指示板　　表2.23

参评城市	2016			2017			2018			2019			2020		
	得分	排名	等级	得分	排名	等级	得分	排名	等级	得分	排名	等级	得分	排名	等级
成都	67.88	15	●	69.49	17	●	70.6	19	●	73.25	18	●	82.57	8	●
大连	76.49	9	●	78.08	10	●	73.63	15	●	77.25	11	●	82.17	10	●
福州	84.69	1	●	89.55	1	●	87.09	2	●	87.35	2	●	86.88	4	●
广州	68.59	14	●	72.44	14	●	74.15	14	●	77.96	10	●	78.55	21	●
贵阳	77.53	7	●	79.92	6	●	82.04	7	●	81.26	8	●	83.76	7	●
哈尔滨	55.61	23	●	60.84	22	●	59.63	24	●	67.13	22	●	75.19	22	●
海口	82.08	4	●	82.68	4	●	82.87	5	●	91.55	1	●	94.91	1	●
杭州	75.5	10	●	78.26	8	●	79.68	10	●	82.24	5	●	84.3	6	●
合肥	73.91	13	●	75.88	13	●	76.05	12	●	75.9	12	●	82.57	9	●
呼和浩特	63.98	17	●	65.49	19	●	65.21	21	●	64.97	23	●	67.33	26	●
济南	45.46	30	●	50.91	29	●	53.92	27	●	25.26	32	●	56.4	31	●
昆明	74.96	11	●	77.14	11	●	80.86	9	●	81.82	6	●	80.74	14	●
拉萨	61.96	19	●	58.27	23	●	74.71	13	●	75.55	14	●	81.82	12	●
兰州	47.17	28	●	51.76	27	●	69.61	20	●	74.22	17	●	85.35	5	●
南昌	76.86	8	●	78.23	9	●	82.23	6	●	83.54	4	●	80.08	18	●
南京	65.93	16	●	69.83	16	●	73.06	16	●	60.24	26	●	79.42	19	●
南宁	79.23	6	●	82.04	5	●	87.14	1	●	78.48	9	●	87.52	2	●
宁波	74.39	12	●	76.66	12	●	81.72	8	●	75.79	13	●	80.37	17	●
青岛	59.24	21	●	61.66	21	●	61.95	23	●	67.63	21	●	65.95	27	●
厦门	84.06	2	●	83.38	3	●	86.42	3	●	86.47	3	●	87.37	3	●

续表

参评城市	2016			2017			2018			2019			2020		
	得分	排名	等级	得分	排名	等级	得分	排名	等级	得分	排名	等级	得分	排名	等级
深圳	82.1	3	●	83.67	2	●	83.49	4	●	74.66	16	●	68.98	25	●
沈阳	45.74	29	●	51.89	26	●	52.6	29	●	55.22	29	●	57.02	30	●
石家庄	48.54	27	●	48.35	30	●	52.58	30	●	54.7	30	●	60.46	28	●
太原	44.78	31	●	45.02	32	●	49.89	31	●	47.87	31	●	52.02	32	●
乌鲁木齐	52.21	25	●	53.71	24	●	52.86	28	●	63.67	25	●	69.7	24	●
武汉	51.82	26	●	71.68	15	●	71.6	17	●	75.21	15	●	80.81	13	●
西安	62.88	18	●	52.31	25	●	57.79	26	●	63.77	24	●	70.59	23	●
西宁	52.93	24	●	51.62	28	●	59.05	25	●	59.82	28	●	82.08	11	●
银川	56.54	22	●	68.1	18	●	71.56	18	●	71.1	19	●	79.38	20	●
长春	60.6	20	●	62.57	20	●	63.78	22	●	69.11	20	●	80.66	16	●
长沙	80.46	5	●	78.31	7	●	79.31	11	●	81.73	7	●	80.68	15	●
郑州	41.62	32	●	47.37	31	●	48.07	32	●	59.87	27	●	59.2	29	●

（7）公共空间

参评城市五年内整体表现以橙色和黄色为主，部分城市2019年和2020年评分上升，但是指示板整体上无明显好转趋势，表明参评城市在公共空间建设和管理方面需进一步加强（表2.24）。

副省级及省会城市2016—2020年公共空间专题得分、排名及指示板 表2.24

城市	2016			2017			2018			2019			2020		
	得分	排名	等级	得分	排名	等级	得分	排名	等级	得分	排名	等级	得分	排名	等级
成都	47.77	16	●	48.86	15	●	48.37	16	●	45.92	20	●	52.89	14	●
大连	57.18	6	●	52.96	10	●	57.59	9	●	59.1	5	●	44.63	26	●
福州	53.07	7	●	56.77	9	●	59.59	7	●	61.06	2	●	61.46	6	●
广州	63.7	2	●	65.54	1	●	68.16	1	●	60.68	3	●	73.72	1	●
贵阳	50.21	12	●	58.49	6	●	60.41	4	●	58.57	7	●	50.57	16	●
哈尔滨	31.77	30	●	27.53	31	●	27.37	32	●	30.24	31	●	28.03	32	●
海口	49.26	14	●	43.14	21	●	44.7	22	●	45.1	22	●	37.92	29	●
杭州	51.51	8	●	50.6	13	●	47.75	17	●	48.94	16	●	48.16	20	●
合肥	50.65	9	●	51.26	11	●	54.7	13	●	55.3	12	●	54.59	11	●
呼和浩特	50.27	11	●	57.79	7	●	60.3	5	●	55.91	11	●	59.77	9	●
济南	38.17	26	●	41.06	25	●	41.89	26	●	44.53	24	●	47.3	21	●
昆明	42.43	22	●	46.14	18	●	46.46	19	●	46.48	18	●	45.79	24	●
拉萨	28.2	31	●	27.21	32	●	28.75	30	●	29.47	32	●	33.8	31	●
兰州	13.66	32	●	28.69	30	●	28.5	31	●	31.83	30	●	35.35	30	●
南昌	48.67	15	●	48.29	16	●	56.25	11	●	56.06	10	●	48.44	19	●

城市	2016			2017			2018			2019			2020		
	得分	排名	等级	得分	排名	等级	得分	排名	等级	得分	排名	等级	得分	排名	等级
南京	58.4	5	●	59.13	4	●	59.93	6	●	59.8	4	●	60.58	8	●
南宁	46.83	17	●	44.08	20	●	44.17	23	●	44.17	25	●	39.18	28	●
宁波	39.75	24	●	43.03	22	●	43.36	25	●	46.16	19	●	50.66	15	●
青岛	50.43	10	●	56.8	8	●	55.48	12	●	52.69	13	●	53.96	12	●
厦门	44.48	20	●	48.25	17	●	57.45	10	●	58.76	6	●	64.08	4	●
深圳	59.86	3	●	58.88	5	●	57.85	8	●	56.85	8	●	48.83	18	●
沈阳	50.13	13	●	33.32	29	●	45.21	21	●	45.42	21	●	42.91	27	●
石家庄	59.05	4	●	59.8	3	●	62.57	3	●	56.8	9	●	69.07	2	●
太原	41.18	23	●	41.83	23	●	47.45	18	●	51.1	15	●	65.09	3	●
乌鲁木齐	43.06	21	●	45.13	19	●	48.69	15	●	48.89	17	●	56.96	10	●
武汉	37.83	27	●	36.3	28	●	35.28	28	●	37.07	29	●	44.83	25	●
西安	39.29	25	●	41.48	24	●	45.6	20	●	38.17	28	●	46.55	22	●
西宁	46.32	18	●	50.04	14	●	51.02	14	●	51.52	14	●	53.73	13	●
银川	64.07	1	●	63.91	2	●	64.03	2	●	64.56	1	●	63.02	5	●
长春	45.01	19	●	51.06	12	●	41.51	27	●	41.79	26	●	46.32	23	●
长沙	35.8	28	●	37.94	27	●	32.35	29	●	40.33	27	●	49.87	17	●
郑州	31.86	29	●	40.66	26	●	44.07	24	●	44.75	23	●	61.11	7	●

2.4 地级城市评估

2.4.1 2020年地级城市评估

2.4.1.1 总体情况

对选择的107个具备国家级可持续发展实验示范建设基础的地级城市进行评估，并按照其经济发展情况划分为四类。其中，一类城市37个，二类城市41个，三类城市20个，四类城市9个，最终划分结果如图2.26所示。

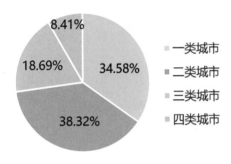

图2.26 地级城市类型划分

从SDG11得分情况（图2.27）看，一类地级市得分＞二类地级市得分＞三类地级市得分＞四类地级市得分，对于地级城市而言，宏观经济运行状况越好，SDG11得分越高。

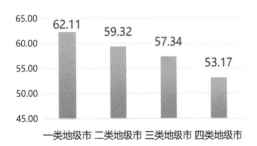

图2.27 不同类型地级市SDG11得分情况

从SDG11各专题评估结果（图2.28）看，地级城市在住房保障、规划管理、遗产保护和环境改善4个专题得分差距不大；遗产保护专题得分明显低于其他6个专题，需要重点关注；公共交通、防灾减灾和公共空间3个专题得分受城市经济发展影响较大，经济发展较好、人均GDP较高的城市得分较高。

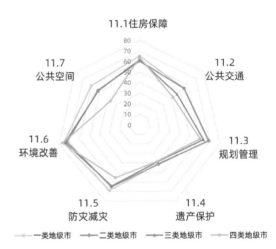

图2.28 不同类型地级市SDG11各专题得分情况

（1）一类地级市

一类地级市得分及排名见表2.25、表2.26和图2.29。

一类地级市总体得分及排名

表 2.25

排名	参评城市	总体得分	排名	参评城市	总体得分
1	湖州	71.66	20	徐州	61.88
2	烟台	70.25	21	龙岩	61.81
3	林芝	68.59	22	三明	61.08
4	东营	68.14	23	淄博	60.96
5	宜昌	68.05	24	湘潭	60.54
6	金华	67.42	25	襄阳	60.36
7	泉州	67.35	26	南通	60.02
8	绍兴	66.91	27	许昌	59.68
9	台州	66.83	28	荆门	59.53
10	株洲	66.64	29	漳州	59.15
11	鹰潭	66.57	30	苏州	59.06
12	佛山	66.36	31	包头	58.59
13	鄂尔多斯	66.15	32	嘉兴	58.39
14	海西蒙古族藏族自治州	65.20	33	克拉玛依	55.65
15	东莞	64.89	34	榆林	55.28
16	大庆	64.62	35	唐山	54.14
17	无锡	63.71	36	巴音郭楞蒙古自治州	44.02
18	常州	63.39	37	昌吉回族自治州	42.45
19	盐城	62.73			

一类地级市分项得分及排名

表 2.26

参评城市	住房保障		公共交通		规划管理		遗产保护		防灾减灾		环境改善		公共空间	
	得分	排名	得分	排名	得分	排名	得分	排名	得分	排名	得分	排名	得分	排名
东营	56.30	79	81.75	5	73.86	30	64.96	10	57.17	78	65.79	80	77.16	8
克拉玛依	94.99	1	20.14	98	66.44	68	45.20	37	51.47	85	68.83	73	42.50	80
无锡	59.19	67	75.85	10	77.09	9	28.09	77	65.41	64	76.47	50	63.83	26
苏州	44.10	101	59.49	40	74.20	28	26.64	84	76.67	28	76.43	51	55.89	49
鄂尔多斯	72.44	22	65.23	31	72.85	34	65.52	7	30.58	98	69.11	72	87.30	2
常州	54.75	85	78.64	8	81.81	1	20.41	96	82.30	16	73.25	58	52.56	54
佛山	60.34	62	70.17	22	77.88	7	23.93	90	74.93	32	90.12	9	67.15	21
南通	51.24	94	51.35	63	75.47	19	24.03	89	73.10	44	73.93	55	71.02	14
海西蒙古族藏族自治州	61.86	58	62.16	38	63.20	74	68.74	5	—	—	70.06	68	—	—
榆林	83.77	5	52.06	62	61.57	80	35.30	70	49.51	86	63.21	88	41.52	82
绍兴	63.54	51	36.09	88	80.42	2	43.30	46	78.54	24	84.06	25	82.41	4
嘉兴	60.03	63	35.53	89	76.43	11	36.15	66	70.41	53	78.40	43	51.78	57

续表

参评城市	住房保障		公共交通		规划管理		遗产保护		防灾减灾		环境改善		公共空间	
	得分	排名	得分	排名	得分	排名	得分	排名	得分	排名	得分	排名	得分	排名
宜昌	79.79	8	57.21	48	69.82	52	55.54	20	75.31	29	81.93	37	56.77	44
烟台	56.17	81	80.30	7	78.59	4	57.66	17	72.47	47	88.84	14	57.72	39
东莞	65.60	40	77.77	9	68.00	60	15.41	100	65.37	65	78.31	45	83.76	3
泉州	76.16	15	53.01	56	76.40	12	50.86	30	74.54	35	83.38	32	57.06	41
湖州	66.45	36	69.75	23	74.89	24	65.34	9	72.62	46	85.16	20	67.43	19
昌吉回族自治州	79.29	10	10.49	102	56.21	95	36.11	68	16.62	101	55.95	98	—	—
包头	58.54	70	67.36	27	75.45	20	27.04	81	61.24	72	64.25	85	56.24	48
三明	74.68	17	5.36	107	54.98	97	60.05	13	92.34	2	83.56	31	56.58	46
大庆	74.55	18	75.29	11	56.36	94	27.26	80	74.17	38	83.12	33	61.57	28
龙岩	72.07	23	10.38	103	53.43	98	58.92	16	87.88	7	92.96	4	57.02	42
巴音郭楞蒙古自治州	94.21	2	12.74	100	41.20	107	65.44	8	3.20	103	47.36	107	—	—
襄阳	68.22	32	47.00	70	70.87	45	37.68	63	89.05	6	70.13	67	39.56	85
台州	63.28	53	63.48	37	75.06	22	44.66	41	71.65	50	83.05	34	66.65	22
徐州	54.99	83	71.81	14	76.17	14	21.31	94	85.99	9	64.81	83	58.08	38
金华	54.23	87	82.80	3	72.94	33	59.19	14	74.24	37	84.99	21	43.54	78
鹰潭	77.41	12	70.20	21	72.64	35	28.80	76	70.09	54	88.24	16	58.62	34
唐山	38.13	104	68.32	25	71.93	40	24.60	88	62.94	70	56.40	96	56.66	45
盐城	60.57	61	49.13	67	74.71	25	42.57	47	80.55	19	69.54	71	62.02	27
湘潭	72.77	21	53.53	55	69.74	53	14.60	102	85.20	12	79.78	39	48.18	70
淄博	58.22	71	65.18	32	75.93	15	37.87	60	61.72	71	60.55	92	67.22	20
漳州	45.26	100	34.97	92	67.29	63	41.77	49	75.11	31	90.56	7	59.09	32
株洲	75.47	16	72.17	13	61.79	79	38.22	59	87.76	8	84.65	23	46.42	73
林芝	59.37	66	39.40	85	43.71	106	86.89	1	—	—	94.16	2	88.03	1
许昌	70.97	24	68.80	24	77.29	8	17.31	99	70.54	52	60.95	91	51.93	56
荆门	66.87	34	55.76	50	73.84	31	10.45	104	82.42	15	78.33	44	49.02	67

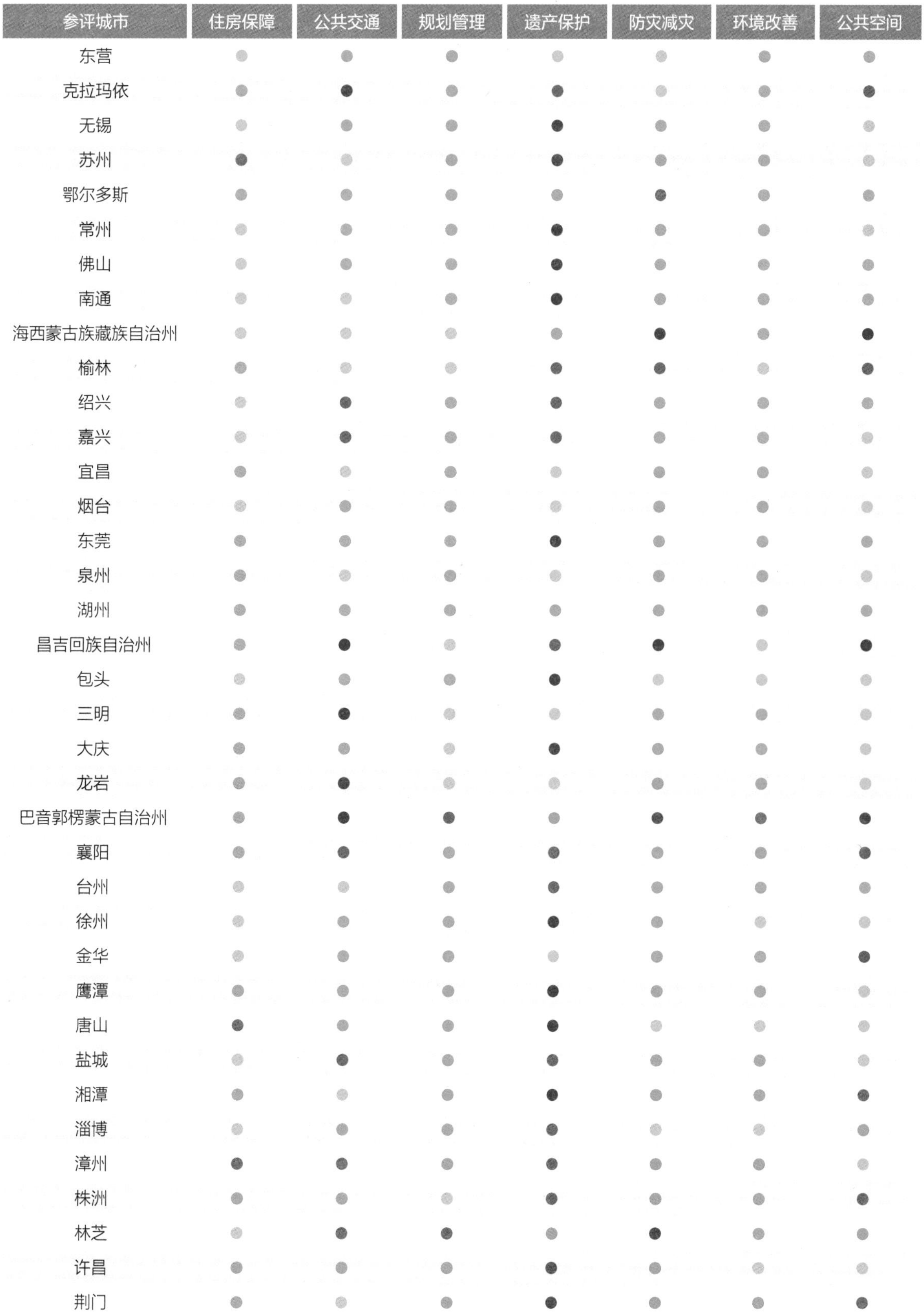

参评城市	住房保障	公共交通	规划管理	遗产保护	防灾减灾	环境改善	公共空间
东营	●	●	●	●	●	●	●
克拉玛依	●	●	●	●	●	●	●
无锡	●	●	●	●	●	●	●
苏州	●	●	●	●	●	●	●
鄂尔多斯	●	●	●	●	●	●	●
常州	●	●	●	●	●	●	●
佛山	●	●	●	●	●	●	●
南通	●	●	●	●	●	●	●
海西蒙古族藏族自治州	●	●	●	●	●	●	●
榆林	●	●	●	●	●	●	●
绍兴	●	●	●	●	●	●	●
嘉兴	●	●	●	●	●	●	●
宜昌	●	●	●	●	●	●	●
烟台	●	●	●	●	●	●	●
东莞	●	●	●	●	●	●	●
泉州	●	●	●	●	●	●	●
湖州	●	●	●	●	●	●	●
昌吉回族自治州	●	●	●	●	●	●	●
包头	●	●	●	●	●	●	●
三明	●	●	●	●	●	●	●
大庆	●	●	●	●	●	●	●
龙岩	●	●	●	●	●	●	●
巴音郭楞蒙古自治州	●	●	●	●	●	●	●
襄阳	●	●	●	●	●	●	●
台州	●	●	●	●	●	●	●
徐州	●	●	●	●	●	●	●
金华	●	●	●	●	●	●	●
鹰潭	●	●	●	●	●	●	●
唐山	●	●	●	●	●	●	●
盐城	●	●	●	●	●	●	●
湘潭	●	●	●	●	●	●	●
淄博	●	●	●	●	●	●	●
漳州	●	●	●	●	●	●	●
株洲	●	●	●	●	●	●	●
林芝	●	●	●	●	●	●	●
许昌	●	●	●	●	●	●	●
荆门	●	●	●	●	●	●	●

图2.29　一类地级市各专题评估指示板

（2）二类地级市

二类地级市得分及排名见表2.27、表2.28和图2.30。

二类地级市总体得分及排名　表2.27

排名	参评城市	总体得分	排名	参评城市	总体得分
1	泸州	72.71	22	德州	58.54
2	宝鸡	69.96	23	江门	58.50
3	郴州	68.63	24	德阳	57.69
4	黄山	68.34	25	长治	57.69
5	岳阳	65.46	26	酒泉	56.74
6	吉安	64.90	27	南平	56.72
7	曲靖	64.84	28	营口	56.60
8	本溪	64.82	29	鹤壁	55.93
9	丽水	64.50	30	眉山	55.45
10	乐山	64.25	31	牡丹江	54.93
11	潍坊	64.03	32	呼伦贝尔	54.88
12	遵义	63.88	33	淮北	53.75
13	宿迁	63.58	34	晋城	53.70
14	韶关	63.01	35	枣庄	53.09
15	铜陵	62.43	36	晋中	52.51
16	日照	61.26	37	白山	52.14
17	洛阳	60.17	38	朔州	50.72
18	临沂	60.15	39	安阳	50.42
19	连云港	59.86	40	廊坊	48.84
20	平顶山	59.54	41	阳泉	47.65
21	焦作	59.44			

二类地级市分项得分及排名　表2.28

参评城市	住房保障		公共交通		规划管理		遗产保护		防灾减灾		环境改善		公共空间	
	得分	排名	得分	排名	得分	排名	得分	排名	得分	排名	得分	排名	得分	排名
焦作	69.87	27	45.53	73	75.49	18	52.60	27	68.42	61	53.31	102	50.88	59
连云港	62.69	55	52.12	61	72.34	36	27.50	79	78.97	23	67.98	77	57.41	40
洛阳	56.25	80	59.08	43	75.06	23	49.11	32	84.31	14	59.54	93	37.86	87
丽水	53.29	90	70.34	18	62.72	76	63.19	11	84.53	13	89.29	12	28.17	97
南平	58.22	72	5.90	106	51.44	101	60.44	12	90.07	4	92.36	6	38.57	86
日照	40.12	103	81.95	4	75.71	16	40.59	53	64.66	67	67.21	78	58.57	35
德阳	61.03	60	58.19	46	73.25	32	21.52	93	68.71	60	84.20	24	36.93	90
岳阳	70.96	25	63.90	35	70.86	46	44.45	43	85.35	11	72.57	60	50.12	62

参评城市	住房保障		公共交通		规划管理		遗产保护		防灾减灾		环境改善		公共空间	
	得分	排名	得分	排名	得分	排名	得分	排名	得分	排名	得分	排名	得分	排名
江门	58.14	73	42.06	80	72.19	38	14.81	101	65.11	66	78.97	41	78.19	7
廊坊	10.33	107	40.04	83	70.99	44	35.84	69	56.48	80	63.57	86	64.61	24
宿迁	57.85	76	70.97	17	76.21	13	37.43	64	68.75	59	75.73	52	58.09	37
潍坊	58.70	69	71.52	15	80.26	3	41.78	48	54.53	82	59.45	94	81.95	5
朔州	79.67	9	53.59	54	66.46	67	20.86	95	41.16	93	62.75	89	30.56	94
宝鸡	86.66	4	66.10	28	55.39	96	59.09	15	90.50	3	79.39	40	52.58	53
铜陵	57.86	75	55.04	51	60.45	86	39.86	56	81.27	17	71.79	63	70.73	15
黄山	64.25	45	40.27	82	69.87	50	78.62	2	80.47	20	92.60	5	52.29	55
晋城	47.91	96	52.92	58	69.54	55	38.31	58	45.53	89	71.14	65	50.55	61
乐山	69.78	28	43.57	76	69.85	51	54.57	23	79.47	22	77.16	48	55.34	51
鹤壁	64.06	47	40.92	81	70.81	47	36.14	67	73.58	41	54.35	100	51.67	58
营口	63.85	49	89.93	1	71.70	41	25.44	87	41.74	92	68.80	74	34.74	92
酒泉	65.74	39	22.92	96	60.00	87	75.16	4	48.57	88	69.94	69	54.88	52
德州	41.74	102	87.65	2	75.57	17	26.41	86	74.27	36	59.21	95	44.95	76
牡丹江	64.01	48	42.39	79	52.12	100	46.52	36	77.59	26	78.14	46	23.75	99
郴州	81.50	7	67.82	26	65.39	71	44.52	42	73.90	40	89.17	13	58.11	36
阳泉	61.56	59	46.85	72	67.25	64	34.88	71	38.73	95	54.31	101	30.00	95
遵义	64.40	44	47.08	69	68.81	58	50.19	31	56.61	79	87.34	17	72.71	10
泸州	66.43	37	63.55	36	73.88	29	46.97	35	97.99	1	81.91	38	78.22	6
长治	51.04	95	61.66	39	67.09	65	48.02	33	48.83	87	68.48	76	58.69	33
呼伦贝尔	68.57	30	56.52	49	60.99	84	65.81	6	2.75	104	78.70	42	50.84	60
本溪	62.34	56	70.27	19	69.93	49	53.99	25	39.24	94	93.93	3	64.06	25
眉山	57.59	77	58.23	45	71.96	39	10.39	105	68.81	58	73.26	57	47.92	71
淮北	47.10	99	50.39	66	65.12	72	18.69	97	69.50	56	53.24	103	72.23	11
白山	57.90	74	46.86	71	67.90	61	45.20	38	54.46	83	74.48	53	18.20	102
临沂	47.12	98	81.70	6	74.20	27	37.73	62	52.68	84	56.28	97	71.33	13
平顶山	78.24	11	55.02	52	78.10	6	26.56	85	64.53	68	64.77	84	49.55	64
晋中	51.88	92	64.81	34	65.84	69	37.76	61	45.21	90	61.18	90	40.93	84
枣庄	47.63	97	43.68	75	78.22	5	28.95	75	57.77	77	65.72	81	49.63	63
曲靖	68.30	31	71.39	16	63.10	75	32.09	72	85.63	10	87.30	18	46.07	74
吉安	67.14	33	34.06	93	69.16	56	51.77	29	76.76	27	89.72	10	65.73	23
安阳	63.04	54	43.39	77	71.15	43	26.74	82	56.35	81	47.82	105	44.48	77
韶关	70.34	26	39.06	86	57.86	91	53.01	26	70.09	55	89.59	11	61.11	30

参评城市	住房保障	公共交通	规划管理	遗产保护	防灾减灾	环境改善	公共空间
焦作	●	●	●	○	●	○	○
连云港	○	○	●	●	○	●	○
洛阳	○	○	●	●	○	○	●
丽水	○	●	○	○	○	○	●
南平	○	●	○	○	○	○	●
日照	●	○	○	○	○	○	○
德阳	○	○	○	●	○	○	●
岳阳	○	○	○	●	●	○	○
江门	○	●	○	●	○	○	○
廊坊	●	●	●	●	○	○	○
宿迁	○	○	○	●	○	○	○
潍坊	○	○	○	●	○	○	○
朔州	○	○	○	●	●	○	●
宝鸡	○	○	○	○	○	○	○
铜陵	○	○	○	●	●	○	○
黄山	○	●	○	○	●	○	○
晋城	●	○	○	●	●	○	○
乐山	○	●	○	○	○	○	○
鹤壁	○	●	○	●	○	○	○
营口	○	○	○	●	●	○	●
酒泉	○	●	○	○	○	○	○
德州	●	○	○	●	○	○	●
牡丹江	○	●	○	●	○	○	●
郴州	●	○	○	●	●	○	○
阳泉	○	●	○	●	●	○	●
遵义	○	●	○	●	○	○	○
泸州	○	○	○	●	○	○	○
长治	○	○	○	●	●	○	○
呼伦贝尔	○	○	○	●	●	○	○
本溪	○	○	○	●	○	○	○
眉山	○	○	○	●	●	○	●
淮北	●	○	○	●	○	○	○
白山	○	●	○	●	○	○	●
临沂	●	○	○	●	○	○	●
平顶山	○	○	●	●	○	○	●
晋中	○	○	○	●	●	○	●
枣庄	●	●	○	●	○	○	●

参评城市	住房保障	公共交通	规划管理	遗产保护	防灾减灾	环境改善	公共空间
曲靖	●	●	○	●	●	●	●
吉安	●	●	●	○	●	●	●
安阳	○	●	●	●	○	●	●
韶关	●	●	○	○	●	●	○

图2.30　二类地级市各专题评估指示板

（3）三类地级市

三类地级市得分及排名见表2.29、表2.30和图2.31。

三类地级市总体得分及排名　　　　　　　　　　　　　　　　　　表2.29

排名	参评城市	总体得分	排名	参评城市	总体得分
1	抚州	65.04	11	辽源	56.12
2	上饶	63.75	12	承德	56.00
3	赣州	63.69	13	南阳	56.00
4	广安	63.37	14	黄冈	55.56
5	海南藏族自治州	62.70	15	邯郸	54.71
6	黔南布依族苗族自治州	60.73	16	云浮	54.04
7	赤峰	60.24	17	渭南	53.81
8	丽江	58.91	18	信阳	52.73
9	桂林	57.63	19	濮阳	48.93
10	淮南	56.49	20	中卫	46.31

三类地级市分项得分及排名　　　　　　　　　　　　　　　　　　表2.30

参评城市	住房保障		公共交通		规划管理		遗产保护		防灾减灾		环境改善		公共空间	
	得分	排名	得分	排名	得分	排名	得分	排名	得分	排名	得分	排名	得分	排名
濮阳	51.85	93	42.96	78	68.87	57	23.34	92	58.33	75	47.69	106	49.46	65
赣州	64.82	43	39.95	84	71.27	42	38.80	57	74.00	39	88.46	15	68.55	18
黔南布依族苗族自治州	86.91	3	35.01	91	61.22	82	56.17	19	73.45	42	69.81	70	42.52	79
赤峰	52.56	91	66.08	29	60.92	85	52.49	28	42.56	91	77.20	47	69.85	17
桂林	76.86	13	32.49	94	45.46	105	40.61	52	75.15	30	84.69	22	48.19	69
信阳	74.27	20	11.39	101	72.26	37	40.66	51	80.73	18	65.45	82	24.34	98
承德	37.24	105	35.17	90	61.89	78	55.06	21	70.69	51	83.65	29	48.29	68
广安	59.53	65	65.15	33	74.23	26	10.83	103	79.80	21	83.76	27	70.27	16
中卫	66.32	38	59.10	42	46.34	104	26.67	83	6.82	102	71.55	64	47.33	72
抚州	54.41	86	47.79	68	59.33	89	57.61	18	74.70	34	90.14	8	71.33	12

续表

参评城市	住房保障		公共交通		规划管理		遗产保护		防灾减灾		环境改善		公共空间	
	得分	排名	得分	排名	得分	排名	得分	排名	得分	排名	得分	排名	得分	排名
上饶	82.46	6	36.71	87	67.47	62	47.22	34	68.88	57	82.94	35	60.59	31
海南藏族自治州	53.47	88	74.76	12	63.41	73	75.37	3	35.69	96	73.46	56	—	—
丽江	74.54	19	59.16	41	58.49	90	29.46	74	71.86	49	83.82	26	35.06	91
邯郸	35.94	106	65.28	30	70.15	48	40.37	55	58.21	76	51.62	104	61.38	29
辽源	57.43	78	58.54	44	75.35	21	18.59	98	59.01	74	82.43	36	41.47	83
南阳	55.69	82	21.39	97	77.06	10	40.78	50	73.30	43	74.38	54	49.43	66
渭南	65.46	41	50.84	64	48.42	102	36.94	65	77.65	25	55.55	99	41.79	81
淮南	62.31	57	45.19	74	61.43	81	32.08	73	67.15	63	70.33	66	56.97	43
云浮	54.95	84	30.96	95	68.02	59	8.25	107	63.86	69	77.16	49	75.08	9
黄冈	66.71	35	52.94	57	59.93	88	44.75	40	72.02	48	72.61	59	19.98	101

参评城市	住房保障	公共交通	规划管理	遗产保护	防灾减灾	环境改善	公共空间
濮阳	●	●	●	●	●	●	●
赣州	●	●	●	●	●	●	●
黔南布依族苗族自治州	●	●	●	●	●	●	●
赤峰	●	●	●	●	●	●	●
桂林	●	●	●	●	●	●	●
信阳	●	●	●	●	●	●	●
承德	●	●	●	●	●	●	●
广安	●	●	●	●	●	●	●
中卫	●	●	●	●	●	●	●
抚州	●	●	●	●	●	●	●
上饶	●	●	●	●	●	●	●
海南藏族自治州	●	●	●	●	●	●	●
丽江	●	●	●	●	●	●	●
邯郸	●	●	●	●	●	●	●
辽源	●	●	●	●	●	●	●
南阳	●	●	●	●	●	●	●
渭南	●	●	●	●	●	●	●
淮南	●	●	●	●	●	●	●
云浮	●	●	●	●	●	●	●
黄冈	●	●	●	●	●	●	●

图2.31　三类地级市各专题评估指示板

（4）四类地级市

四类地级市得分及排名见表2.31、表2.32和图2.32。

四类地级市总体得分及排名　　　　　　　　　　　　　表2.31

序号	参评城市	总体得分	序号	参评城市	总体得分
1	邵阳	63.22	6	天水	50.34
2	临沧	61.57	7	绥化	46.45
3	梅州	57.99	8	四平	46.18
4	固原	56.13	9	铁岭	46.05
5	毕节	50.56			

四类地级市分项得分及排名　　　　　　　　　　　　　表2.32

参评城市	住房保障		公共交通		规划管理		遗产保护		防灾减灾		环境改善		公共空间	
	得分	排名	得分	排名	得分	排名	得分	排名	得分	排名	得分	排名	得分	排名
临沧	63.73	50	52.64	60	57.57	92	54.56	24	89.49	5	83.74	28	29.27	96
邵阳	76.28	14	58.15	47	66.86	66	44.27	44	68.15	62	83.62	30	45.20	75
毕节	69.36	29	6.78	105	62.23	77	40.40	54	—	—	86.76	19	37.80	88
固原	64.88	42	70.26	20	53.21	99	54.98	22	21.31	100	71.98	62	56.29	47
梅州	58.84	68	50.63	65	57.43	93	27.77	78	60.68	73	94.70	1	55.88	50
四平	59.80	64	52.64	59	69.65	54	10.02	106	34.41	97	63.26	87	33.49	93
铁岭	64.09	46	54.54	53	65.58	70	23.71	91	22.92	99	68.48	75	23.03	100
绥化	63.33	52	19.79	99	47.91	103	44.20	45	74.71	33	66.43	79	8.79	103
天水	53.44	89	9.71	104	61.13	83	45.13	39	72.87	45	72.43	61	37.66	89

参评城市	住房保障	公共交通	规划管理	遗产保护	防灾减灾	环境改善	公共空间
临沧	●	●	●	●	●	●	●
邵阳	●	●	●	●	●	●	●
毕节	●	●	●	●	●	●	●
固原	●	●	●	●	●	●	●
梅州	●	●	●	●	●	●	●
四平	●	●	●	●	●	●	●
铁岭	●	●	●	●	●	●	●
绥化	●	●	●	●	●	●	●
天水	●	●	●	●	●	●	●

图2.32　四类地级市各专题评估指示板

2.4.1.2 各专题情况

（1）住房保障

住房保障专题最终得分排名前十的城市分布在新疆、贵州、西安、云南、江西、湖南、山西（表2.33）。在我国东南沿海一带、长三角地区、珠三角地区等经济发达地区住房保障专题得分普遍不好。经济发展和社会民生问题并不同步，在经济发展的同时，也带来了流动人口压力等民生问题，体现了中国当前的不平衡、不充分的发展状态。

参评地级城市住房保障专题前十位及得分　　表2.33

排名	参评城市	总体得分
1	克拉玛依	94.99
2	巴音郭楞蒙古自治州	94.21
3	黔南布依族苗族自治州	86.91
4	宝鸡	86.66
5	榆林	83.77
6	上饶	82.46
7	郴州	81.50
8	宜昌	79.79
9	朔州	79.67
10	昌吉回族自治州	79.29

参评城市中有1个城市（廊坊）在"住房保障"专题表现为红色，即面临严峻挑战，11个城市表现为橙色，即面临较大挑战（图2.33~图2.36）。所有参评城市城镇居民人均住房建筑面积为39.99平方米，离指标理想最优值66平方米有一定的距离。值得注意的是，从发展的角度来看，中国在城市居住方面已取得了长足的进步，我国居民的住房条件得到了较大的改善。但是，由于目前我国正处于城市化和工业化进程的加速发展时期，人们对住房的需求量逐渐增多，使得住房价格远远超出了部分低收入居民家庭的住房支付能力，低收入家庭的住房问题日益成为人们关注的焦点。在我国经济社会转型的关键时刻，面对构建社会主义和谐社会的历史重任，党和政府更加重视解决关系广大人民群众现实利益的住房问题。

参评城市	城镇居民人均住房建筑面积	售租比	房价收入比
东营	●	●	●
克拉玛依	●	●	●
无锡	●	●	●
苏州	●	●	●
鄂尔多斯	●	●	●
常州	●	●	●
佛山	●	●	●
南通	●	●	●
海西蒙古族藏族自治州	●	●	●
榆林	●	●	●
绍兴	●	●	●
嘉兴	●	●	●
宜昌	●	●	●
烟台	●	●	●
东莞	●	●	●
泉州	●	●	●
湖州	●	●	●
昌吉回族自治州	●	●	●
包头	●	●	●
三明	●	●	●
大庆	●	●	●
龙岩	●	●	●
巴音郭楞蒙古自治州	●	●	●
襄阳	●	●	●
台州	●	●	●
徐州	●	●	●
金华	●	●	●
鹰潭	●	●	●

参评城市	城镇居民人均住房建筑面积	售租比	房价收入比
唐山	●	●	●
盐城	●	●	●
湘潭	●	●	●
淄博	●	●	●
漳州	●	●	●
株洲	●	●	●
林芝	●	●	●
许昌	●	●	●
荆门	●	●	●

图2.33　一类地级市住房保障专题评估指示板

参评城市	城镇居民人均住房建筑面积	售租比	房价收入比
焦作	●	●	●
连云港	●	●	●
洛阳	●	●	●
丽水	●	●	●
南平	●	●	●
日照	●	●	●
德阳	●	●	●
岳阳	●	●	●
江门	●	●	●
廊坊	●	●	●
宿迁	●	●	●
潍坊	●	●	●
朔州	●	●	●
宝鸡	●	●	●
铜陵	●	●	●
黄山	●	●	●
晋城	●	●	●
乐山	●	●	●
鹤壁	●	●	●
营口	●	●	●
酒泉	●	●	●
德州	●	●	●
牡丹江	●	●	●

参评城市	城镇居民人均住房建筑面积	售租比	房价收入比
郴州	●	●	●
阳泉	●	●	●
遵义	●	●	●
泸州	●	●	●
长治	●	●	●
呼伦贝尔	●	●	●
本溪	●	●	●
眉山	●	●	●
淮北	●	●	●
白山	●	●	●
临沂	●	●	●
平顶山	●	●	●
晋中	●	●	●
枣庄	●	●	●
曲靖	●	●	●
吉安	●	●	●
安阳	●	●	●
韶关	●	●	●

图2.34　二类地级市住房保障专题评估指示板

参评城市	城镇居民人均住房建筑面积	售租比	房价收入比
濮阳	●	●	●
赣州	●	●	●
黔南布依族苗族自治州	●	●	●
赤峰	●	●	●
桂林	●	●	●
信阳	●	●	●
承德	●	●	●
广安	●	●	●
中卫	●	●	●
抚州	●	●	●
上饶	●	●	●
海南藏族自治州	●	●	●

参评城市	城镇居民人均住房建筑面积	售租比	房价收入比
丽江	●	●	●
邯郸	●	●	●
辽源	●	●	●
南阳	●	●	●
渭南	●	●	●
淮南	●	●	●
云浮	●	●	●
黄冈	●	●	●

图2.35　三类地级市住房保障专题评估指示板

参评城市	城镇居民人均住房建筑面积	售租比	房价收入比
临沧	●	●	●
邵阳	●	●	●
毕节	●	●	●
固原	●	●	●
梅州	●	●	●
四平	●	●	●
铁岭	●	●	●
绥化	●	●	●
天水	●	●	●

图2.36　四类地级市住房保障专题评估指示板

（2）公共交通

在公共交通专题，三个具体评价指标选择上除了考虑当地的交通网络规划建设规模，也引入了相关的人均评价诉求，这导致了经济发展水平高、公共交通体量大的北京、上海、广州、深圳等城市在交通指标上表现不好。然而在地级城市公共交通专题评估中，得分排名前十的城市为6个一类地级市和4个二类地级市，分布在山东、辽宁、浙江、江苏、广东。反映出对地级城市而言，宏观经济的良好运行状况为交通基础设施建设和城市公共交通发展提供了有力的支撑（表2.34）。

参评地级城市公共交通专题
前十位及得分　　　表2.34

排名	参评城市	总体得分
1	营口	89.93
2	德州	87.65
3	金华	82.80
4	日照	81.95
5	东营	81.75
6	临沂	81.70
7	烟台	80.30
8	常州	78.64
9	东莞	77.77
10	无锡	75.85

参评城市中有12个城市在公共交通专题表现为红色，即面临严峻挑战，有29个城市表现为橙色，即面临较大挑战（图2.37~图2.40）。这表明中国城市公交供给缺口仍较大，提高公交分担率具有治理交通堵塞、治理环境污染的战略意义，但落脚点应在调整交通结构上。提高公交分担率应成为优先发展公共交通的目标之一。

参评城市	公共交通发展指数	道路网密度	交通事故发生率
东营	●	●	●
克拉玛依	●	●	●
无锡	●	●	●
苏州	●	●	●
鄂尔多斯	●	●	●
常州	●	●	●
佛山	●	●	●
南通	●	●	●
海西蒙古族藏族自治州	●	●	●
榆林	●	●	●
绍兴	●	●	●
嘉兴	●	●	●
宜昌	●	●	●

参评城市	公共交通发展指数	道路网密度	交通事故发生率
烟台	●	●	●
东莞	●	●	●
泉州	●	●	●
湖州	●	●	●
昌吉回族自治州	●	●	●
包头	●	●	●
三明	●	●	●
大庆	●	●	●
龙岩	●	●	●
巴音郭楞蒙古自治州	●	●	●
襄阳	●	●	●
台州	●	●	●
徐州	●	●	●
金华	●	●	●
鹰潭	●	●	●
唐山	●	●	●
盐城	●	●	●
湘潭	●	●	●
淄博	●	●	●
漳州	●	●	●
株洲	●	●	●
林芝	●	●	●
许昌	●	●	●
荆门	●	●	●

图2.37　一类地级市公共交通专题评估指示板

参评城市	公共交通发展指数	道路网密度	交通事故发生率
焦作	●	●	●
连云港	●	●	●
洛阳	●	●	●
丽水	●	●	●
南平	●	●	●
日照	●	●	●

参评城市	公共交通发展指数	道路网密度	交通事故发生率
德阳	●	●	●
岳阳	●	●	●
江门	●	●	●
廊坊	●	●	●
宿迁	●	●	●
潍坊	●	●	●
朔州	●	●	●
宝鸡	●	●	●
铜陵	●	●	●
黄山	●	●	●
晋城	●	●	●
乐山	●	●	●
鹤壁	●	●	●
营口	●	●	●
酒泉	●	●	●
德州	●	●	●
牡丹江	●	●	●
郴州	●	●	●
阳泉	●	●	●
遵义	●	●	●
泸州	●	●	●
长治	●	●	●
呼伦贝尔	●	●	●
本溪	●	●	●
眉山	●	●	●
淮北	●	●	●
白山	●	●	●
临沂	●	●	●
平顶山	●	●	●
晋中	●	●	●
枣庄	●	●	●
曲靖	●	●	●
吉安	●	●	●
安阳	●	●	●
韶关	●	●	●

图2.38　二类地级市公共交通专题评估指示板

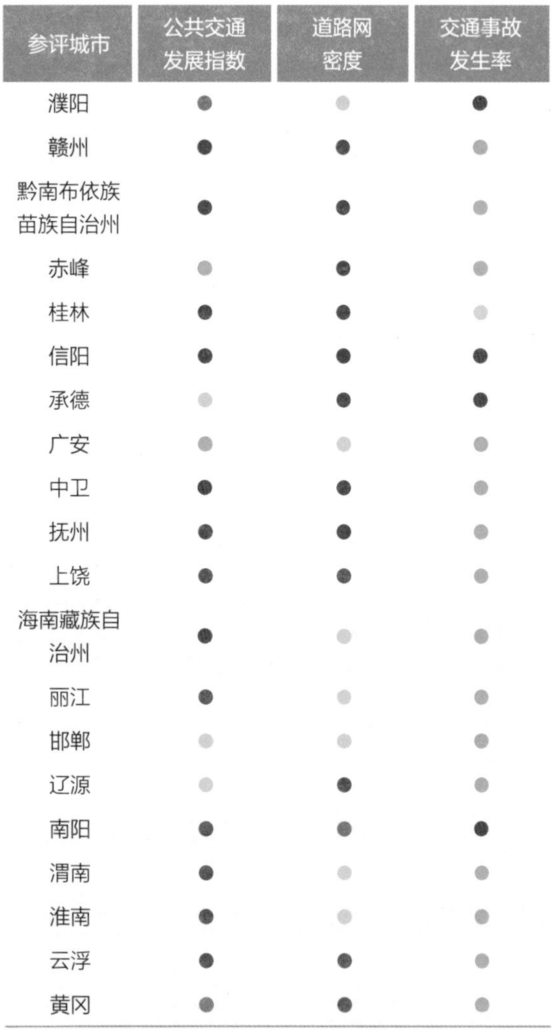

参评城市	公共交通发展指数	道路网密度	交通事故发生率
濮阳	●	●	●
赣州	●	●	●
黔南布依族苗族自治州	●	●	●
赤峰	●	●	●
桂林	●	●	●
信阳	●	●	●
承德	●	●	●
广安	●	●	●
中卫	●	●	●
抚州	●	●	●
上饶	●	●	●
海南藏族自治州	●	●	●
丽江	●	●	●
邯郸	●	●	●
辽源	●	●	●
南阳	●	●	●
渭南	●	●	●
淮南	●	●	●
云浮	●	●	●
黄冈	●	●	●

图2.39　三类地级市公共交通专题评估指示板

参评城市	公共交通发展指数	道路网密度	交通事故发生率
临沧	●	●	●
邵阳	●	●	●
毕节	●	●	●
固原	●	●	●
梅州	●	●	●
四平	●	●	●
铁岭	●	●	●
绥化	●	●	●
天水	●	●	●

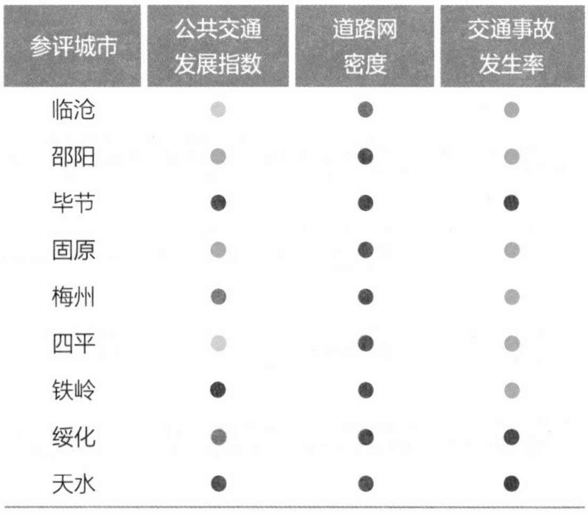

图2.40　四类地级市公共交通专题评估指示板

（3）规划管理

在规划管理方面表现较好的城市主要分布在我国中、东部地区（表2.35），这些地区历来人口压力大、经济发展水平高，因此在社会、经济的管理规划上比其他城市表现得要更加出色。同时，规划管理指标受人口因素影响较大，过度的人口压力会给社会管理和经济规划带来压力。

参评地级城市规划管理专题前十位及得分　表2.35

排名	参评城市	总体得分
1	常州	81.81
2	绍兴	80.42
3	潍坊	80.26
4	烟台	78.59
5	枣庄	78.22
6	平顶山	78.10
7	佛山	77.88
8	许昌	77.29
9	无锡	77.09
10	南阳	77.06

参评城市中有6个城市在规划管理专题表现为橙色，即面临较大挑战，没有城市在规划管理专题表现为红色（图2.41~2.44）。所有参评城市国家贫困线以下人口比例平均值为2.7%，距离理想最优值0%已较为接近。所有参评城市刑事案件发生率平均值为23.54%，同时该指标有40余城市缺失数据，说明参评城市中接近一半的城市并未公布此数据，中国城市在规划管理方面对此类指标重视程度还不够高。

财政自给率是反映城市财政收入是否可以自给的指标，参评城市平均值为48.05%。从指示板可以看出，有45座城市财政自给率为红色，即面临较大挑战。

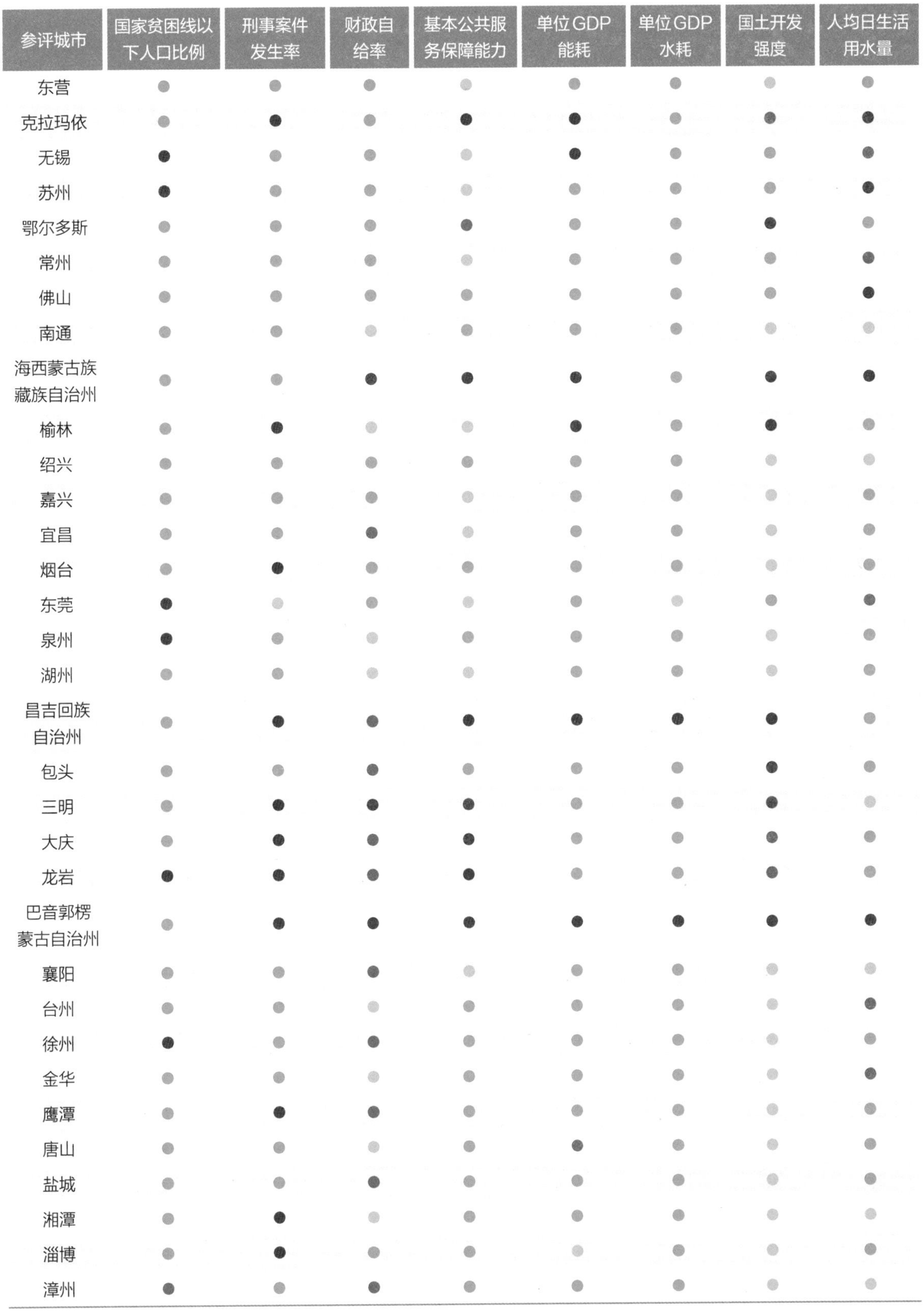

参评城市	国家贫困线以下人口比例	刑事案件发生率	财政自给率	基本公共服务保障能力	单位GDP能耗	单位GDP水耗	国土开发强度	人均日生活用水量
东营	●	●	●	●	●	●	●	●
克拉玛依	●	●	●	●	●	●	●	●
无锡	●	●	●	●	●	●	●	●
苏州	●	●	●	●	●	●	●	●
鄂尔多斯	●	●	●	●	●	●	●	●
常州	●	●	●	●	●	●	●	●
佛山	●	●	●	●	●	●	●	●
南通	●	●	●	●	●	●	●	●
海西蒙古族藏族自治州	●	●	●	●	●	●	●	●
榆林	●	●	●	●	●	●	●	●
绍兴	●	●	●	●	●	●	●	●
嘉兴	●	●	●	●	●	●	●	●
宜昌	●	●	●	●	●	●	●	●
烟台	●	●	●	●	●	●	●	●
东莞	●	●	●	●	●	●	●	●
泉州	●	●	●	●	●	●	●	●
湖州	●	●	●	●	●	●	●	●
昌吉回族自治州	●	●	●	●	●	●	●	●
包头	●	●	●	●	●	●	●	●
三明	●	●	●	●	●	●	●	●
大庆	●	●	●	●	●	●	●	●
龙岩	●	●	●	●	●	●	●	●
巴音郭楞蒙古自治州	●	●	●	●	●	●	●	●
襄阳	●	●	●	●	●	●	●	●
台州	●	●	●	●	●	●	●	●
徐州	●	●	●	●	●	●	●	●
金华	●	●	●	●	●	●	●	●
鹰潭	●	●	●	●	●	●	●	●
唐山	●	●	●	●	●	●	●	●
盐城	●	●	●	●	●	●	●	●
湘潭	●	●	●	●	●	●	●	●
淄博	●	●	●	●	●	●	●	●
漳州	●	●	●	●	●	●	●	●

图2.41　一类地级市规划管理专题评估指示板

参评城市	国家贫困线以下人口比例	刑事案件发生率	财政自给率	基本公共服务保障能力	单位GDP能耗	单位GDP水耗	国土开发强度	人均日生活用水量
株洲	○	●	●	○	○	○	○	●
林芝	○	●	●	●	●	●	●	○
许昌	○	●	●	○	○	○	○	○
荆门	○	○	●	○	○	○	●	○

图2.41　一类地级市规划管理专题评估指示板（续）

参评城市	国家贫困线以下人口比例	刑事案件发生率	财政自给率	基本公共服务保障能力	单位GDP能耗	单位GDP水耗	国土开发强度	人均日生活用水量
焦作	○	●	●	○	○	○	○	○
连云港	○	○	●	○	○	○	○	○
洛阳	○	○	○	○	○	○	○	○
丽水	○	○	●	○	○	○	●	○
南平	○	●	●	●	○	○	●	○
日照	○	●	○	○	○	○	○	○
德阳	○	○	●	○	○	○	○	○
岳阳	○	○	○	○	○	○	○	○
江门	○	○	○	○	○	○	○	●
廊坊	●	●	○	○	○	○	○	○
宿迁	●	○	○	○	○	○	○	○
潍坊	○	○	○	○	○	○	○	○
朔州	○	●	●	○	●	○	●	○
宝鸡	○	●	●	○	●	○	●	○
铜陵	○	○	●	●	○	○	○	●
黄山	○	○	○	○	○	○	●	○
晋城	○	○	○	○	○	○	●	○
乐山	○	○	●	○	○	○	○	○
鹤壁	○	●	○	○	○	○	○	○
营口	●	○	●	○	●	●	○	○
酒泉	○	●	●	○	●	○	●	○
德州	○	●	●	○	○	○	○	○
牡丹江	○	●	●	●	○	○	●	○
郴州	○	○	●	○	○	○	●	●
阳泉	○	●	●	○	○	○	●	○
遵义	○	○	●	○	○	○	●	○

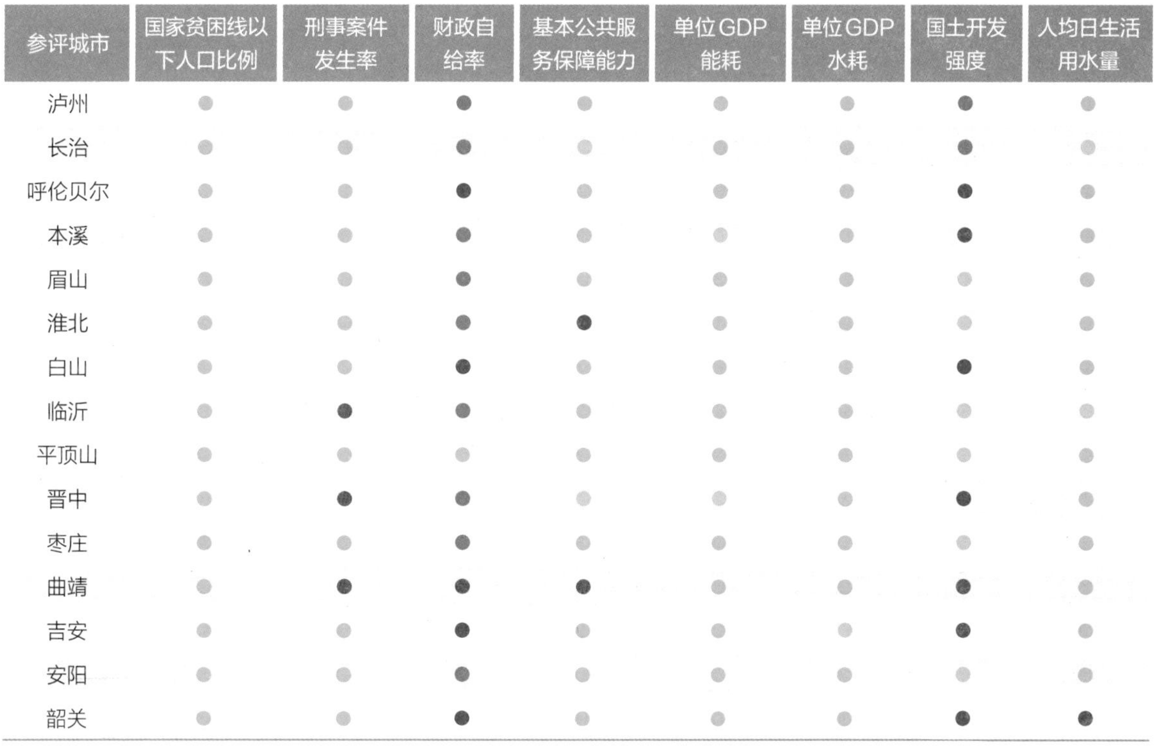

参评城市	国家贫困线以下人口比例	刑事案件发生率	财政自给率	基本公共服务保障能力	单位GDP能耗	单位GDP水耗	国土开发强度	人均日生活用水量
泸州								
长治								
呼伦贝尔								
本溪								
眉山								
淮北								
白山								
临沂								
平顶山								
晋中								
枣庄								
曲靖								
吉安								
安阳								
韶关								

图2.42　二类地级市规划管理专题评估指示板

参评城市	国家贫困线以下人口比例	刑事案件发生率	财政自给率	基本公共服务保障能力	单位GDP能耗	单位GDP水耗	国土开发强度	人均日生活用水量
濮阳								
赣州								
黔南布依族苗族自治州								
赤峰								
桂林								
信阳								
承德								
广安								
中卫								
抚州								
上饶								
海南藏族自治州								
丽江								

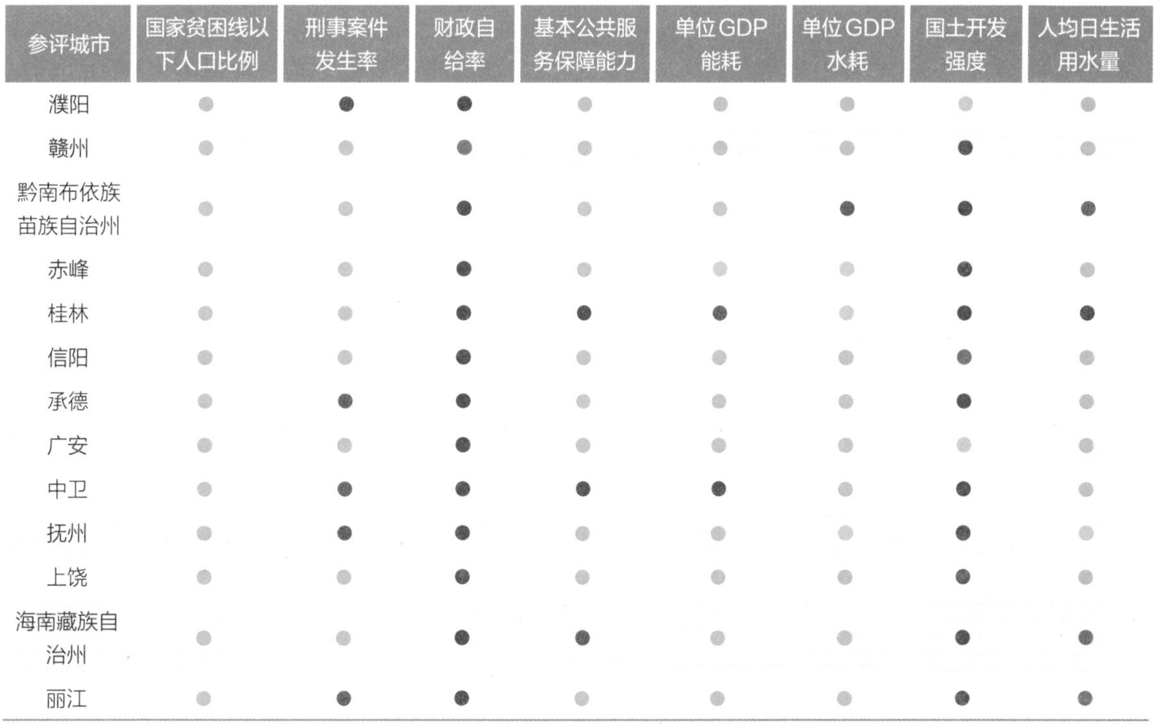

图2.43　三类地级市规划管理专题评估指示板

参评城市	国家贫困线以下人口比例	刑事案件发生率	财政自给率	基本公共服务保障能力	单位GDP能耗	单位GDP水耗	国土开发强度	人均日生活用水量
邯郸								
辽源								
南阳								
渭南								
淮南								
云浮								
黄冈								

图2.43　三类地级市规划管理专题评估指示板（续）

参评城市	国家贫困线以下人口比例	刑事案件发生率	财政自给率	基本公共服务保障能力	单位GDP能耗	单位GDP水耗	国土开发强度	人均日生活用水量
临沧								
邵阳								
毕节								
固原								
梅州								
四平								
铁岭								
绥化								
天水								

图2.44　四类地级市规划管理专题评估指示板

基本公共服务保障能力是反映政府提供公共服务的指标，参评城市平均值为28.60%，从国家层面看，过去几十年里，中国政府的整体财力有所增强，用于三项基本公共服务（包括教育、医疗卫生和计划生育、社会保障和就业）的公共预算支出占财政总支出的比重稳中有升，近年来已占到1/3左右。

（4）遗产保护

遗产保护专题表现较好的城市中，少数民族聚集区占比相对较大，且主要分布在我国中部地区及西部地区。东南沿海经济发展水平较高的区域遗产保护表现并不好（表2.36）。这说明在经济发展的同时也带来了一定程度的自然遗迹、景观的不合理开发利用。而在少数民族聚居地区，民风民俗还有很大程度的保留，这对遗产保护起了积极作用。

参评城市中有34个城市在遗产保护专题表现为红色，即面临严峻挑战（图2.45~图2.48），表明各城市要在遗产保护层面采取积极行动，提高遗产保护专题相关指标的得分。

**参评地级城市遗产保护专题
前十位及得分**　　　　表2.36

排名	参评城市	总体得分
1	林芝	86.89
2	黄山	78.62
3	海南藏族自治州	75.37
4	酒泉	75.16
5	海西蒙古族藏族自治州	68.74
6	呼伦贝尔	65.81
7	鄂尔多斯	65.52
8	巴音郭楞蒙古自治州	65.44
9	湖州	65.34
10	东营	64.96

参评城市	每万人国家A级景区数量	万人非物质文化遗产数量	自然保护地面积占陆域国土面积比例
东营	●	●	●
克拉玛依	●	●	●
无锡	●	●	●
苏州	●	●	●
鄂尔多斯	●	●	●
常州	●	●	●
佛山	●	●	●
南通	●	●	●
海西蒙古族藏族自治州	●	●	●
榆林	●	●	●
绍兴	●	●	●
嘉兴	●	●	●
宜昌	●	●	●
烟台	●	●	●
东莞	●	●	●
泉州	●	●	●
湖州	●	●	●
昌吉回族自治州	●	●	●
包头	●	●	●
三明	●	●	●

参评城市	每万人国家A级景区数量	万人非物质文化遗产数量	自然保护地面积占陆域国土面积比例
大庆	●	●	●
龙岩	●	●	●
巴音郭楞蒙古自治州	●	●	●
襄阳	●	●	●
台州	●	●	●
徐州	●	●	●
金华	●	●	●
鹰潭	●	●	●
唐山	●	●	●
盐城	●	●	●
湘潭	●	●	●
淄博	●	●	●
漳州	●	●	●
株洲	●	●	●
林芝	●	●	●
许昌	●	●	●
荆门	●	●	●

图2.45　一类地级市遗产保护专题评估指示板

参评城市	每万人国家A级景区数量	万人非物质文化遗产数量	自然保护地面积占陆域国土面积比例
焦作	●	●	●
连云港	●	●	●
洛阳	●	●	●
丽水	●	●	●
南平	●	●	●
日照	●	●	●
德阳	●	●	●
岳阳	●	●	●
江门	●	●	●
廊坊	●	●	●
宿迁	●	●	●
潍坊	●	●	●

参评城市	每万人国家A级景区数量	万人非物质文化遗产数量	自然保护地面积占陆域国土面积比例
朔州	●	●	●
宝鸡	●	●	●
铜陵	●	●	●
黄山	●	●	●
晋城	●	●	●
乐山	●	●	●
鹤壁	●	●	●
营口	●	●	●
酒泉	●	●	●
德州	●	●	●
牡丹江	●	●	●
郴州	●	●	●
阳泉	●	●	●
遵义	●	●	●
泸州	●	●	●
长治	●	●	●
呼伦贝尔	●	●	●
本溪	●	●	●
眉山	●	●	●
淮北	●	●	●
白山	●	●	●
临沂	●	●	●
平顶山	●	●	●
晋中	●	●	●
枣庄	●	●	●
曲靖	●	●	●
吉安	●	●	●
安阳	●	●	●
韶关	●	●	●

图2.46　二类地级市遗产保护专题评估指示板

参评城市	每万人国家A级景区数量	万人非物质文化遗产数量	自然保护地面积占陆域国土面积比例
濮阳	●	●	●
赣州	●	●	●
黔南布依族苗族自治州	●	●	●
赤峰	●	●	●
桂林	●	●	●
信阳	●	●	●
承德	●	●	●
广安	●	●	●
中卫	●	●	●
抚州	●	●	●
上饶	●	●	●
海南藏族自治州	●	●	●
丽江	●	●	●
邯郸	●	●	●
辽源	●	●	●
南阳	●	●	●
渭南	●	●	●
淮南	●	●	●
云浮	●	●	●
黄冈	●	●	●

图2.47　三类地级市遗产保护专题评估指示板

参评城市	每万人国家A级景区数量	万人非物质文化遗产数量	自然保护地面积占陆域国土面积比例
临沧	●	●	●
邵阳	●	●	●
毕节	●	●	●
固原	●	●	●
梅州	●	●	●
四平	●	●	●
铁岭	●	●	●
绥化	●	●	●
天水	●	●	●

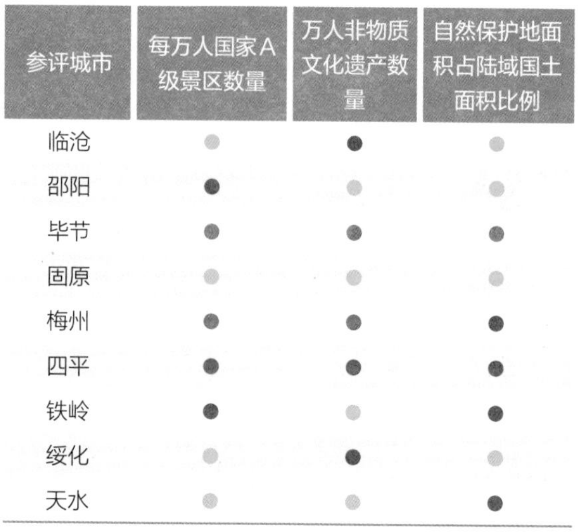

图2.48　四类地级市遗产保护专题评估指示板

（5）防灾减灾

在地级城市防灾减灾专题评估中，得分排名前十的城市分布在福建、湖北、湖南、四川、云南、陕西、江苏（涉及中国东部、中部、西部地区），包含一类、二类、四类城市，见表2.37。表明受我国广泛分布的自然灾害影响，中国大部分城市重视自然灾害应对和防灾减灾建设管理，采取了较好的行动和应对措施。

参评地级城市防灾减灾专题前十位及得分　　　　表2.37

排名	参评城市	总体得分
1	泸州	97.99
2	三明	92.34
3	宝鸡	90.50
4	南平	90.07
5	临沧	89.49
6	襄阳	89.05
7	龙岩	87.88
8	株洲	87.76
9	徐州	85.99
10	曲靖	85.63

从指示板（图2.49~图2.52）中可以看出，参评城市人均水利、环境和公共设施管理业固定投资指标整体评级较低，表明各城市需重视水利、环境和公共设施管理业方面的投入，加强城市公共设施建设和管理水平，以提高抵御自然灾害的能力。

"单位GDP碳排放"和"气候变化"反应城市应对气候变化的能力。这两项指标总体表现较好，表明各城市碳排放都保持在较低的水平。

参评城市	人均水利、环境和公共设施管理业固定投资	单位GDP碳排放	人均碳排放
东营	●	●	●
克拉玛依	●	●	●
无锡	●	●	●
苏州	●	●	●
鄂尔多斯	●	●	●
常州	●	●	●
佛山	●	●	●
南通	●	●	●
海西蒙古族藏族自治州	●	●	●
榆林	●	●	●
绍兴	●	●	●
嘉兴	●	●	●
宜昌	●	●	●
烟台	●	●	●
东莞	●	●	●
泉州	●	●	●
湖州	●	●	●
昌吉回族自治州	●	●	●
包头	●	●	●
三明	●	●	●
大庆	●	●	●
龙岩	●	●	●
巴音郭楞蒙古自治州	●	●	●
襄阳	●	●	●
台州	●	●	●
徐州	●	●	●
金华	●	●	●
鹰潭	●	●	●
唐山	●	●	●
盐城	●	●	●
湘潭	●	●	●
淄博	●	●	●
漳州	●	●	●

参评城市	人均水利、环境和公共设施管理业固定投资	单位GDP碳排放	人均碳排放
株洲	●	●	●
林芝	●	●	●
许昌	●	●	●
荆门	●	●	●

图2.49　一类地级市防灾减灾专题指示板

参评城市	人均水利、环境和公共设施管理业固定投资	单位GDP碳排放	人均碳排放
焦作	●	●	●
连云港	●	●	●
洛阳	●	●	●
丽水	●	●	●
南平	●	●	●
日照	●	●	●
德阳	●	●	●
岳阳	●	●	●
江门	●	●	●
廊坊	●	●	●
宿迁	●	●	●
潍坊	●	●	●
朔州	●	●	●
宝鸡	●	●	●
铜陵	●	●	●
黄山	●	●	●
晋城	●	●	●
乐山	●	●	●
鹤壁	●	●	●
营口	●	●	●
酒泉	●	●	●
德州	●	●	●
牡丹江	●	●	●
郴州	●	●	●
阳泉	●	●	●
遵义	●	●	●

参评城市	人均水利、环境和公共设施管理业固定投资	单位GDP碳排放	人均碳排放
泸州	●	●	●
长治	●	●	●
呼伦贝尔	●	●	●
本溪	●	●	●
眉山	●	●	●
淮北	●	●	●
白山	●	●	●
临沂	●	●	●
平顶山	●	●	●
晋中	●	●	●
枣庄	●	●	●
曲靖	●	●	●
吉安	●	●	●
安阳	●	●	●
韶关	●	●	●

图2.50　二类地级市防灾减灾专题指示板

参评城市	人均水利、环境和公共设施管理业固定投资	单位GDP碳排放	人均碳排放
濮阳	●	●	●
赣州	●	●	●
黔南布依族苗族自治州	●	●	●
赤峰	●	●	●
桂林	●	●	●
信阳	●	●	●
承德	●	●	●
广安	●	●	●
中卫	●	●	●
抚州	●	●	●
上饶	●	●	●
海南藏族自治州	●	●	●
丽江	●	●	●
邯郸	●	●	●

参评城市	人均水利、环境和公共设施管理业固定投资	单位GDP碳排放	人均碳排放
辽源	●	●	●
南阳	●	●	●
渭南	●	●	●
淮南	●	●	●
云浮	●	●	●
黄冈	●	●	●

图2.51　三类地级市防灾减灾专题指示板

参评城市	人均水利、环境和公共设施管理业固定投资	单位GDP碳排放	人均碳排放
临沧	●	●	●
邵阳	●	●	●
毕节	●	●	●
固原	●	●	●
梅州	●	●	●
四平	●	●	●
铁岭	●	●	●
绥化	●	●	●
天水	●	●	●

图2.52　四类地级市防灾减灾专题指示板

（6）环境改善

从整体上看，空气质量排名靠前的十个城市均为欠发达地区（表2.38），在一定程度上说明经济发展与环境质量关系密切，经济发展给环境质量带来巨大的压力。

参评城市中没有城市在环境改善专题面临严峻挑战，有3个城市（巴音郭楞蒙古自治州、安阳、濮阳）在环境改善专题表现为橙色，即面临

参评地级城市环境改善专题前十位及得分　　　　表2.38

排名	参评城市	总体得分
1	梅州	94.70
2	林芝	94.16
3	本溪	93.93
4	龙岩	92.96
5	黄山	92.60
6	南平	92.36
7	漳州	90.56
8	抚州	90.14
9	佛山	90.12
10	吉安	89.72

较大挑战（图2.53~图2.56）。参评城市生活垃圾无害化处理率平均值达到99%以上，说明各城市对于生活垃圾处理给予了足够的重视，同时也得到了较为显著的成果，但这并不意味着城市所产生的所有垃圾得到了合理处置，生活垃圾无害化处理工作是全面改善城乡生产生活条件、优化城乡发展环境、提升现代化水平、促进城乡经济社会统筹协调发展的一项重要举措，也是构建社会主义和谐社会、加快社会主义新农村建设和践行科学发展观的必然要求，具有重大而深远的意义。"十三五"规划纲要明确地级及以上城市空气质量约束性指标，即地级及以上城市空气质量优良天数比率要超过80%；"十四五"规划纲要更是将下限提高到87.5%，此书中选取的所有参评城市空气质量优良天数比率平均值为71.73%，距"十三五"规划纲要提出的要求还有一定的差距。

参评城市	城市空气质量优良天数比率	生活垃圾无害化处理率	生态环境状况指数	地表水水质优良比例	城市污水处理率	年均PM$_{2.5}$浓度
东营	●	●	●	●	●	●
克拉玛依	●	●	●	●	●	●
无锡	●	●	●	●	●	●
苏州	●	●	●	●	●	●
鄂尔多斯	●	●	●	●	●	●
常州	●	●	●	●	●	●
佛山	●	●	●	●	●	●
南通	●	●	●	●	●	●
海西蒙古族藏族自治州	●	●	●	●	●	●
榆林	●	●	●	●	●	●
绍兴	●	●	●	●	●	●
嘉兴	●	●	●	●	●	●
宜昌	●	●	●	●	●	●
烟台	●	●	●	●	●	●
东莞	●	●	●	●	●	●
泉州	●	●	●	●	●	●
湖州	●	●	●	●	●	●
昌吉回族自治州	●	●	●	●	●	●
包头	●	●	●	●	●	●
三明	●	●	●	●	●	●
大庆	●	●	●	●	●	●
龙岩	●	●	●	●	●	●
巴音郭楞蒙古自治州	●	●	●	●	●	●
襄阳	●	●	●	●	●	●
台州	●	●	●	●	●	●
徐州	●	●	●	●	●	●
金华	●	●	●	●	●	●
鹰潭	●	●	●	●	●	●
唐山	●	●	●	●	●	●
盐城	●	●	●	●	●	●
湘潭	●	●	●	●	●	●
淄博	●	●	●	●	●	●
漳州	●	●	●	●	●	●
株洲	●	●	●	●	●	●

参评城市	城市空气质量优良天数比率	生活垃圾无害化处理率	生态环境状况指数	地表水水质优良比例	城市污水处理率	年均PM2.5浓度
林芝	○	○	○	○	○	○
许昌	●	○	○	○	○	●
荆门	●	○	○	○	○	●

图2.53 一类地级市环境改善专题评估指示板

参评城市	城市空气质量优良天数比率	生活垃圾无害化处理率	生态环境状况指数	地表水水质优良比例	城市污水处理率	年均PM2.5浓度
焦作	●	○	●	●	○	●
连云港	○	○	○	○	○	○
洛阳	●	○	○	●	○	●
丽水	○	○	○	○	○	○
南平	○	○	○	○	○	○
日照	○	○	●	○	○	○
德阳	○	○	○	○	○	○
岳阳	○	○	●	○	○	○
江门	○	○	○	○	○	○
廊坊	●	○	●	●	○	●
宿迁	●	○	○	○	○	●
潍坊	●	○	●	●	○	●
朔州	○	○	●	●	○	○
宝鸡	○	○	○	○	○	○
铜陵	○	○	●	○	○	●
黄山	○	○	○	○	○	○
晋城	●	○	●	○	○	●
乐山	○	○	○	○	○	○
鹤壁	○	○	●	○	○	○
营口	○	○	○	●	○	○
酒泉	○	○	●	●	○	○
德州	●	○	○	●	○	●
牡丹江	○	○	○	○	○	○
郴州	○	○	○	○	○	○
阳泉	●	●	○	●	○	●
遵义	○	○	○	○	○	○
泸州	○	○	○	○	○	○
长治	●	○	○	○	○	●
呼伦贝尔	○	○	○	○	○	○

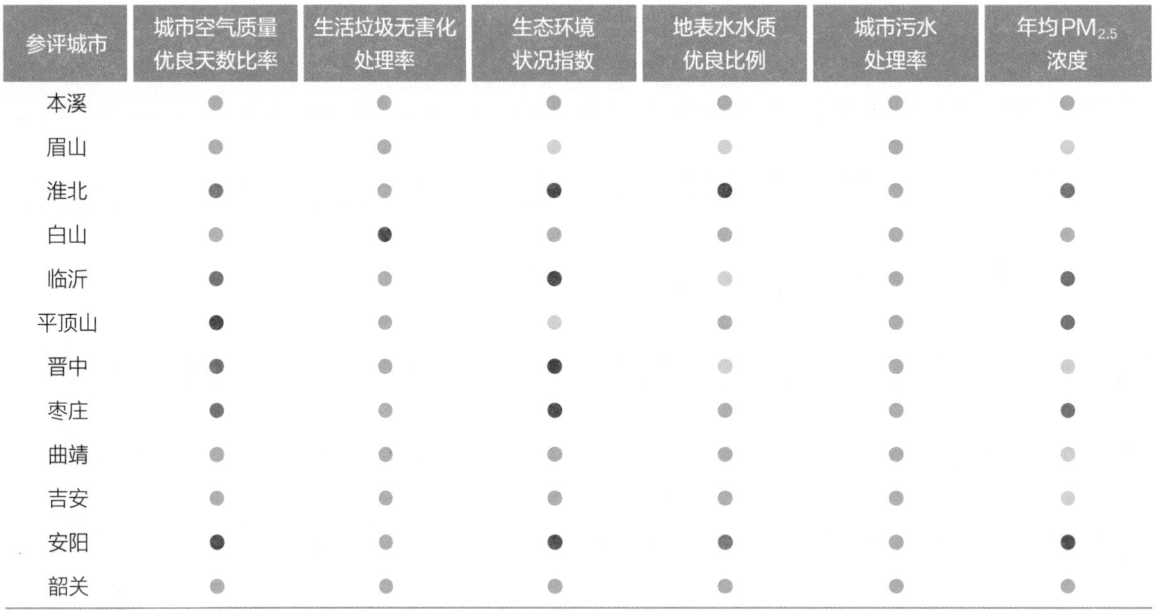

参评城市	城市空气质量优良天数比率	生活垃圾无害化处理率	生态环境状况指数	地表水水质优良比例	城市污水处理率	年均PM$_{2.5}$浓度
本溪	●	●	●	●	●	●
眉山	●	●	●	●	●	●
淮北	●	●	●	●	●	●
白山	●	●	●	●	●	●
临沂	●	●	●	●	●	●
平顶山	●	●	●	●	●	●
晋中	●	●	●	●	●	●
枣庄	●	●	●	●	●	●
曲靖	●	●	●	●	●	●
吉安	●	●	●	●	●	●
安阳	●	●	●	●	●	●
韶关	●	●	●	●	●	●

图2.54　二类地级市环境改善专题评估指示板

参评城市	城市空气质量优良天数比率	生活垃圾无害化处理率	生态环境状况指数	地表水水质优良比例	城市污水处理率	年均PM$_{2.5}$浓度
濮阳	●	●	●	●	●	●
赣州	●	●	●	●	●	●
黔南布依族苗族自治州	●	●	●	●	●	●
赤峰	●	●	●	●	●	●
桂林	●	●	●	●	●	●
信阳	●	●	●	●	●	●
承德	●	●	●	●	●	●
广安	●	●	●	●	●	●
中卫	●	●	●	●	●	●
抚州	●	●	●	●	●	●
上饶	●	●	●	●	●	●
海南藏族自治州	●	●	●	●	●	●
丽江	●	●	●	●	●	●
邯郸	●	●	●	●	●	●
辽源	●	●	●	●	●	●
南阳	●	●	●	●	●	●
渭南	●	●	●	●	●	●
淮南	●	●	●	●	●	●

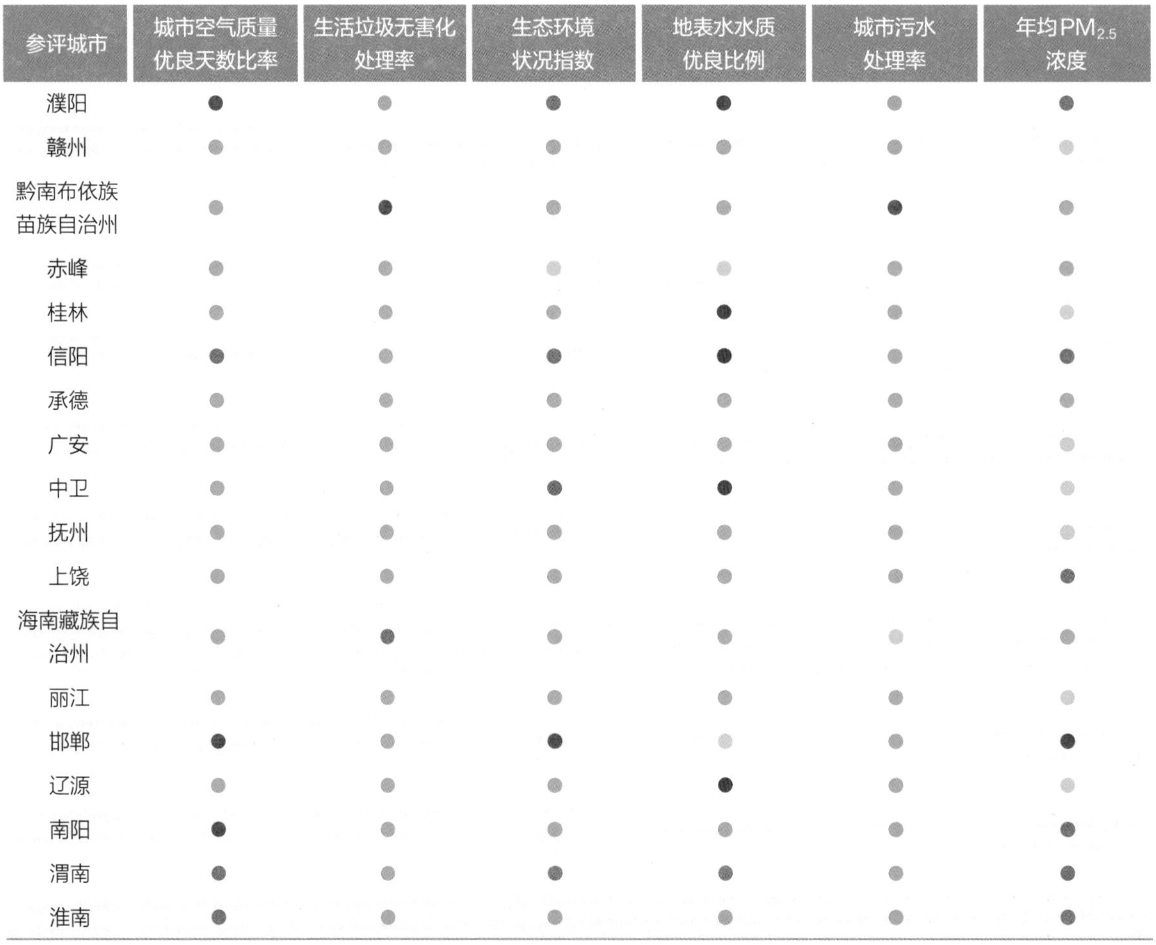

图2.55　三类地级市环境改善专题评估指示板

参评城市	城市空气质量优良天数比率	生活垃圾无害化处理率	生态环境状况指数	地表水水质优良比例	城市污水处理率	年均PM$_{2.5}$浓度
云浮	●	●	●	●	●	●
黄冈	●	●	●	●	●	●

图2.55 三类地级市环境改善专题评估指示板（续）

参评城市	城市空气质量优良天数比率	生活垃圾无害化处理率	生态环境状况指数	地表水水质优良比例	城市污水处理率	年均PM$_{2.5}$浓度
临沧	●	●	●	●	●	●
邵阳	●	●	●	●	●	●
毕节	●	●	●	●	●	●
固原	●	●	●	●	●	●
梅州	●	●	●	●	●	●
四平	●	●	●	●	●	●
铁岭	●	●	●	●	●	●
绥化	●	●	●	●	●	●
天水	●	●	●	●	●	●

图2.56 四类地级市环境改善专题评估指示板

（7）公共空间

表现较好的城市主要聚集在中部地区和东部沿海地区（表2.39）。由于涉及人均指标，城市常住人口数量较大的城市在公共空间指标上的表现普遍较差。

参评地级城市公共空间专题
前十位及得分　　　表2.39

排名	参评城市	总体得分
1	林芝	88.03
2	鄂尔多斯	87.30
3	东莞	83.76
4	绍兴	82.41
5	潍坊	81.95
6	泸州	78.22
7	江门	78.19
8	东营	77.16
9	云浮	75.08
10	遵义	72.71

参评城市中有9个城市在公共空间专题表现为红色，即面临严峻挑战，有32个城市在公共空间专题表现为橙色，即面临较大挑战（图2.57~图2.60）。连接式交叉街道和公共空间构成了城市的骨架，也是其他一切的根基。公共空间匮乏、设计不佳或公共空间私有化时，城市也会变得愈加隔离。街道网络和开发公共空间的投资可以改进城市生产力、民生、市场准入、就业和公共服务。本书中公共空间选取的两个指标"人均公园绿地面积""建成区绿化覆盖率"各城市平均值分别为15.24平方米及37.22%，与各自的理想最优值也存在一定的差距。

参评城市	人均公园绿地面积	建成区绿地率
东营	●	●
克拉玛依	●	●
无锡	●	●
苏州	●	●
鄂尔多斯	●	●
常州	●	●
佛山	●	●
南通	●	●
海西蒙古族藏族自治州	●	●
榆林	●	●
绍兴	●	●
嘉兴	●	●
宜昌	●	●
烟台	●	●
东莞	●	●
泉州	●	●
湖州	●	●
昌吉回族自治州	●	●
包头	●	●
三明	●	●
大庆	●	●
龙岩	●	●
巴音郭楞蒙古自治州	●	●
襄阳	●	●
台州	●	●
徐州	●	●
金华	●	●
鹰潭	●	●
唐山	●	●
盐城	●	●
湘潭	●	●
淄博	●	●
漳州	●	●
株洲	●	●
林芝	●	●
许昌	●	●
荆门	●	●

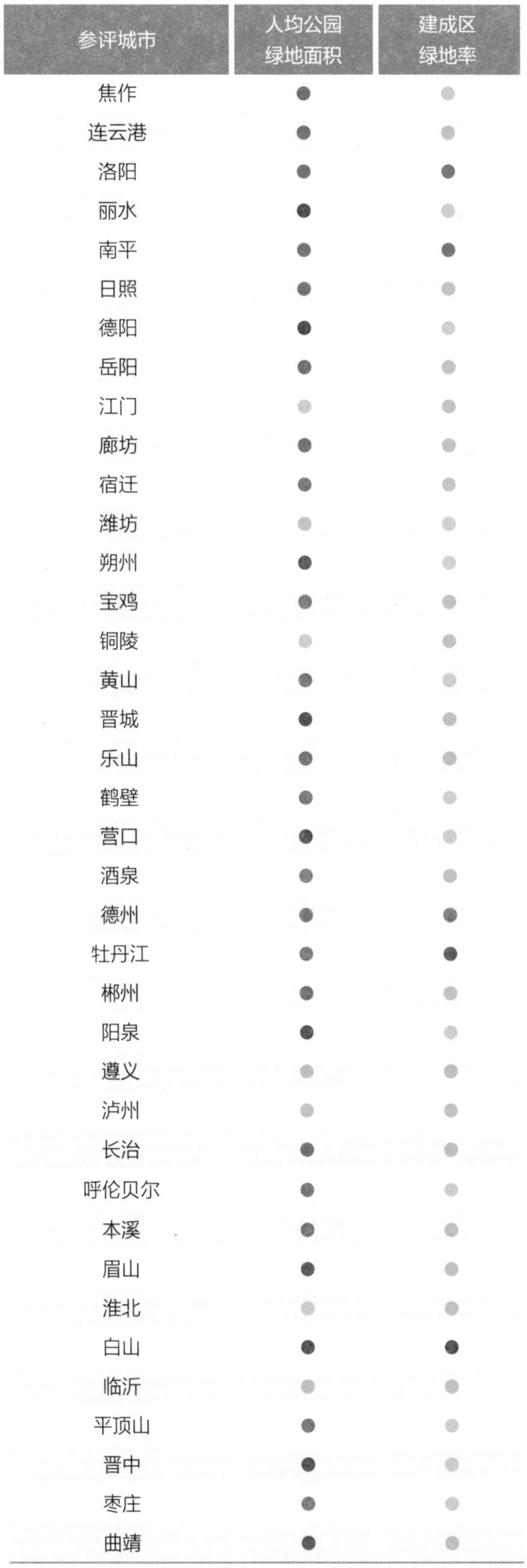

参评城市	人均公园绿地面积	建成区绿地率
焦作	●	●
连云港	●	●
洛阳	●	●
丽水	●	●
南平	●	●
日照	●	●
德阳	●	●
岳阳	●	●
江门	●	●
廊坊	●	●
宿迁	●	●
潍坊	●	●
朔州	●	●
宝鸡	●	●
铜陵	●	●
黄山	●	●
晋城	●	●
乐山	●	●
鹤壁	●	●
营口	●	●
酒泉	●	●
德州	●	●
牡丹江	●	●
郴州	●	●
阳泉	●	●
遵义	●	●
泸州	●	●
长治	●	●
呼伦贝尔	●	●
本溪	●	●
眉山	●	●
淮北	●	●
白山	●	●
临沂	●	●
平顶山	●	●
晋中	●	●
枣庄	●	●
曲靖	●	●

图2.57　一类地级市公共空间专题评估指示板

参评城市	人均公园绿地面积	建成区绿地率
吉安	●	●
安阳	●	●
韶关	●	●

图2.58 二类地级市公共空间专题评估指示板

参评城市	人均公园绿地面积	建成区绿地率
濮阳	●	●
赣州	●	●
黔南布依族苗族自治州	●	●
赤峰	●	●
桂林	●	●
信阳	●	●
承德	●	●
广安	●	●
中卫	●	●
抚州	●	●
上饶	●	●
海南藏族自治州	●	●
丽江	●	●
邯郸	●	●
辽源	●	●
南阳	●	●
渭南	●	●
淮南	●	●
云浮	●	●
黄冈	●	●

图2.59 三类地级市公共空间专题评估指示板

参评城市	人均公园绿地面积	建成区绿地率
临沧	●	●
邵阳	●	●
毕节	●	●
固原	●	●
梅州	●	●

参评城市	人均公园绿地面积	建成区绿地率
四平	●	●
铁岭	●	●
绥化	●	●
天水	●	●

图2.60 四类地级市公共空间专题评估指示板

2.4.2 近五年地级城市变化趋势分析

2.4.2.1 总体情况

总体来看，在各类地级市中，有超过一半的城市表现为步入正轨，有希望在2030年实现绿色的指示板颜色，而其余城市则比较困难。这表明，在我国地级市层面，有一定的潜力能够在2030年实现SDG11的相关目标，这需要已经步入正轨的城市保持良好的发展态势，表现为改善、停滞及下降的城市重点在城市人居环境领域做出突破，尽快步入正轨，实现城市人居环境的不断改善。

（1）一类地级市

在一类地级市（表2.40）中，指示板整体以黄色为主，且多数城市总分年变化较小，在这类城市中，鄂尔多斯、泉州、株洲、林芝总分较高，指示板颜色为绿色，昌吉回族自治州、巴音郭楞蒙古自治州表现欠佳，近几年为橙色，其他城市几乎表现为黄色。从发展趋势来看，有19个城市的发展趋势已经步入正轨，预计在2030年指示板颜色评估为绿色，能够实现SDG11的相关目标，占一类地级市的51.35%。有一个城市（昌吉回族自治州）表现为改善，其余17个城市的实现趋势均为停滞或下降。

一类地级市2016—2020年落实SDG11综合表现及实现趋势　　　　　表2.40

参评城市	2016			2017			2018			2019			2020			实现趋势
	排名	得分	等级	排名	得分	等级	排名	得分	等级	排名	得分	等级	排名	得分	等级	
东营	10	64.47	●	12	65.16	●	5	66.96	●	10	66.78	●	8	68.14	●	↑
克拉玛依	70	54.43	●	72	54.72	●	48	59.8	●	58	57.68	●	79	55.65	●	→
无锡	24	61.94	●	28	62.81	●	36	61.4	●	38	60.75	●	31	63.71	●	→
苏州	56	56.84	●	60	58.04	●	63	57.6	●	55	57.91	●	60	59.06	●	→
鄂尔多斯	4	65.91	●	3	66.75	●	6	66.59	●	13	65.65	●	17	66.15	●	↑
常州	16	62.77	●	21	63.96	●	27	62.69	●	25	63.44	●	34	63.39	●	→
佛山	49	57.79	●	38	61.14	●	22	63.98	●	15	65.07	●	16	66.36	●	↑
南通	45	58.83	●	39	61.04	●	47	59.83	●	45	60.03	●	53	60.02	●	→
海西蒙古族藏族自治州	15	62.95	●	11	65.25	●	7	66.51	●	6	67.46	●	19	65.2	●	↑
榆林	89	49.42	●	101	46.99	●	101	47.56	●	95	50.69	●	82	55.28	●	↑
绍兴	35	60.56	●	22	63.7	●	15	65.21	●	40	60.69	●	12	66.91	●	↑
嘉兴	62	56.37	●	52	58.89	●	61	57.66	●	71	55.71	●	65	58.39	●	→
宜昌	9	64.51	●	8	65.35	●	11	65.83	●	14	65.43	●	9	68.05	●	↑
烟台	3	66.32	●	9	65.34	●	18	64.8	●	7	67.29	●	3	70.25	●	↑
东莞	47	58.04	●	15	64.5	●	23	63.49	●	42	60.44	●	22	64.89	●	↑
泉州	1	70.65	●	1	71.09	●	4	67.57	●	8	67.04	●	11	67.35	●	↓
湖州	28	60.92	●	19	64.01	●	17	64.88	●	3	68.51	●	2	71.66	●	↑
昌吉回族自治州	107	32.79	●	107	34.63	●	107	33.04	●	107	34.38	●	107	42.45	●	↗
包头	73	53.76	●	69	55.75	●	68	56.77	●	62	57.13	●	62	58.59	●	↑
三明	19	62.42	●	20	63.97	●	34	61.49	●	30	61.61	●	45	61.08	●	↓
大庆	42	59.54	●	54	58.74	●	57	58.39	●	19	64.1	●	25	64.62	●	↑
龙岩	21	62.14	●	41	60.84	●	44	60.16	●	48	59.24	●	42	61.81	●	↓
巴音郭楞蒙古自治州	105	44.46	●	105	43.18	●	106	42.75	●	105	43.9	●	106	44.02	●	↓
襄阳	26	61.31	●	31	62.5	●	33	61.7	●	33	61.27	●	49	60.36	●	↓
台州	44	58.85	●	40	60.87	●	29	62.6	●	32	61.37	●	13	66.83	●	↑
徐州	41	59.59	●	43	60.4	●	51	59.25	●	49	59.16	●	41	61.88	●	→
金华	22	62.09	●	7	65.74	●	12	65.8	●	17	64.36	●	10	67.42	●	↑
鹰潭	12	63.62	●	29	62.73	●	10	66.17	●	11	66.39	●	15	66.57	●	↑
唐山	79	52.48	●	79	53.5	●	91	52.29	●	90	51.58	●	86	54.14	●	→

参评城市	2016			2017			2018			2019			2020			实现趋势
	排名	得分	等级	排名	得分	等级	排名	得分	等级	排名	得分	等级	排名	得分	等级	
盐城	30	60.84	●	32	62.35	●	40	60.88	●	29	61.68	●	38	62.73	●	↑
湘潭	20	62.23	●	16	64.29	●	14	65.34	●	23	63.61	●	48	60.54	●	↓
淄博	46	58.38	●	42	60.51	●	37	61.28	●	51	58.84	●	46	60.96	●	→
漳州	37	60.39	●	33	62.08	●	70	56.64	●	61	57.19	●	59	59.15	●	↓
株洲	2	67.63	●	2	68.79	●	1	68.88	●	4	68.18	●	14	66.64	●	↓
林芝	6	65.1	●	10	65.26	●	2	68.63	●	2	68.78	●	6	68.59	●	↑
许昌	75	53.09	●	64	56.85	●	58	58.37	●	56	57.78	●	55	59.68	●	↑
荆门	88	49.51	●	93	50.91	●	67	57.01	●	70	55.85	●	57	59.53	●	↑

（2）二类地级市

在二类地级市（表2.41）中，指示板颜色为绿色的城市比例明显低于一类地级市，只有宝鸡、黄山、郴州三个城市多数年份呈现为绿色。指示板颜色以黄色为主，但是可以看出不少城市在2017—2020年间总评分呈上升趋势。从变化趋势上看，步入正轨的城市达到了23个，占所有二类城市的56.1%。有一个城市（廊坊）表现为有所改善，其余17个城市的实现趋势为停滞或下降，占所有二类城市的41.46%。

二类地级市2016—2020年落实SDG11综合表现及实现趋势 表2.41

参评城市	2016			2017			2018			2019			2020			实现趋势
	排名	得分	等级	排名	得分	等级	排名	得分	等级	排名	得分	等级	排名	得分	等级	
焦作	69	54.6	●	66	56.56	●	53	58.91	●	53	58.34	●	58	59.44	●	↑
连云港	53	57.37	●	59	58.08	●	64	57.59	●	59	57.64	●	54	59.86	●	→
洛阳	34	60.66	●	27	62.83	●	42	60.47	●	39	60.74	●	51	60.17	●	↓
丽水	39	60.03	●	36	61.5	●	46	59.92	●	36	60.99	●	26	64.5	●	↑
南平	43	59.48	●	53	58.8	●	71	56.37	●	65	56.5	●	71	56.72	●	↓
日照	48	57.97	●	50	59.09	●	39	61	●	35	61.09	●	44	61.26	●	↑
德阳	92	48.52	●	83	53.13	●	78	54.66	●	82	53.63	●	67	57.69	●	↑
岳阳	29	60.89	●	24	63.36	●	35	61.43	●	20	63.99	●	18	65.46	●	↑
江门	68	55.3	●	70	55.62	●	62	57.64	●	67	56.47	●	64	58.5	●	↑
廊坊	100	45.22	●	99	48.15	●	99	48.57	●	101	47.83	●	100	48.84	●	↗
宿迁	13	63.31	●	17	64.28	●	24	63.27	●	31	61.54	●	33	63.58	●	↓
潍坊	51	57.62	●	56	58.66	●	43	60.41	●	43	60.27	●	28	64.03	●	↑
朔州	84	50.72	●	84	53.02	●	93	50.14	●	88	51.77	●	95	50.72	●	↓
宝鸡	14	63.26	●	14	64.59	●	8	66.48	●	5	67.65	●	4	69.96	●	↑
铜陵	18	62.51	●	26	63	●	25	63.09	●	24	63.52	●	40	62.43	●	→

续表

参评城市	2016			2017			2018			2019			2020			实现趋势
	排名	得分	等级	排名	得分	等级	排名	得分	等级	排名	得分	等级	排名	得分	等级	
黄山	8	64.74	●	6	65.75	●	9	66.21	●	9	66.96	●	7	68.34	●	↑
晋城	94	46.79	●	76	53.94	●	100	48.49	●	92	51.11	●	90	53.7	●	↑
乐山	83	51	●	65	56.69	●	59	58.18	●	64	56.55	●	27	64.25	●	↑
鹤壁	80	52.07	●	81	53.37	●	76	55.63	●	78	54.12	●	78	55.93	●	↑
营口	64	56.12	●	89	51.9	●	77	54.91	●	79	53.78	●	72	56.6	●	→
酒泉	78	52.65	●	78	53.6	●	82	53.52	●	87	52.44	●	70	56.74	●	→
德州	25	61.72	●	30	62.59	●	30	62.41	●	34	61.12	●	63	58.54	●	↓
牡丹江	87	49.57	●	80	53.45	●	85	52.87	●	69	56.2	●	83	54.93	●	↑
郴州	5	65.36	●	5	66.14	●	3	67.67	●	1	68.97	●	5	68.63	●	↑
阳泉	82	51.71	●	87	52.16	●	89	52.43	●	83	53.24	●	101	47.65	●	↓
遵义	33	60.72	●	34	61.92	●	32	62.2	●	37	60.99	●	29	63.88	●	↑
泸州	31	60.8	●	13	64.68	●	26	62.91	●	18	64.3	●	1	72.71	●	↑
长治	66	55.7	●	75	54.23	●	84	53	●	84	52.95	●	68	57.69	●	→
呼伦贝尔	67	55.64	●	63	56.86	●	66	57.38	●	68	56.22	●	84	54.88	●	↓
本溪	27	61.23	●	37	61.34	●	21	64.23	●	16	64.37	●	24	64.82	●	↑
眉山	102	44.83	●	85	52.81	●	88	52.52	●	94	50.75	●	81	55.45	●	↑
淮北	72	53.79	●	77	53.8	●	79	54.47	●	86	52.67	●	89	53.75	●	↓
白山	76	52.85	●	86	52.52	●	92	50.54	●	96	50.61	●	94	52.14	●	↓
临沂	55	56.85	●	61	57.44	●	74	55.78	●	54	58.27	●	52	60.15	●	↑
平顶山	95	46.56	●	95	50.48	●	80	54.1	●	80	53.71	●	56	59.54	●	↑
晋中	104	44.61	●	104	44.75	●	105	43.68	●	106	43.43	●	93	52.51	●	→
枣庄	52	57.54	●	55	58.66	●	52	58.96	●	60	57.35	●	91	53.09	●	↓
曲靖	40	59.96	●	49	59.17	●	50	59.57	●	75	55.05	●	23	64.84	●	↑
吉安	23	61.97	●	18	64.24	●	16	64.93	●	22	63.74	●	21	64.9	●	↑
安阳	86	49.61	●	88	52.05	●	87	52.71	●	97	50.29	●	97	50.42	●	→
韶关	36	60.43	●	45	60.15	●	49	59.68	●	52	58.77	●	37	63.01	●	↑

（3）三类地级市

在三类地级市（表2.42）中，指示板整体以黄色为主，海南藏族自治州以绿色为主，濮阳、中卫、毕节、四平欠佳，以橙色为主，近5年部分城市趋势向好。从发展趋势来看，有10个城市的实现趋势为步入正轨，有希望在2030年实现绿色的指示板颜色，占三类城市的50%。在其他10个三类地级市中，除濮阳表现为有所改善之外，其余城市均为停滞或下降，无法如期实现SDG11的相关目标。

三类地级市2016—2020年落实SDG11综合表现及实现趋势　　表2.42

参评城市	2016			2017			2018			2019			2020			实现趋势
	排名	得分	等级	排名	得分	等级	排名	得分	等级	排名	得分	等级	排名	得分	等级	
濮阳	98	45.61	●	100	47.46	●	94	49.71	●	100	47.99	●	99	48.93	●	↗
赣州	61	56.57	○	51	58.92	○	38	61.23	○	41	60.68	○	32	63.69	○	↑
黔南布依族苗族自治州	71	53.93	○	74	54.48	○	60	57.75	○	47	59.5	○	47	60.73	○	↑
赤峰	63	56.36	○	58	58.12	○	75	55.73	○	66	56.5	○	50	60.24	○	↑
桂林	50	57.62	○	62	57.02	○	54	58.82	○	72	55.29	○	69	57.63	○	↓
信阳	81	51.92	○	82	53.34	○	72	56.15	○	76	54.88	○	92	52.73	○	→
承德	60	56.62	○	44	60.32	○	56	58.43	○	57	57.76	○	77	56	○	↓
广安	65	55.79	○	71	55.1	○	55	58.52	○	50	59.11	○	35	63.37	○	↑
中卫	103	44.79	●	97	48.76	●	102	47.49	●	103	47.59	●	103	46.31	●	→
抚州	17	62.56	○	25	63.25	○	20	64.32	○	21	63.78	○	20	65.04	○	↑
上饶	32	60.79	○	35	61.9	○	28	62.67	○	28	61.96	○	30	63.75	○	↑
海南藏族自治州	7	64.75	○	4	66.17	○	13	65.37	○	12	65.9	○	39	62.7	○	↓
丽江	11	63.82	○	23	63.47	○	19	64.6	○	27	62.29	○	61	58.91	○	↓
邯郸	38	60.22	○	57	58.22	○	83	53.42	○	77	54.55	○	85	54.71	○	↓
辽源	59	56.74	○	68	56.24	○	73	56.04	○	73	55.28	○	75	56.12	○	⇊
南阳	85	50.56	○	94	50.9	○	86	52.87	○	91	51.3	○	76	56	○	↑
渭南	91	48.68	●	92	51.11	○	95	49.3	●	85	52.84	○	88	53.81	○	↑
淮南	74	53.68	○	73	54.6	○	69	56.65	○	63	57.01	○	73	56.49	○	↑
云浮	96	46.15	●	90	51.78	○	90	52.36	○	89	51.64	○	87	54.04	○	↑
黄冈	58	56.76	○	47	59.35	○	45	60.11	○	46	59.7	○	80	55.56	○	→

（4）四类地级市

9个四类城市（表2.43）的总体表现以橙色和黄色为主，与其他三类城市相比表现较差，但总体得分在改善，表现为步入正轨的城市为6个，占所有三类城市的66.7%，其余三个城市均表现为停滞或者下降。

四类地级市2016—2020年落实SDG11综合表现及实现趋势　　　　表2.43

参评城市	2016			2017			2018			2019			2020			实现趋势
	排名	得分	等级	排名	得分	等级	排名	得分	等级	排名	得分	等级	排名	得分	等级	
临沧	57	56.82	●	48	59.18	●	31	62.31	●	26	62.43	●	43	61.57	●	↑
邵阳	54	57.05	●	46	59.36	●	41	60.88	●	44	60.09	●	36	63.22	●	↑
毕节	93	46.95	●	98	48.73	●	98	48.64	●	98	50.11	●	96	50.56	●	→
固原	97	46.1	●	91	51.52	●	81	53.54	●	81	53.7	●	74	56.13	●	↑
梅州	77	52.78	●	67	56.46	●	65	57.53	●	74	55.26	●	66	57.99	●	↑
四平	101	44.99	●	103	46.01	●	103	45.19	●	104	44.29	●	104	46.18	●	→
铁岭	90	49.33	●	96	48.92	●	97	48.81	●	99	49.49	●	105	46.05	●	↓
绥化	106	40.72	●	106	42.98	●	104	44.03	●	102	47.77	●	102	46.45	●	↑
天水	99	45.31	●	102	46.64	●	96	49.29	●	93	51.01	●	98	50.34	●	↑

2.4.2.2 各专项情况

（1）住房保障

2016—2020年，一类地级市整体表现较好，以绿色和黄色为主，2020年，几乎一半的城市表现为绿色，但唐山、苏州和漳州三个城市表现为橙色，仍有较大的提升空间（表2.44）。

二类地级市住房保障专题评分明显呈现逐年降低的趋势，2017—2020年从以绿色为主逐渐转变为以黄色为主，多数城市分数逐年下降（表2.45）。尤其是廊坊，既是每年得分最低、

又是下降趋势最为明显的城市，可能与其特殊的地理位置相关，人口数量的快速增加抵消了城市住房改善的行动。

三类地级市中未出现明显的变化趋势，指示板颜色相对稳定（表2.46）。其中承德和邯郸表现欠佳。

四类地级市中五年变化趋势也不明显，邵阳和毕节表现最佳，五年均为绿色，天水和梅州表现欠佳，但2020年均有好转（表2.47）。

一类地级市2016—2020年住房保障专题得分及指标板　　　　表2.44

参评城市	2016		2017		2018		2019		2020	
	得分	等级	得分	等级	得分	等级	得分	等级	得分	等级
东营	60.70	●	62.26	●	61.35	●	52.68	●	56.3	●
克拉玛依	84.43	●	91.54	●	93.54	●	94.16	●	94.99	●
无锡	70.19	●	73.56	●	64.24	●	61.71	●	59.19	●
苏州	51.98	●	50.23	●	48.07	●	50.01	●	44.10	●
鄂尔多斯	72.79	●	74.00	●	71.22	●	76.50	●	72.44	●
常州	68.48	●	72.31	●	58.35	●	59.59	●	54.75	●
佛山	65.24	●	73.46	●	61.33	●	63.63	●	60.34	●
南通	61.69	●	68.75	●	55.32	●	56.00	●	51.24	●
海西蒙古族藏族自治州	61.86	●	61.86	●	61.86	●	61.86	●	61.86	●

参评城市	2016		2017		2018		2019		2020	
	得分	等级	得分	等级	得分	等级	得分	等级	得分	等级
榆林	71.68	●	76.82	●	70.73	●	75.77	●	83.77	●
绍兴	65.71	●	67.87	●	66.05	●	67.43	●	63.54	●
嘉兴	60.53	●	66.94	●	49.72	●	57.05	●	60.03	●
宜昌	78.03	●	80.8	●	78.85	●	73.38	●	79.79	●
烟台	54.97	●	57.49	●	56.35	●	55.79	●	56.17	●
东莞	74.77	●	74.38	●	65.21	●	65.04	●	65.6	●
泉州	83.33	●	86.22	●	76.39	●	72.24	●	76.16	●
湖州	63.96	●	67.02	●	61.49	●	63	●	66.45	●
昌吉回族自治州	60.9	●	76.28	●	78.87	●	80.46	●	79.29	●
包头	63.18	●	64.46	●	62.45	●	61.98	●	58.54	●
三明	73.94	●	77.48	●	75.53	●	73.21	●	74.68	●
大庆	61.93	●	61.57	●	60.76	●	73.12	●	74.55	●
龙岩	73.32	●	76.62	●	69.34	●	63.54	●	72.07	●
巴音郭楞蒙古自治州	94.38	●	94.36	●	94.3	●	94.3	●	94.21	●
襄阳	79.08	●	81.72	●	71.2	●	69.33	●	68.22	●
台州	64.91	●	62.72	●	62.45	●	66.35	●	63.28	●
徐州	60.95	●	62.96	●	59.84	●	60.29	●	54.99	●
金华	61.86	●	64.25	●	57.55	●	52.4	●	54.23	●
鹰潭	69.78	●	70.93	●	78.18	●	77.48	●	77.41	●
唐山	56.32	●	61.47	●	52.89	●	43.26	●	38.13	●
盐城	64.01	●	69.33	●	60.03	●	61.31	●	60.57	●
湘潭	90.21	●	88.78	●	88.56	●	75.65	●	72.77	●
淄博	73.57	●	77.12	●	67.34	●	53.63	●	58.22	●
漳州	48.74	●	57.29	●	33.32	●	35.74	●	45.26	●
株洲	93.35	●	93.77	●	93.11	●	75.15	●	75.47	●
林芝	78.88	●	78.88	●	78.88	●	75.22	●	59.37	●
许昌	74.96	●	78.88	●	70.12	●	66.06	●	70.97	●
荆门	61.39	●	63.74	●	66.1	●	65.26	●	66.87	●

二类地级市2016—2020年住房保障专题得分及指标板 表2.45

参评城市	2016		2017		2018		2019		2020	
	得分	等级	得分	等级	得分	等级	得分	等级	得分	等级
焦作	71.19	●	72.02	●	71.81	●	66.1	●	69.87	●
连云港	65.58	●	66.40	●	62.50	●	59.86	●	62.69	●
洛阳	81.26	●	86.81	●	73.57	●	57.14	●	56.25	●

续表

参评城市	2016		2017		2018		2019		2020	
	得分	等级	得分	等级	得分	等级	得分	等级	得分	等级
丽水	33.55	●	36.47	●	35.03	●	46.53	●	53.29	●
南平	62.66	●	63.48	●	56.86	●	57.33	●	58.22	●
日照	55.93	●	56.69	●	56.64	●	47.99	●	40.12	●
德阳	74.59	●	75.85	●	74.08	●	59.89	●	61.03	●
岳阳	63.48	●	73.83	●	66.99	●	81.76	●	70.96	●
江门	63.37	●	63.39	●	60.39	●	56.35	●	58.14	●
廊坊	31.76	●	23.25	●	18.61	●	15.33	●	10.33	●
宿迁	72.56	●	74.09	●	70.05	●	60.66	●	57.85	●
潍坊	67.94	●	70.37	●	65.04	●	59.12	●	58.7	●
朔州	80.46	●	80.91	●	81.55	●	81.04	●	79.67	●
宝鸡	92.15	●	93.68	●	92.26	●	86.64	●	86.66	●
铜陵	56.44	●	56.53	●	53.07	●	58.71	●	57.86	●
黄山	69.86	●	70.1	●	67.3	●	60.50	●	64.25	●
晋城	51.58	●	52.46	●	53.19	●	51.09	●	47.91	●
乐山	74.78	●	75.6	●	74.87	●	65.72	●	69.78	●
鹤壁	71.90	●	74.55	●	70.58	●	58.66	●	64.06	●
营口	72.13	●	72.02	●	67.84	●	64.15	●	63.85	●
酒泉	62.50	●	63.85	●	61.91	●	63.47	●	65.74	●
德州	59.25	●	62.39	●	55.14	●	45.38	●	41.74	●
牡丹江	61.16	●	64.49	●	62.4	●	64.6	●	64.01	●
郴州	80.75	●	82.14	●	82.06	●	81.72	●	81.50	●
阳泉	67.68	●	66.87	●	61.38	●	62.19	●	61.56	●
遵义	71.04	●	69.89	●	69.89	●	66.54	●	64.4	●
泸州	72.34	●	73.74	●	71.61	●	66.22	●	66.43	●
长治	65.54	●	62.61	●	58.79	●	57.98	●	51.04	●
呼伦贝尔	68.05	●	68.05	●	68.05	●	68.05	●	68.57	●
本溪	57.64	●	58.47	●	56.73	●	58.85	●	62.34	●
眉山	73.3	●	75.7	●	71.92	●	52.19	●	57.59	●
淮北	66.27	●	64.39	●	69.87	●	49.23	●	47.1	●
白山	58.73	●	58.93	●	59.13	●	59.33	●	57.9	●
临沂	63.44	●	65.45	●	62.58	●	56.58	●	47.12	●
平顶山	59.79	●	73.52	●	77.19	●	70.24	●	78.24	●
晋中	55.24	●	55.14	●	56.72	●	54.79	●	51.88	●
枣庄	64.66	●	66.28	●	64.25	●	54.24	●	47.63	●
曲靖	76.03	●	76.39	●	77.58	●	73.53	●	68.3	●

参评城市	2016		2017		2018		2019		2020	
	得分	等级	得分	等级	得分	等级	得分	等级	得分	等级
吉安	70.17	●	75.26	●	68.94	●	66.9	●	67.14	●
安阳	74.75	●	76.21	●	72.73	●	59.71	●	63.04	●
韶关	70.34	●	71.49	●	70.7	●	68.24	●	70.34	●

三类地级市2016—2020年住房保障专题得分及指标板　　　　　　　表2.46

参评城市	2016		2017		2018		2019		2020	
	得分	等级	得分	等级	得分	等级	得分	等级	得分	等级
濮阳	57.3	●	59.96	●	56.08	●	46.14	●	51.85	●
赣州	65.88	●	69.3	●	59.94	●	62.36	●	64.82	●
黔南布依族苗族自治州	80.65	●	81.64	●	82.64	●	83.63	●	86.91	●
赤峰	54.64	●	57.42	●	50.83	●	51.3	●	52.56	●
桂林	67.83	●	67.33	●	70.18	●	64.12	●	76.86	●
信阳	70.05	●	74.32	●	70.68	●	60.46	●	74.27	●
承德	41.7	●	47.9	●	29.77	●	26.63	●	37.24	●
广安	68.35	●	70.64	●	75.29	●	63.53	●	59.53	●
中卫	61.25	●	63.74	●	63.79	●	64.65	●	66.32	●
抚州	60.57	●	63.29	●	56.47	●	55.9	●	54.41	●
上饶	69.77	●	71.41	●	69.54	●	69.27	●	82.46	●
海南藏族自治州	60.63	●	60.63	●	59.82	●	60.63	●	53.47	●
丽江	78.36	●	84.92	●	87.11	●	76.11	●	74.54	●
邯郸	48.46	●	51.5	●	43.45	●	30.68	●	35.94	●
辽源	59.05	●	58.24	●	59.87	●	57.43	●	57.43	●
南阳	73.38	●	74.23	●	72.74	●	58.21	●	55.69	●
渭南	79.46	●	78.65	●	71.48	●	66.22	●	65.46	●
淮南	60.27	●	63.57	●	67.14	●	62.06	●	62.31	●
云浮	47.94	●	50.1	●	52.26	●	52.79	●	54.95	●
黄冈	72.42	●	73.67	●	74.26	●	67.97	●	66.71	●

四类地级市2016—2020年住房保障专题得分及指标板　　　　　　　表2.47

参评城市	2016		2017		2018		2019		2020	
	得分	等级	得分	等级	得分	等级	得分	等级	得分	等级
临沧	61.03	●	63.33	●	63.19	●	65.49	●	63.73	●
邵阳	87.25	●	86.87	●	87.8	●	77.82	●	76.28	●
毕节	69.53	●	69.53	●	70.5	●	70.5	●	69.36	●
固原	58.73	●	59.35	●	62.82	●	63.04	●	64.88	●

参评城市	2016		2017		2018		2019		2020	
	得分	等级	得分	等级	得分	等级	得分	等级	得分	等级
梅州	46	●	49.2	●	49.8	●	49.02	●	58.84	○
四平	60.37	○	60.84	○	61.31	○	61.77	○	59.8	○
铁岭	58.53	○	58.65	○	59.86	○	61.28	○	64.09	○
绥化	62.78	○	62.78	○	62.78	○	62.77	○	63.33	○
天水	29.05	●	29.68	●	37.6	●	46.33	●	53.44	○

（2）公共交通

一类地级市公共交通专题得分差距较大，部分城市（以鄂尔多斯和常州为代表）5年表现均为绿色，部分城市（以昌吉回族自治州和龙岩为代表）5年表现均为红色（表2.48）。从整体上看，一类地级市的得分年变化较小，说明提升城市交通水平需要持续发力，才能取得明显成果。

二类城市中，交通水平五年表现以黄色和橙色为主，且不同年份之间差距较小、呈现平稳提升的态势（表2.49）。对比2016年和2020年的得分，不难看出5年内此类城市绿色和黄色的比例大幅提高，进步较为明显。其中本溪和宿迁表现较好，南平表现较差。

在三类地级市中，大部分城市无明显变化，小部分城市得分缓慢提高，但整体上变化较小。接近半数的城市五年表现均为橙色，还有较大提升空间（表2.50）。其中赤峰和海南藏族自治州表现较好，信阳和南阳表现较差。

四类地级市中以红色和黄色为主，整体表现欠佳，年变化率较小，固原表现最好，毕节、绥化、天水5年表现均为红色（表2.51）。

一类地级市2016—2020年公共交通专题得分及指标板　　表2.48

参评城市	2016		2017		2018		2019		2020	
	得分	等级	得分	等级	得分	等级	得分	等级	得分	等级
东营	61.72	○	66.27	○	66.3	○	73.57	○	81.75	○
克拉玛依	58.15	○	56.36	○	56.57	○	56.57	○	20.14	●
无锡	76.35	○	76.13	○	76.14	○	74.46	○	75.85	○
苏州	55.83	○	59.3	○	59.36	○	59.4	○	59.49	○
鄂尔多斯	65.2	○	65.23	○	65.06	○	65.12	○	65.23	○
常州	79.35	○	79.58	○	77.52	○	78.55	○	78.64	○
佛山	56.71	○	59.54	○	73.83	○	75.72	○	70.17	○
南通	55.33	○	55.16	○	55.24	○	55.45	○	51.35	○
海西蒙古族藏族自治州	77.68	○	77.68	○	77.68	○	77.68	○	62.16	○
榆林	17.92	●	22.76	●	22.81	●	39.06	○	52.06	○
绍兴	51.13	○	51.18	○	53.15	○	29.98	●	36.09	○
嘉兴	39.01	○	38.71	○	49.21	○	29.41	●	35.53	○
宜昌	54.6		55.14		55.63		56.74		57.21	

参评城市	2016		2017		2018		2019		2020	
	得分	等级	得分	等级	得分	等级	得分	等级	得分	等级
烟台	61.19	○	61.90	○	56.03	○	71.98	○	80.3	○
东莞	64.25	○	83.75	○	84.68	○	64.59	○	77.77	○
泉州	67.98	○	68.64	○	53.6	○	53.48	○	53.01	○
湖州	31.87	●	42.31	●	39.17	●	53.07	○	69.75	○
昌吉回族自治州	10.26	●	10.36	●	10.4	●	10.4	●	10.49	●
包头	64.84	○	66.06	○	65.83	○	66.53	○	67.36	○
三明	32.77	●	34.20	●	4.33	●	4.33	●	5.36	●
大庆	52.70	○	52.65	○	52.49	○	75.37	○	75.29	○
龙岩	23.81	●	12.64	●	9.05	●	9.07	●	10.38	●
巴音郭楞蒙古自治州	46.88	●	46.88	●	46.88	●	46.88	●	12.74	●
襄阳	45.82	●	46.21	●	46.31	●	46.75	●	47.00	●
台州	39.39	●	42.68	●	52.84	○	37.87	●	63.48	○
徐州	50.52	○	50.44	○	50.45	○	50.62	○	71.81	○
金华	52.50	○	61.83	○	63.62	○	59.16	○	82.80	○
鹰潭	47.05	●	48.51	○	51.55	○	57.53	○	70.20	○
唐山	61.92	○	65.36	○	51.68	○	51.69	○	68.32	○
盐城	48.32	●	49.10	●	49.47	●	49.18	●	49.13	●
湘潭	67.29	○	69.35	○	69.3	○	69.32	○	53.53	○
淄博	49.25	●	50.47	○	60.76	○	56.25	○	65.18	○
漳州	45.39	●	48.89	●	36.12	●	36.76	●	34.97	●
株洲	70.75	○	70.37	○	69.30	○	83.64	○	72.17	○
林芝	37.51	●	37.51	●	37.51	●	37.51	●	39.40	●
许昌	56.60	○	65.45	○	68.66	○	68.73	○	68.80	○
荆门	39.84	●	39.15	●	53.20	○	45.30	●	55.76	○

二类地级市2016—2020年公共交通专题得分及指标板　　　　表2.49

参评城市	2016		2017		2018		2019		2020	
	得分	等级	得分	等级	得分	等级	得分	等级	得分	等级
焦作	42.44	●	44.31	●	44.46	●	44.63	●	45.53	●
连云港	51.46	○	51.56	○	51.89	○	51.92	○	52.12	○
洛阳	56.37	○	58.26	○	44.76	●	62.2	○	59.08	○
丽水	48.96	●	50.78	○	41.37	●	39.46	●	70.34	○
南平	18.57	●	15.65	●	5.48	●	5.48	●	5.9	●
日照	44.55	●	56.4	○	56.12	○	64.21	○	81.95	○
德阳	33.14	●	44.89	●	47.92	●	54.13	○	58.19	○

续表

参评城市	2016		2017		2018		2019		2020	
	得分	等级	得分	等级	得分	等级	得分	等级	得分	等级
岳阳	63.26	●	60.35	●	61.11	●	62.88	●	63.9	●
江门	34.84	●	36.14	●	39.21	●	34.82	●	42.06	●
廊坊	46.05	●	42.03	●	42.04	●	42.04	●	40.04	●
宿迁	70.91	●	70.93	●	70.96	●	70.97	●	70.97	●
潍坊	44.21	●	45.45	●	58.49	●	62.89	●	71.52	●
朔州	40.16	●	53.06	●	52.91	●	54.57	●	53.59	●
宝鸡	27.05	●	29.05	●	29.29	●	44.76	●	66.1	●
铜陵	60.89	●	58.93	●	58.94	●	51.15	●	55.04	●
黄山	25.19	●	25.93	●	27.84	●	38.43	●	40.27	●
晋城	21.64	●	45.99	●	21.77	●	38.57	●	52.92	●
乐山	28.85	●	45.78	●	47.22	●	44.61	●	43.57	●
鹤壁	39.15	●	39.81	●	39.96	●	40.19	●	40.92	●
营口	61.41	●	61.71	●	61.88	●	61.97	●	89.93	●
酒泉	29.78	●	31.54	●	31.59	●	22.03	●	22.92	●
德州	79.45	●	79.36	●	79.26	●	79.51	●	87.65	●
牡丹江	28.7	●	29.97	●	29.97	●	42.09	●	42.39	●
郴州	64.92	●	63.32	●	66.94	●	69.35	●	67.82	●
阳泉	48.26	●	46.03	●	45.91	●	47.06	●	46.85	●
遵义	46.74	●	52.6	●	51.77	●	44.54	●	47.08	●
泸州	50.11	●	55.83	●	47.51	●	61.25	●	63.55	●
长治	41.68	●	32.89	●	30.07	●	30.12	●	61.66	●
呼伦贝尔	64.6	●	64.78	●	64.88	●	55.47	●	56.52	●
本溪	70.71	●	70.71	●	70.73	●	70.16	●	70.27	●
眉山	33.15	●	45.7	●	49.99	●	51.01	●	58.23	●
淮北	51.96	●	50.03	●	49.62	●	50.03	●	50.39	●
白山	47.99	●	47.97	●	47.31	●	47.2	●	46.86	●
临沂	67.06	●	67.6	●	50.29	●	72.3	●	81.7	●
平顶山	30.67	●	33.08	●	39.67	●	40.24	●	55.02	●
晋中	15.16	●	15.49	●	15.93	●	16.27	●	64.81	●
枣庄	68.34	●	68.61	●	68.29	●	68.89	●	43.68	●
曲靖	46.26	●	42.75	●	42.59	●	46.41	●	71.39	●
吉安	38.31	●	38.59	●	39.03	●	36.31	●	34.06	●
安阳	42.35	●	44.02	●	44.21	●	41.7	●	43.39	●
韶关	42.88	●	42.18	●	42.82	●	38.45	●	39.06	●

参评城市	2016		2017		2018		2019		2020	
	得分	等级	得分	等级	得分	等级	得分	等级	得分	等级
濮阳	35.67	●	41.61	●	41.87	●	41.92	●	42.96	●
赣州	38.46	●	39.86	●	42.95	●	39.87	●	39.95	●
黔南布依族苗族自治州	46.08	●	46.08	●	46.43	●	49.47	●	35.01	●
赤峰	66	●	66.31	●	66.32	●	65.99	●	66.08	●
桂林	52.78	●	45.91	●	45.91	●	26.35	●	32.49	●
信阳	8.66	●	10.35	●	10.48	●	10.52	●	11.39	●
承德	32.21	●	33.82	●	34.19	●	34.19	●	35.17	●
广安	42.34	●	25.33	●	32.16	●	44.47	●	65.15	●
中卫	52.32	●	52.32	●	52.35	●	52.06	●	59.1	●
抚州	42.51	●	41.9	●	44.7	●	44.35	●	47.79	●
上饶	37.15	●	35.41	●	36.08	●	32.78	●	36.71	●
海南藏族自治州	94.2	●	94.2	●	94.2	●	94.2	●	74.76	●
丽江	65.23	●	58.5	●	58.52	●	58.59	●	59.16	●
邯郸	71.44	●	76.79	●	49.5	●	68.75	●	65.28	●
辽源	58.8	●	58.89	●	57.22	●	57.23	●	58.54	●
南阳	22.14	●	23.55	●	20.54	●	20.66	●	21.39	●
渭南	25.36	●	32.35	●	10.88	●	41.05	●	50.84	●
淮南	49.28	●	46.8	●	46.84	●	45.83	●	45.19	●
云浮	41.28	●	39.09	●	38.11	●	31.54	●	30.96	●
黄冈	42.18	●	48.92	●	49.32	●	49.37	●	52.94	●

四类地级市 2016—2020 年公共交通专题得分及指标板　　　　表2.51

参评城市	2016		2017		2018		2019		2020	
	得分	等级	得分	等级	得分	等级	得分	等级	得分	等级
临沧	33.25	●	43.12	●	43.18	●	44.43	●	52.64	●
邵阳	49.86	●	50.95	●	55.54	●	55.96	●	58.15	●
毕节	2.33	●	2.66	●	2.07	●	6.43	●	6.78	●
固原	70.06	●	70.1	●	70.15	●	70.22	●	70.26	●
梅州	44.29	●	55.61	●	55.56	●	43.68	●	50.63	●
四平	51.49	●	51.61	●	52.6	●	52.6	●	52.64	●
铁岭	54.66	●	54.41	●	54.57	●	54.59	●	54.54	●
绥化	2.06	●	2.69	●	2.69	●	19.47	●	19.79	●
天水	13.95	●	14.22	●	14.26	●	9.53	●	9.71	●

（3）规划管理

一类地级市整体表现较好，以绿色为主（表2.52）。巴音郭楞蒙古自治州五年均表现为橙色，林芝在2018—2020年连续3年表现为橙色，需引起重视，进一步提高城市规划管理水平。

二类地级市整体表现较好，以绿色为主（表2.53）。其中南平、酒泉、牡丹江、呼伦贝尔、韶关5年表现为黄色，在同类城市中处于较低水平，有较大的提升空间。

三类地级市的规划管理得分整体上低于一类地级市和二类地级市，三个城市表现为橙色，个别城市（桂林、渭南）由黄色变为橙色、明显退步，中卫甚至连续5年表现均为橙色，在此类城市中表现最差（表2.54）。

四类地级市的整体表现较差，指示板颜色以黄色为主；仅有四平一个城市表现较好，5年内均为绿色；邵阳和铁岭两个城市进步较为明显，在2020年也表现为绿色（表2.55）。

一类地级市2016—2020年规划管理专题得分及指标板   表2.52

参评城市	2016		2017		2018		2019		2020	
	得分	等级	得分	等级	得分	等级	得分	等级	得分	等级
东营	74.5	●	77.73	●	75.77	●	75.07	●	73.86	●
克拉玛依	51.09	●	53.41	●	70.73	●	58.97	●	66.44	●
无锡	75.05	●	75.65	●	72.15	●	71.55	●	77.09	●
苏州	71.18	●	72.88	●	72.49	●	72.47	●	74.2	●
鄂尔多斯	68.42	●	69.11	●	69.76	●	74.28	●	72.85	●
常州	76.81	●	76.83	●	76.94	●	80.11	●	81.81	●
佛山	63.88	●	71.55	●	73.52	●	76.63	●	77.88	●
南通	77.69	●	77.38	●	75.68	●	75.47	●	75.47	●
海西蒙古族藏族自治州	55.76	●	55.28	●	58.16	●	62.95	●	63.2	●
榆林	72.22	●	70.03	●	70.11	●	69.51	●	61.57	●
绍兴	77.24	●	78.93	●	76.72	●	76.43	●	80.42	●
嘉兴	76.06	●	78.96	●	77.36	●	72.72	●	76.43	●
宜昌	71.7	●	68.79	●	68.63	●	69.69	●	69.82	●
烟台	73.31	●	78.72	●	80.31	●	81.86	●	78.59	●
东莞	65.98	●	66.48	●	66.16	●	64.69	●	68	●
泉州	76.71	●	72.86	●	72.58	●	72.68	●	76.4	●
湖州	63.04	●	65.72	●	73.93	●	73.33	●	74.89	●
昌吉回族自治州	41.52	●	37.93	●	36.19	●	35.15	●	56.21	●
包头	72.5	●	72.78	●	70.66	●	71.75	●	75.45	●
三明	51.26	●	54.58	●	60.75	●	59.38	●	54.98	●
大庆	70.31	●	67.63	●	63.22	●	66.26	●	56.36	●
龙岩	64.62	●	61.91	●	63.58	●	62.31	●	53.43	●
巴音郭楞蒙古自治州	31.35	●	31.35	●	31.35	●	33.25	●	41.2	●

参评城市	2016		2017		2018		2019		2020	
	得分	等级	得分	等级	得分	等级	得分	等级	得分	等级
襄阳	74.02	●	74.5	●	76.81	●	74.87	●	70.87	●
台州	74.27	●	74.63	●	72.73	●	74.71	●	75.06	●
徐州	77.92	●	76.86	●	75.47	●	74.41	●	76.17	●
金华	71.61	●	72.37	●	75.56	●	74.04	●	72.94	●
鹰潭	75.09	●	76.97	●	72.98	●	69.39	●	72.64	●
唐山	71.09	●	66.59	●	69.99	●	73.9	●	71.93	●
盐城	72.81	●	72.9	●	70.23	●	75.07	●	74.71	●
湘潭	67.56	●	73.73	●	69.2	●	70.06	●	69.74	●
淄博	74.34	●	78.78	●	77.35	●	77.74	●	75.93	●
漳州	66.87	●	65.4	●	63.2	●	63.79	●	67.29	●
株洲	60.28	●	57.54	●	59.2	●	58.3	●	61.79	●
林芝	62.51	●	64.63	●	40.96	●	45.85	●	43.71	●
许昌	73.66	●	73.84	●	75.37	●	74.12	●	77.29	●
荆门	67.81	●	69.75	●	68.39	●	68.45	●	73.84	●

二类地级市2016—2020年规划管理专题得分及指标板　　　　　　　表2.53

参评城市	2016		2017		2018		2019		2020	
	得分	等级	得分	等级	得分	等级	得分	等级	得分	等级
焦作	73.07	●	73.17	●	73.88	●	74.72	●	75.49	●
连云港	71.2	●	71.01	●	71.24	●	73.45	●	72.34	●
洛阳	70.88	●	70.41	●	71.35	●	73.97	●	75.06	●
丽水	68.91	●	67.78	●	67.77	●	66	●	62.72	●
南平	62.32	●	61.53	●	60.33	●	60.21	●	51.44	●
日照	73.77	●	74.96	●	76.17	●	76.19	●	75.71	●
德阳	58.12	●	71.85	●	73.54	●	73.7	●	73.25	●
岳阳	68.93	●	71.3	●	72.61	●	73.58	●	70.86	●
江门	67.21	●	68.45	●	70.83	●	70.67	●	72.19	●
廊坊	65.57	●	69.12	●	70.41	●	67.95	●	70.99	●
宿迁	73.24	●	74.79	●	71.5	●	68.45	●	76.21	●
潍坊	80.28	●	83.23	●	82.44	●	82.47	●	80.26	●
朔州	63.28	●	60.6	●	57.46	●	66.67	●	66.46	●
宝鸡	63.92	●	67.69	●	69.46	●	67.67	●	55.39	●
铜陵	63.2	●	63.69	●	62.93	●	67.7	●	60.45	●
黄山	62.82	●	63.8	●	63.46	●	64.38	●	69.87	●
晋城	61.17	●	66.55	●	70.96	●	71.96	●	69.54	●

续表

参评城市	2016		2017		2018		2019		2020	
	得分	等级	得分	等级	得分	等级	得分	等级	得分	等级
乐山	62.32	◐	67.11	◐	67.11	◐	67.35	◐	69.85	◐
鹤壁	66.85	◐	69.63	◐	70.57	◐	70.76	◐	70.81	◐
营口	73.03	◐	75.95	◐	74.01	◐	69.59	◐	71.7	◐
酒泉	59.02	◐	62.7	◐	59.4	◐	59.18	◐	60	◐
德州	73.55	◐	76.49	◐	73.43	◐	73.56	◐	75.57	◐
牡丹江	52.84	◐	51.93	◐	52.74	◐	61.43	◐	52.12	◐
郴州	64.28	◐	63.66	◐	66.39	◐	72.54	◐	65.39	◐
阳泉	69.33	◐	70.37	◐	71.92	◐	73.83	◐	67.25	◐
遵义	63.43	◐	66.19	◐	67.04	◐	68.24	◐	68.81	◐
泸州	66.52	◐	72.44	◐	71.13	◐	72.73	◐	73.88	◐
长治	64.33	◐	66.67	◐	67.74	◐	67.03	◐	67.09	◐
呼伦贝尔	56.95	◐	62.8	◐	61.72	◐	63.03	◐	60.99	◐
本溪	64.98	◐	61.11	◐	68.74	◐	69.29	◐	69.93	◐
眉山	55.95	◐	68.94	◐	70.37	◐	72.63	◐	71.96	◐
淮北	71.4	◐	71.23	◐	71.48	◐	72.71	◐	65.12	◐
白山	63.69	◐	65.38	◐	65.42	◐	66.64	◐	67.9	◐
临沂	74.66	◐	76.05	◐	77.04	◐	77.42	◐	74.2	◐
平顶山	72.89	◐	71.47	◐	69.61	◐	72.06	◐	78.1	◐
晋中	65.75	◐	64.22	◐	65.05	◐	62.91	◐	65.84	◐
枣庄	76.98	◐	77.12	◐	79.28	◐	76.77	◐	78.22	◐
曲靖	65.43	◐	65.6	◐	67.81	◐	61.33	◐	63.1	◐
吉安	64.54	◐	76.17	◐	74.61	◐	70.77	◐	69.16	◐
安阳	67.71	◐	67.85	◐	69.29	◐	69.09	◐	71.15	◐
韶关	53.85	◐	52.36	◐	56.32	◐	56.29	◐	57.86	◐

三类地级市2016—2020年规划管理专题得分及指标板　　　　　　　　表2.54

参评城市	2016		2017		2018		2019		2020	
	得分	等级	得分	等级	得分	等级	得分	等级	得分	等级
濮阳	64.6	◐	60.9	◐	66.75	◐	66.46	◐	68.87	◐
赣州	70.82	◐	71.59	◐	71.68	◐	67.98	◐	71.27	◐
黔南布依族苗族自治州	44.07	●	44.61	●	44.68	●	51.48	◐	61.22	◐
赤峰	58.82	◐	65.66	◐	62.63	◐	64.36	◐	60.92	◐
桂林	52.75	◐	53.57	◐	56.1	◐	57.88	◐	45.46	●
信阳	67.69	◐	68.78	◐	72.33	◐	72.56	◐	72.26	◐
承德	63.77	◐	62.24	◐	61.44	◐	60.34	◐	61.89	◐

参评城市	2016		2017		2018		2019		2020	
	得分	等级	得分	等级	得分	等级	得分	等级	得分	等级
广安	63.48	●	69.7	●	73.72	●	73.9	●	74.23	●
中卫	35.46	●	40.37	●	42.71	●	45.38	●	46.34	●
抚州	60.43	●	65.71	●	68.99	●	65.99	●	59.33	●
上饶	68.7	●	71.79	●	70.04	●	68.13	●	67.47	●
海南藏族自治州	58.1	●	58.1	●	60.18	●	63.55	●	63.41	●
丽江	52.46	●	54.58	●	59.74	●	55.08	●	58.49	●
邯郸	71.86	●	69.41	●	71.68	●	72.63	●	70.15	●
辽源	74.85	●	75.42	●	71.82	●	70.98	●	75.35	●
南阳	67.3	●	67.65	●	69.05	●	72.04	●	77.06	●
渭南	56.32	●	53.49	●	56.5	●	55.96	●	48.42	●
淮南	66.96	●	67.96	●	68.7	●	68.78	●	61.43	●
云浮	65.61	●	65.58	●	66.88	●	67.33	●	68.02	●
黄冈	58.17	●	67.42	●	68.44	●	71.46	●	59.93	●

四类地级市 2016—2020 年规划管理专题得分及指标板　　　　表 2.55

参评城市	2016		2017		2018		2019		2020	
	得分	等级	得分	等级	得分	等级	得分	等级	得分	等级
临沧	51.45	●	58.03	●	58.1	●	61.12	●	57.57	●
邵阳	50.76	●	56.06	●	57.68	●	61.44	●	66.86	●
毕节	51.21	●	53.24	●	58.57	●	62.99	●	62.23	●
固原	41.8	●	49.29	●	52.52	●	55.04	●	53.21	●
梅州	56.73	●	58.8	●	62.41	●	59.34	●	57.43	●
四平	71.46	●	71.33	●	69.33	●	69.99	●	69.65	●
铁岭	61.65	●	64.37	●	63.21	●	65.23	●	65.58	●
绥化	54.15	●	52.24	●	53.79	●	62.14	●	47.91	●
天水	49.34	●	54.64	●	54.87	●	62	●	61.13	●

（4）遗产保护

一类地级市的整体表现欠佳，其中很多城市连续5年表现均为红色，且主要为东部沿海城市或经济较发达地区，如无锡、苏州、常州、南通、佛山、东莞、包头、大庆、徐州、鹰潭、唐山、湘潭、许昌、荆门14个城市，仅有林芝一个城市连续5年表现为绿色，海西蒙古族藏族自治州则自2017年开始表现为绿色（表2.56）。

二类地级市5年内整体表现比较稳定，指示板颜色以橙色为主，几乎无年际间变化；相对表现较好的城市是黄山和酒泉，5年内均表现为绿色；但仍有1/4的城市5年表现均为红色（表2.57）。

三类地级市大致呈红色橙色黄色均匀分布的状况，与一类和二类地级市的相同点是分数浮动较小（表2.58）。其中海南藏族自治州表现最好，5年均为绿色。

四类地级市相较于前三类城市整体表现较

差，橙色约占2/3，红色约占1/3，其中临沧表现较好，以黄色为主（表2.59）。

一类地级市2016—2020年遗产保护专题得分及指标板　　　　表2.56

参评城市	2016		2017		2018		2019		2020	
	得分	等级	得分	等级	得分	等级	得分	等级	得分	等级
东营	72.31	●	72.16	●	72.18	●	72.17	●	64.96	●
克拉玛依	49.67	●	48.55	●	50	●	46.27	●	45.2	●
无锡	28.46	●	28.38	●	28.27	●	28.27	●	28.09	●
苏州	26.6	●	26.77	●	26.72	●	26.72	●	26.64	●
鄂尔多斯	61.79	●	63.62	●	63.79	●	63.79	●	65.52	●
常州	20.57	●	20.54	●	20.5	●	20.5	●	20.41	●
佛山	21.61	●	22.52	●	27.78	●	27.78	●	23.93	●
南通	24.1	●	24.09	●	24.08	●	24.08	●	24.03	●
海西蒙古族藏族自治州	64.46	●	68.49	●	70.47	●	70.47	●	68.74	●
榆林	38.63	●	38.69	●	38.62	●	38.9	●	35.3	●
绍兴	42.94	●	43.39	●	54	●	43.3	●	43.3	●
嘉兴	35.62	●	36.72	●	36.42	●	36.15	●	36.15	●
宜昌	54.85	●	54.81	●	55.55	●	55.55	●	55.54	●
烟台	56.79	●	56.78	●	56.79	●	56.81	●	57.66	●
东莞	13.75	●	14.52	●	15.15	●	15.15	●	15.41	●
泉州	48.24	●	48.6	●	48.46	●	48.46	●	50.86	●
湖州	53.98	●	55.43	●	55.39	●	64.02	●	65.34	●
昌吉回族自治州	0	●	0	●	0	●	0.00	●	36.11	●
包头	16.6	●	19.46	●	23.85	●	23.85	●	27.04	●
三明	47.38	●	47.5	●	53.4	●	57.07	●	60.05	●
大庆	26.9	●	27.08	●	27.08	●	27.08	●	27.26	●
龙岩	53.28	●	53.64	●	53.82	●	53.82	●	58.92	●
巴音郭楞蒙古自治州	33.86	●	33.86	●	33.86	●	33.86	●	65.44	●
襄阳	37.33	●	37.23	●	37.79	●	37.79	●	37.68	●
台州	43.41	●	44.54	●	44.54	●	44.49	●	44.66	●
徐州	21.48	●	21.62	●	21.48	●	21.48	●	21.31	●
金华	58.84	●	59.44	●	59.3	●	59.19	●	59.19	●
鹰潭	29.22	●	29.13	●	29.01	●	29.01	●	28.8	●

续表

参评城市	2016		2017		2018		2019		2020	
	得分	等级	得分	等级	得分	等级	得分	等级	得分	等级
唐山	25.15	●	25	●	24.82	●	24.82	●	24.6	●
盐城	42.52	●	42.5	●	42.48	●	42.48	●	42.57	●
湘潭	12.63	●	12.56	●	13.25	●	13.25	●	14.6	●
淄博	38.97	●	38.93	●	38.92	●	39.06	●	37.87	●
漳州	40.01	●	40.31	●	40.21	●	40.21	●	41.77	●
株洲	39.4	●	39.3	●	38.26	●	38.26	●	38.22	●
林芝	87.67	●	88.08	●	87.61	●	87.25	●	86.89	●
许昌	17.84	●	17.66	●	17.53	●	17.53	●	17.31	●
荆门	10.46	●	10.44	●	10.44	●	10.44	●	10.45	●

二类地级市2016—2020年遗产保护专题得分及指标板　　　　表2.57

参评城市	2016		2017		2018		2019		2020	
	得分	等级	得分	等级	得分	等级	得分	等级	得分	等级
焦作	52.75	◐	52.72	◐	52.69	◐	52.69	◐	52.6	◐
连云港	27.36	●	27.55	●	27.48	●	27.48	●	27.5	●
洛阳	49.64	●	49.46	●	49.4	●	49.4	●	49.11	●
丽水	62.19	◔	63.13	◔	62.84	◔	62.98	◔	63.19	◔
南平	52.88	●	53.03	●	57.15	●	57.15	●	60.44	◔
日照	41.45	●	41.4	●	42.13	●	42.06	●	40.59	●
德阳	17.41	●	20.35	●	20.34	●	20.31	●	21.52	●
岳阳	43.86	●	43.66	●	43.46	●	43.46	●	44.45	●
江门	12.82	●	12.74	●	12.68	●	12.68	●	14.81	●
廊坊	36.88	●	36.78	●	36.28	●	36.28	●	35.84	●
宿迁	37.53	●	37.5	●	37.46	●	37.46	●	37.43	●
潍坊	40.92	●	40.91	●	41	●	40.99	●	41.78	●
朔州	18.46	●	19.68	●	19.66	●	19.65	●	20.86	●
宝鸡	58.53	◔	58.67	◔	58.67	◔	59.15	◔	59.09	◔
铜陵	49.14	●	40	●	39.97	●	39.97	●	39.86	●
黄山	79.66	◔	79.53	◔	79.39	◔	79.14	◔	78.62	◔
晋城	42.44	●	42.46	●	42.46	●	42.4	●	38.31	●
乐山	39.21	●	53.88	◔	40.54	●	40.56	●	54.57	◔
鹤壁	36.28	●	36.23	●	36.2	●	36.2	●	36.14	●
营口	25.42	●	50.36	●	25.43	●	25.45	●	25.44	●
酒泉	73.85	◔	73.78	◔	75.23	◔	75.17	◔	75.16	◔

续表

参评城市	2016		2017		2018		2019		2020	
	得分	等级	得分	等级	得分	等级	得分	等级	得分	等级
德州	26.28	●	26.2	●	26.2	●	26.2	●	26.41	●
牡丹江	46.89	●	47.09	●	47.39	●	47.39	●	46.52	●
郴州	42.65	●	42.76	●	42.66	●	42.66	●	44.52	●
阳泉	37.75	●	37.74	●	37.74	●	37.7	●	34.88	●
遵义	41.48	●	42.03	●	42.64	●	43.15	●	50.19	○
泸州	34.84	●	46.96	●	37.36	●	37.35	●	46.97	●
长治	43.72	●	43.66	●	43.58	●	43.53	●	48.02	●
呼伦贝尔	62.54	○	63.42	○	64.29	○	64.29	○	65.81	○
本溪	52.5	○	52.55	○	52.65	○	52.65	○	53.99	○
眉山	0.89	●	9.59	●	3.11	●	7.47	●	10.39	●
淮北	19.56	●	19.27	●	19.08	●	19.08	●	18.69	●
白山	44.25	●	44.64	●	44.86	●	44.86	●	45.2	●
临沂	36.8	●	36.89	●	37.36	●	37.21	●	37.73	●
平顶山	26.76	●	26.69	●	26.64	●	26.64	●	26.56	●
晋中	38.73	●	38.68	●	38.62	●	38.57	●	37.76	●
枣庄	29.07	●	29.05	●	29.09	●	29.06	●	28.95	●
曲靖	28.53	●	32.21	●	56.73	○	32.09	●	32.09	●
吉安	35.19	●	35.16	●	51.8	○	51.8	○	51.77	○
安阳	27.15	●	27.06	●	27.08	●	27.08	●	26.74	●
韶关	50.66	○	50.38	○	51.59	○	51.59	○	53.01	○

三类地级市2016—2020年遗产保护专题得分及指标板 表2.58

参评城市	2016		2017		2018		2019		2020	
	得分	等级	得分	等级	得分	等级	得分	等级	得分	等级
濮阳	23.34	●	23.29	●	23.26	●	23.26	●	23.34	●
赣州	39.25	●	39.14	●	39	●	39	●	38.8	●
黔南布依族苗族自治州	55.6	○	56.4	○	56.32	○	56.32	○	56.17	○
赤峰	46.06	●	50.07	○	50.5	○	50.5	○	52.49	○
桂林	33.9	●	33.73	●	38.72	●	38.72	●	40.61	●
信阳	40.88	●	40.72	●	40.69	●	40.69	●	40.66	●
承德	55.2	○	55.2	○	55.11	○	55.11	○	55.06	○
广安	0.67	●	3.99	●	1.34	●	4.7	●	10.83	●
中卫	21.27	●	24.98	●	26.83	●	26.83	●	26.67	●
抚州	57.7	○	57.67	○	57.71	○	57.71	○	57.61	○
上饶	46.79	●	46.95	●	47.12	●	47.12	●	47.22	●

参评城市	2016 得分	2016 等级	2017 得分	2017 等级	2018 得分	2018 等级	2019 得分	2019 等级	2020 得分	2020 等级
海南藏族自治州	72.59	●	72.45	●	72.2	●	72.2	●	75.37	●
丽江	29.46	●	29.56	●	29.52	●	29.46	●	29.46	●
邯郸	40.26	●	40.2	●	40.41	●	40.41	●	40.37	●
辽源	18.35	●	18.41	●	18.51	●	18.51	●	18.59	●
南阳	40.8	●	40.69	●	40.73	●	40.73	●	40.78	●
渭南	40	●	39.99	●	39.98	●	40.43	●	36.94	●
淮南	32.43	●	32.28	●	32.1	●	32.1	●	32.08	●
云浮	8.6	●	8.52	●	8.41	●	8.41	●	8.25	●
黄冈	44.85	●	44.78	●	44.73	●	44.73	●	44.75	●

四类地级市2016—2020年遗产保护专题得分及指标板　　　　　　　表2.59

参评城市	2016 得分	2016 等级	2017 得分	2017 等级	2018 得分	2018 等级	2019 得分	2019 等级	2020 得分	2020 等级
临沧	53.96	●	54.29	●	54.27	●	48.6	●	54.56	●
邵阳	41.94	●	42.15	●	42.07	●	42.07	●	44.27	●
毕节	31.54	●	31.77	●	32.12	●	32.12	●	40.4	●
固原	49.3	●	49.18	●	49.07	●	49.07	●	54.98	●
梅州	25.55	●	26.43	●	26.84	●	26.84	●	27.77	●
四平	9.85	●	9.88	●	9.89	●	9.89	●	10.02	●
铁岭	24.64	●	24.65	●	24.7	●	24.7	●	23.71	●
绥化	36.27	●	36.47	●	37.53	●	37.53	●	44.2	●
天水	45.29	●	45.26	●	45.21	●	45.21	●	45.13	●

（5）防灾减灾

在防灾减灾专题，各类城市中都包含表现较差的城市（表2.60～表2.63），其中又以一类地级市和四类地级市最为突出，分别有4个城市（海西蒙古族藏族自治州、昌吉回族自治州、巴音郭楞蒙古自治州、林芝）和2个城市（毕节、铁岭）在多个年份总体评估为红色或数据缺失。二类、三类地级市中也各有一个城市（呼伦贝尔、中卫）评估为红色。总体来看，多数城市能够达到绿色或者黄色的评估结果，其中评估为绿色的城市占多数。同时，也有少量的城市仍然停留在橙色甚至红色的评价结果，占比约10%。

在防灾减灾专题，从5年的得分变化上看，各个城市的表现没有明显改善。多数评估为红色的城市，在2017—2020年的评估结果都表现为持续的红色。甚至有部分城市表现为恶化趋势，评估级别有所下降。但也有部分城市取得较明显的进步，如克拉玛依市、淮南市等。

一类地级市**2016—2020年防灾减灾专题得分及指标板**　　　　表**2.60**

参评城市	2016 得分	2016 等级	2017 得分	2017 等级	2018 得分	2018 等级	2019 得分	2019 等级	2020 得分	2020 等级
东营	54.99	●	53.77	●	55.22	●	56.08	●	57.17	●
克拉玛依	17.34	●	12.77	●	42.07	●	42.07	●	51.47	●
无锡	63.97	●	64.13	●	64.96	●	65.18	●	65.41	●
苏州	74.72	●	74.69	●	76.19	●	76.36	●	76.67	●
鄂尔多斯	47.02	●	47.7	●	46.43	●	30.04	●	30.58	●
常州	81.03	●	80.91	●	82.27	●	82.1	●	82.3	●
佛山	69.7	●	69.66	●	75.95	●	76.28	●	74.93	●
南通	68.94	●	69.38	●	71.7	●	72.39	●	73.1	●
海西蒙古族藏族自治州	—	●	—	●	—	●	—	●	—	●
榆林	39.29	●	41.63	●	44.38	●	45.35	●	49.51	●
绍兴	67.94	●	76.49	●	77.18	●	78.35	●	78.54	●
嘉兴	66.98	●	68.85	●	71.21	●	74.91	●	70.41	●
宜昌	76.75	●	77.31	●	75.25	●	75.8	●	75.31	●
烟台	71.92	●	71.84	●	72.34	●	72.77	●	72.47	●
东莞	59.84	●	60.07	●	62.03	●	62.43	●	65.37	●
泉州	73.93	●	74.18	●	74.87	●	75.29	●	74.54	●
湖州	69.66	●	69.81	●	72.82	●	74.75	●	72.62	●
昌吉回族自治州	25.19	●	24.54	●	15.38	●	22.91	●	16.62	●
包头	48.62	●	54.82	●	56.48	●	57.64	●	61.24	●
三明	88.69	●	89.38	●	90.74	●	91.59	●	92.34	●
大庆	67.97	●	63.39	●	70.51	●	72.18	●	74.17	●
龙岩	84.9	●	85.4	●	86.63	●	87.23	●	87.88	●
巴音郭楞蒙古自治州	9.55	●	1.9	●	0	●	0.3	●	3.2	●
襄阳	86.13	●	86.88	●	87.84	●	88.21	●	89.05	●
台州	62.87	●	66.13	●	73.66	●	74.15	●	71.65	●
徐州	84.07	●	84.45	●	85.85	●	85.65	●	85.99	●
金华	72.81	●	72.15	●	72.78	●	73.9	●	74.24	●
鹰潭	75.12	●	75.49	●	66.17	●	66.06	●	70.09	●
唐山	54.68	●	56.76	●	60.62	●	61.37	●	62.94	●
盐城	79.51	●	79.52	●	80.71	●	80.52	●	80.55	●
湘潭	78.62	●	81.63	●	83.23	●	83.14	●	85.2	●
淄博	63.21	●	63.28	●	63.79	●	64.41	●	61.72	●
漳州	77.88	●	78.3	●	78.55	●	78.77	●	75.11	●
株洲	79.65	●	84.49	●	84.85	●	84.46	●	87.76	●
林芝	—	●	—	●	—	●	—	●	—	●

续表

参评城市	2016 得分	等级	2017 得分	等级	2018 得分	等级	2019 得分	等级	2020 得分	等级
许昌	62.78	●	61.51	●	67.16	●	68.2	●	70.54	●
荆门	70.42	●	76.23	●	79.82	●	80.35	●	82.42	●

二类地级市2016—2020年防灾减灾专题得分及指标板　　　　表2.61

参评城市	2016 得分	等级	2017 得分	等级	2018 得分	等级	2019 得分	等级	2020 得分	等级
焦作	54.13		57.05		65.31		65.98		68.42	
连云港	77.06		77.66		77.93		78.66		78.97	
洛阳	71.12		73.95		75.87		76.56		84.31	
丽水	74.82		76.57		77.85		77.35		84.53	
南平	79.27		82.23		86.21		86.73		90.07	
日照	54.42		54.54		71.26		72.54		64.66	
德阳	67.07		67.42		68.06		68.67		68.71	
岳阳	70.64		78.26		81.02		81.38		85.35	
江门	58.74		57.81		60.2		60.61		65.11	
廊坊	52.29		53.04		55.27		55.83		56.48	
宿迁	67.13		67.48		68.23		68.52		68.75	
潍坊	60.74		57.72		59.51		60		54.53	
朔州	53.58		53.07		39.12	●	40.17	●	41.16	●
宝鸡	80.28		85.88		91.47		91.17		90.5	
铜陵	67.52		74.68		80.26		80.6		81.27	
黄山	70.89		74.68		78.19		78.94		80.47	
晋城	51.76		50.7		40.03	●	42.7	●	45.53	●
乐山	78.6		78.72		78.88		78.95		79.47	
鹤壁	54.92		55.53		68.12		69.09		73.58	
营口	45.19	●	40.69	●	42.12	●	42.23	●	41.74	●
酒泉	52.33		52.68		48.65	●	49.37	●	48.57	●
德州	75.71		76.12		76.64		77.04		74.27	
牡丹江	78.55		77.82		82.94		83.22		77.59	
郴州	70.16		70.63		72.3		73.18		73.9	
阳泉	48.76	●	49.22	●	52.76		54.55		38.73	●
遵义	64.68		58.42		58.04		58.43		56.61	
泸州	97.23		97.15		97.35		97.2		97.99	
长治	55.98		56.44		47.22	●	48.37	●	48.83	●
呼伦贝尔	2.75	●	2.75	●	2.75	●	2.75	●	2.75	●
本溪	56.82		49.7	●	49.89	●	48.78	●	39.24	●

续表

参评城市	2016		2017		2018		2019		2020	
	得分	等级	得分	等级	得分	等级	得分	等级	得分	等级
眉山	69.52	●	69.1	●	69.07	●	68.76	●	68.81	●
淮北	45.24	●	46.15	●	51.89	●	58.31	●	69.5	●
白山	66.82	●	66.34	●	63.88	●	63.09	●	54.46	●
临沂	56.17	●	56.43	●	56.23	●	57.43	●	52.68	●
平顶山	50.98	●	49.02	●	60.18	●	61.4	●	64.53	●
晋中	36.29	●	36.34	●	37.73	●	39.76	●	45.21	●
枣庄	66.21	●	70.05	●	69.33	●	70.02	●	57.77	●
曲靖	82.68	●	83.36	●	83.01	●	82.69	●	85.63	●
吉安	75.33	●	75.94	●	74.98	●	75.2	●	76.76	●
安阳	53.03	●	62.93	●	67.07	●	65.8	●	56.35	●
韶关	63	●	61.55	●	63.12	●	63.66	●	70.09	●

三类地级市2016—2020年防灾减灾专题得分及指标板　　　　表2.62

参评城市	2016		2017		2018		2019		2020	
	得分	等级	得分	等级	得分	等级	得分	等级	得分	等级
濮阳	58.41	●	61.71	●	67.02	●	65.23	●	58.33	●
赣州	69.99	●	70.73	●	73.19	●	73.75	●	74	●
黔南布依族苗族自治州	67.15	●	69.44	●	69.63	●	70.99	●	73.45	●
赤峰	48.52	●	48.76	●	35.72	●	39.2	●	42.56	●
桂林	76.64	●	76.65	●	76.28	●	75.4	●	75.15	●
信阳	65.56	●	61.06	●	75.04	●	76.08	●	80.73	●
承德	65.89	●	71.08	●	72.56	●	72.11	●	70.69	●
广安	78.03	●	78.13	●	78.38	●	78.43	●	79.8	●
中卫	20.63	●	20.16	●	13.08	●	10.54	●	6.82	●
抚州	66.06	●	66.65	●	71.79	●	71.94	●	74.7	●
上饶	65.32	●	65.93	●	67.99	●	68.46	●	68.88	●
海南藏族自治州	45.61	●	46.12	●	38.02	●	37.02	●	35.69	●
丽江	65.54	●	66.62	●	66.33	●	65.79	●	71.86	●
邯郸	71.07	●	51.4	●	55.32	●	55.79	●	58.21	●
辽源	76.76	●	76.31	●	73.18	●	71.15	●	59.01	●
南阳	58.71	●	55.65	●	68.08	●	68.52	●	73.3	●
渭南	64.55	●	67.82	●	73.75	●	73.71	●	77.65	●
淮南	47.13	●	50.47	●	54.52	●	63.04	●	67.15	●
云浮	60.6	●	63.05	●	62.57	●	62.79	●	63.86	●
黄冈	68.64	●	69.24	●	70.53	●	70.85	●	72.02	●

四类地级市2016—2020年防灾减灾专题得分及指标板　　　　　　　　　表2.63

参评城市	2016		2017		2018		2019		2020	
	得分	等级	得分	等级	得分	等级	得分	等级	得分	等级
临沧	86.98	●	87.95	●	87.91	●	87.82	●	89.49	●
邵阳	62.62	●	64.56	●	65.63	●	65.91	●	68.15	●
毕节	—	●	—	●	—	●	—	●	—	●
固原	30.47	●	30.11	●	25.39	●	23.76	●	21.31	●
梅州	55.74	●	58.23	●	60.32	●	60.22	●	60.68	●
四平	47.22	●	46.02	●	40.42	●	33.04	●	34.41	●
铁岭	28.69	●	25.8	●	25.94	●	27.29	●	22.92	●
绥化	68.88	●	67.96	●	73.23	●	74.28	●	74.71	●
天水	75.13	●	75.61	●	74.14	●	75.01	●	72.87	●

（6）环境改善

在环境改善专题，地级市整体表现优良，绝大多数表现为绿色及黄色的评估结果（表2.64~表2.67）。三类、四类城市要优于一类、二类城市，具体表现在评估结果为绿色的城市占比较高。可能的原因是，三类、四类城市的经济发展水平总体低于一、二类城市，污染较重的工业产业相对不发达，因此造成的环境污染较小，环境改善成果较明显。总体来看，所有参评地级市在这一专题的改善情况不明显，表现为橙色、黄色的城市在评价时间段内，至2020年仍然多数表现为黄色。

一类地级市2016—2020年环境改善专题得分及指标板　　　　　　　　　表2.64

参评城市	2016		2017		2018		2019		2020	
	得分	等级	得分	等级	得分	等级	得分	等级	得分	等级
东营	45.48	●	48.85	●	57.24	●	57.24	●	65.79	●
克拉玛依	72.03	●	72.12	●	56.97	●	56.97	●	68.83	●
无锡	62.53	●	64.8	●	67.04	●	67.04	●	76.47	●
苏州	63.28	●	69.66	●	70.56	●	70.56	●	76.43	●
鄂尔多斯	63.28	●	64.71	●	66.25	●	66.25	●	69.11	●
常州	59.88	●	63.02	●	67.87	●	67.87	●	73.25	●
佛山	74.88	●	78.89	●	73.97	●	73.97	●	90.12	●
南通	62.67	●	67.02	●	69.48	●	69.48	●	73.93	●
海西蒙古族藏族自治州	55	●	62.92	●	64.36	●	64.36	●	70.06	●
榆林	56.34	●	49.31	●	48.78	●	48.78	●	63.21	●
绍兴	71.04	●	78.96	●	83.43	●	83.43	●	84.06	●
嘉兴	60.76	●	65.73	●	72.7	●	72.7	●	78.4	●
宜昌	66.01	●	69.95	●	75.27	●	75.27	●	81.93	●
烟台	76.12	●	76.7	●	71.57	●	71.57	●	88.84	●

续表

参评城市	2016		2017		2018		2019		2020	
	得分	等级	得分	等级	得分	等级	得分	等级	得分	等级
东莞	57.95	●	71.9	●	69.69	●	69.69	●	78.31	●
泉州	88.17	●	90.71	●	90.24	●	90.24	●	83.38	●
湖州	74.74	●	78.47	●	83.6	●	83.6	●	85.16	●
昌吉回族自治州	58.85	●	58.65	●	57.37	●	57.37	●	55.95	●
包头	57.08	●	57.94	●	61.03	●	61.03	●	64.25	●
三明	85.24	●	86.5	●	87.19	●	87.19	●	83.56	●
大庆	79.25	●	80.34	●	79.39	●	79.39	●	83.12	●
龙岩	85.55	●	86.05	●	87.45	●	87.45	●	92.96	●
巴音郭楞蒙古自治州	50.75	●	50.75	●	50.1	●	54.78	●	47.36	●
襄阳	67.59	●	71.51	●	72.51	●	72.51	●	70.13	●
台州	77.63	●	82.32	●	80.5	●	80.5	●	83.05	●
徐州	62.21	●	65.43	●	62.74	●	62.74	●	64.81	●
金华	68.15	●	83.23	●	84.33	●	84.33	●	84.99	●
鹰潭	87.99	●	88.16	●	86.81	●	86.81	●	88.24	●
唐山	43.19	●	49.78	●	51.6	●	51.6	●	56.4	●
盐城	70.21	●	73.01	●	69.81	●	69.81	●	69.54	●
湘潭	78.83	●	82.21	●	81.62	●	81.62	●	79.78	●
淄博	45.87	●	49.03	●	51.73	●	51.73	●	60.55	●
漳州	87.64	●	87.91	●	86.23	●	86.23	●	90.56	●
株洲	81.09	●	83.81	●	82.26	●	82.26	●	84.65	●
林芝	82.96	●	82.74	●	84.29	●	84.29	●	94.16	●
许昌	50.04	●	56.66	●	64.99	●	64.99	●	60.95	●
荆门	58.6	●	62.31	●	72.82	●	72.82	●	78.33	●

二类地级市2016—2020年环境改善专题得分及指标板 表2.65

参评城市	2016		2017		2018		2019		2020	
	得分	等级	得分	等级	得分	等级	得分	等级	得分	等级
焦作	49.83	●	53.4	●	58.07	●	58.07	●	53.31	●
连云港	57.71	●	60.39	●	63.08	●	63.08	●	67.98	●
洛阳	63.31	●	62.38	●	65.3	●	62.81	●	59.54	●
丽水	81.76	●	86.22	●	87.48	●	87.48	●	89.29	●
南平	85.65	●	84.4	●	84.23	●	84.23	●	92.36	●
日照	56.53	●	54.39	●	45.86	●	45.86	●	67.21	●
德阳	52.96	●	53.13	●	57.31	●	57.31	●	84.2	●
岳阳	71.63	●	72.25	●	60.23	●	60.23	●	72.57	●

参评城市	2016		2017		2018		2019		2020	
	得分	等级	得分	等级	得分	等级	得分	等级	得分	等级
江门	83.44	●	83.32	●	82	●	82	●	78.97	●
廊坊	25.2	●	52.17	●	55.69	●	55.69	●	63.57	●
宿迁	64.79	●	67.19	●	65.1	●	65.1	●	75.73	●
潍坊	45.86	●	49.23	●	49.88	●	49.88	●	59.45	●
朔州	53.68	●	54.56	●	51.17	●	51.17	●	62.75	●
宝鸡	73.23	●	68.81	●	75.26	●	75.26	●	79.39	●
铜陵	78.09	●	79.88	●	76.98	●	76.98	●	71.79	●
黄山	88.95	●	91.62	●	92.47	●	92.47	●	92.6	●
晋城	64.3	●	61.53	●	61.5	●	61.5	●	71.14	●
乐山	53.57	●	55.2	●	70.05	●	70.05	●	77.16	●
鹤壁	47.91	●	50.44	●	56.83	●	56.83	●	54.35	●
营口	73.48	●	47.03	●	69.38	●	69.38	●	68.8	●
酒泉	59.25	●	61.09	●	67.65	●	67.65	●	69.94	●
德州	43.88	●	45.85	●	61.36	●	61.36	●	59.21	●
牡丹江	65.73	●	89.69	●	73.19	●	73.19	●	78.14	●
郴州	81.88	●	85.59	●	87.17	●	87.17	●	89.17	●
阳泉	49.92	●	52.84	●	58.15	●	58.15	●	54.31	●
遵义	79.38	●	81.72	●	84.14	●	84.14	●	87.34	●
泸州	67.78	●	65.75	●	71.14	●	71.14	●	81.91	●
长治	63.31	●	61.83	●	66.75	●	66.75	●	68.48	●
呼伦贝尔	76.87	●	80.21	●	83.63	●	83.63	●	78.7	●
本溪	62.52	●	73.44	●	85.87	●	85.87	●	93.93	●
眉山	48.95	●	66.72	●	66.69	●	66.69	●	73.26	●
淮北	57.03	●	56.98	●	51.99	●	51.99	●	53.24	●
白山	75.96	●	71.25	●	63.3	●	63.3	●	74.48	●
临沂	41.1	●	44.15	●	46.23	●	46.23	●	56.28	●
平顶山	48.43	●	63	●	65.82	●	65.82	●	64.77	●
晋中	52.34	●	56.74	●	50.75	●	50.75	●	61.18	●
枣庄	43.64	●	45.75	●	49.44	●	49.44	●	65.72	●
曲靖	89.4	●	88.26	●	82.43	●	82.43	●	87.3	●
吉安	85.91	●	84.14	●	80.76	●	80.76	●	89.72	●
安阳	45.09	●	47.27	●	46.92	●	46.92	●	47.82	●
韶关	84.14	●	84.87	●	72.2	●	72.2	●	89.59	●

三类地级市2016—2020年环境改善专题得分及指标板　　　　　表2.66

参评城市	2016		2017		2018		2019		2020	
	得分	等级	得分	等级	得分	等级	得分	等级	得分	等级
濮阳	37.53	●	39.97	●	43.58	●	43.58	●	47.69	●
赣州	73.82	●	80.11	●	81.85	●	81.85	●	88.46	●
黔南布依族苗族自治州	76.79	●	70.67	●	70.67	●	70.67	●	69.81	●
赤峰	63.22	●	66.1	●	69.05	●	69.05	●	77.2	●
桂林	76.33	●	77.85	●	80.67	●	80.67	●	84.69	●
信阳	60.89	●	68.46	●	74.18	●	74.18	●	65.45	●
承德	63.69	●	75.97	●	79.63	●	79.63	●	83.65	●
广安	81.01	●	83	●	83	●	83	●	83.76	●
中卫	61.91	●	68.3	●	68.21	●	68.21	●	71.55	●
抚州	86.09	●	86.58	●	86.34	●	86.34	●	90.14	●
上饶	77.1	●	75.98	●	81.71	●	81.71	●	82.94	●
海南藏族自治州	57.36	●	65.55	●	67.8	●	67.8	●	73.46	●
丽江	80.69	●	77.68	●	78.76	●	78.76	●	83.82	●
邯郸	46.74	●	51.2	●	48.58	●	48.58	●	51.62	●
辽源	65.28	●	72.99	●	77.64	●	77.64	●	82.43	●
南阳	53.81	●	65.17	●	68.25	●	68.25	●	74.38	●
渭南	36.21	●	47.05	●	50.23	●	50.23	●	55.55	●
淮南	73.93	●	72.3	●	68.27	●	68.27	●	70.33	●
云浮	81.57	●	73.26	●	83.51	●	83.87	●	77.16	●
黄冈	72.39	●	73.16	●	75.21	●	75.21	●	72.61	●

四类地级市2016—2020年环境改善专题得分及指标板　　　　　表2.67

参评城市	2016		2017		2018		2019		2020	
	得分	等级	得分	等级	得分	等级	得分	等级	得分	等级
临沧	72.37	●	67.47	●	86.56	●	86.56	●	83.74	●
邵阳	72.69	●	76.45	●	76.87	●	76.87	●	83.62	●
毕节	80.54	●	81.92	●	83.77	●	83.77	●	86.76	●
固原	63.84	●	67.17	●	67.93	●	67.93	●	71.98	●
梅州	86.02	●	91.22	●	91.75	●	91.75	●	94.7	●
四平	48.59	●	56.99	●	55.25	●	55.25	●	63.26	●
铁岭	73.26	●	75.56	●	74.33	●	74.33	●	68.48	●
绥化	46.84	●	69.85	●	69.37	●	69.37	●	66.43	●
天水	69.98	●	71.92	●	83.32	●	83.32	●	72.43	●

（7）公共空间

在公共空间专题，一类地级市的表现要优于其他三类城市，表现为绿色、黄色评估结果的占比较高（表2.68～表2.71）。但是，所有参评地级市的整体表现并不理想，大多数的参评城市表现为黄色及橙色，且评估结果出现红色的城市占比超过10%，甚至部分城市多年持续表现为红色，主要集中在二、三、四类城市。与其他专题相比，公共空间专题表现为橙色的城市占比最高，说明中国地级市层面在公共空间上的表现整体欠佳，这与日益提高的城镇化率、城市人口逐渐增加导致的人均公园绿地面积指标表现不理想有一定关系。同时，也表明了地级城市建成区的绿化工作有待进一步加强。

一类地级市2016—2020年公共空间专题得分及指标板　　　　　表2.68

参评城市	2016		2017		2018		2019		2020	
	得分	等级	得分	等级	得分	等级	得分	等级	得分	等级
东营	81.59	●	75.06	●	80.68	●	80.68	●	77.16	●
克拉玛依	48.28	●	48.28	●	48.72	●	48.72	●	42.5	●
无锡	57.02	●	57.02	●	57.02	●	57.02	●	63.83	●
苏州	54.27	●	52.76	●	49.84	●	49.84	●	55.89	●
鄂尔多斯	82.85	●	82.85	●	83.6	●	83.6	●	87.3	●
常州	53.27	●	54.53	●	55.38	●	55.38	●	52.56	●
佛山	52.52	●	52.39	●	61.5	●	61.5	●	67.15	●
南通	61.42	●	65.53	●	67.34	●	67.34	●	71.02	●
海西蒙古族藏族自治州	—	●	—	●	—	●	—	●	—	●
榆林	49.87	●	29.65	●	37.45	●	37.45	●	41.52	●
绍兴	47.92	●	49.08	●	45.92	●	45.92	●	82.41	●
嘉兴	55.64	●	56.28	●	47.01	●	47.01	●	51.78	●
宜昌	49.61	●	50.65	●	51.62	●	51.62	●	56.77	●
烟台	69.9	●	53.95	●	60.26	●	60.26	●	57.72	●
东莞	69.77	●	80.38	●	81.5	●	81.5	●	83.76	●
泉州	56.17	●	56.44	●	56.85	●	56.85	●	57.06	●
湖州	69.21	●	69.33	●	67.79	●	67.79	●	67.43	●
昌吉回族自治州	—	●	—	●	—	●	—	●	—	●
包头	53.51	●	54.74	●	57.1	●	57.1	●	56.24	●
三明	57.64	●	58.13	●	58.5	●	58.5	●	56.58	●
大庆	57.72	●	58.49	●	55.31	●	55.31	●	61.57	●
龙岩	49.51	●	49.59	●	51.27	●	51.27	●	57.02	●
巴音郭楞蒙古自治州	—	●	—	●	—	●	—	●	—	●
襄阳	39.19	●	39.45	●	39.43	●	39.43	●	39.56	●
台州	49.5	●	53.04	●	51.51	●	51.51	●	66.65	●
徐州	59.95	●	61.02	●	58.93	●	58.93	●	58.08	●

续表

参评城市	2016		2017		2018		2019		2020	
	得分	等级	得分	等级	得分	等级	得分	等级	得分	等级
金华	48.89	●	46.88	●	47.47	●	47.47	●	43.54	●
鹰潭	61.11	●	49.92	●	78.47	●	78.47	●	58.62	●
唐山	54.97	●	49.51	●	54.42	●	54.42	●	56.66	●
盐城	48.53	●	50.11	●	53.44	●	53.44	●	62.02	●
湘潭	40.46	●	41.78	●	52.19	●	52.19	●	48.18	●
淄博	63.48	●	65.98	●	69.06	●	69.06	●	67.22	●
漳州	56.22	●	56.44	●	58.84	●	58.84	●	59.09	●
株洲	48.92	●	52.25	●	55.17	●	55.17	●	46.42	●
林芝	41.09	●	39.75	●	82.53	●	82.53	●	88.03	●
许昌	35.74	●	43.97	●	44.8	●	44.8	●	51.93	●
荆门	38.08	●	34.75	●	48.31	●	48.31	●	49.02	●

二类地级市2016—2020年公共空间专题得分及指标板 表2.69

参评城市	2016		2017		2018		2019		2020	
	得分	等级	得分	等级	得分	等级	得分	等级	得分	等级
焦作	38.78	●	43.23	●	46.16	●	46.16	●	50.88	●
连云港	51.2	●	51.98	●	49.06	●	49.06	●	57.41	●
洛阳	32.07	●	38.54	●	43.06	●	43.06	●	37.86	●
丽水	50	●	49.56	●	47.13	●	47.13	●	28.17	●
南平	55.03	●	51.32	●	44.36	●	44.36	●	38.57	●
日照	79.17	●	75.24	●	78.8	●	78.8	●	58.57	●
德阳	36.35	●	38.4	●	41.39	●	41.39	●	36.93	●
岳阳	44.45	●	43.87	●	44.61	●	44.61	●	50.12	●
江门	66.68	●	67.48	●	78.16	●	78.16	●	78.19	●
廊坊	58.77	●	60.67	●	61.71	●	61.71	●	64.61	●
宿迁	56.98	●	57.99	●	59.6	●	59.6	●	58.09	●
潍坊	63.37	●	63.7	●	66.52	●	66.52	●	81.95	●
朔州	45.46	●	49.28	●	49.13	●	49.13	●	30.56	●
宝鸡	47.64	●	48.38	●	48.92	●	48.92	●	52.58	●
铜陵	62.32	●	67.26	●	69.49	●	69.49	●	70.73	●
黄山	55.78	●	54.58	●	54.83	●	54.83	●	52.29	●
晋城	34.66	●	57.86	●	49.55	●	49.55	●	50.55	●
乐山	19.66	●	20.53	●	28.6	●	28.6	●	55.34	●
鹤壁	47.51	●	47.36	●	47.12	●	47.12	●	51.67	●
营口	42.18	●	15.51	●	43.72	●	43.72	●	34.74	●

参评城市	2016		2017		2018		2019		2020	
	得分	等级	得分	等级	得分	等级	得分	等级	得分	等级
酒泉	31.8	●	29.55	●	30.19	●	30.19	●	54.88	○
德州	73.96	○	71.69	○	64.82	○	64.82	○	44.95	●
牡丹江	13.15	●	13.15	●	21.47	●	21.47	●	23.75	●
郴州	52.85	○	54.9	○	56.19	○	56.19	○	58.11	○
阳泉	40.29	●	42.08	●	39.17	●	39.17	●	30	●
遵义	58.27	○	62.55	○	61.86	○	61.86	○	72.71	○
泸州	36.74	●	40.89	●	44.24	●	44.24	●	78.22	○
长治	55.3	○	55.54	○	56.84	○	56.84	○	58.69	○
呼伦贝尔	57.76	○	56.05	○	56.32	○	56.32	○	50.84	○
本溪	63.44	○	63.44	○	64.99	○	64.99	○	64.06	○
眉山	32.05	●	33.89	●	36.5	●	36.5	●	47.92	○
淮北	65.05	○	68.58	○	67.35	○	67.35	○	72.23	○
白山	12.51	●	13.13	●	9.84	●	9.84	●	18.2	●
临沂	58.73	○	55.53	○	60.73	○	60.73	○	71.33	○
平顶山	36.4	●	36.61	●	39.59	●	39.59	●	49.55	○
晋中	48.73	●	46.63	●	40.97	●	40.97	●	40.93	●
枣庄	53.85	○	53.74	○	53.05	○	53.05	○	49.63	○
曲靖	31.38	●	25.62	●	6.88	●	6.88	●	46.07	○
吉安	64.36	○	64.4	○	64.42	○	64.42	○	65.73	○
安阳	37.15	●	39.02	●	41.7	●	41.7	●	44.48	●
韶关	58.13	○	58.19	○	60.98	○	60.98	○	61.11	○

三类地级市2016—2020年公共空间专题得分及指标板　　　　　　表2.70

参评城市	2016		2017		2018		2019		2020	
	得分	等级	得分	等级	得分	等级	得分	等级	得分	等级
濮阳	42.44	●	44.76	●	49.38	●	49.38	●	49.46	●
赣州	37.78	●	41.73	●	59.98	○	59.98	○	68.55	○
黔南布依族苗族自治州	7.14	●	12.51	●	33.9	●	33.9	●	42.52	○
赤峰	57.25	○	52.53	○	55.08	○	55.08	○	69.85	○
桂林	43.12	●	44.13	●	43.91	●	43.91	●	48.19	○
信阳	49.68	●	49.68	●	49.68	●	49.68	●	24.34	●
承德	73.87	○	76.04	○	76.29	○	76.29	○	48.29	○
广安	56.62	○	54.95	○	65.72	○	65.72	○	70.27	○
中卫	60.68	○	71.45	○	65.45	○	65.45	○	47.33	●
抚州	64.56	○	60.95	○	64.24	○	64.24	○	71.33	○

续表

参评城市	2016		2017		2018		2019		2020	
	得分	等级	得分	等级	得分	等级	得分	等级	得分	等级
上饶	60.72	●	65.81	●	66.22	●	66.22	●	60.59	●
海南藏族自治州	—	●	—	●	—	●	—	●	—	●
丽江	75.02	●	72.43	●	72.23	●	72.23	●	35.06	●
邯郸	71.71	●	67.03	●	65	●	65	●	61.38	●
辽源	44.06	●	33.46	●	34.04	●	34.04	●	41.47	●
南阳	37.76	●	29.35	●	30.71	●	30.71	●	49.43	●
渭南	38.88	●	38.41	●	42.27	●	42.27	●	41.79	●
淮南	45.73	●	48.8	●	59	●	59	●	56.97	●
云浮	17.47	●	62.89	●	54.76	●	54.76	●	75.08	●
黄冈	38.66	●	38.29	●	38.29	●	38.29	●	19.98	●

四类地级市 2016—2020 年公共空间专题得分及指标板　　　　　　　　　表 2.71

参评城市	2016		2017		2018		2019		2020	
	得分	等级	得分	等级	得分	等级	得分	等级	得分	等级
临沧	38.7	●	40.08	●	42.97	●	42.97	●	29.27	●
邵阳	34.23	●	38.49	●	40.54	●	40.54	●	45.2	●
毕节	46.57	●	53.22	●	44.83	●	44.83	●	37.8	●
固原	8.48	●	35.45	●	46.88	●	46.88	●	56.29	●
梅州	55.13	●	55.78	●	56	●	56	●	55.88	●
四平	25.95	●	25.41	●	27.51	●	27.51	●	33.49	●
铁岭	43.87	●	39	●	39.02	●	39.02	●	23.03	●
绥化	14.07	●	8.85	●	8.85	●	8.85	●	8.79	●
天水	34.4	●	35.12	●	35.66	●	35.66	●	37.66	●

第三篇 实践案例

▼ 国家可持续发展议程创新示范区应对气候变化
行动进展及"十四五"规划应对概览

▼ 建立多主体供给、多渠道保障的住房保障体系
——以北京市住房保障政策体系建设为例

▼ 通过提升饮水安全水平
支持水源涵养地长效脱贫与乡村振兴
——以承德市丰宁满族自治县"母亲水窖"项目为例

▼ 共建共治共享理念助推
重要农业文化遗产地景观资源可持续利用
——以广西壮族自治区桂林市龙胜各族自治县为例

▼ 数字赋能乡村社区治理能力提升
——以湖州市德清县五四村为例

▼ 落实《2030年可持续发展议程》中国行动之
"2020探寻黄河之美"考察活动

3.1 国家可持续发展议程创新示范区应对气候变化行动进展及"十四五"规划应对概览

应对气候变化是当代全球重大环境议题之一，也是联合国《2030年可持续发展议程》的重要目标之一。我国高度重视气候变化问题，长期通过实施多项举措积极应对气候变化，是《巴黎气候变化协定》的缔约方之一。

2015年9月，联合国通过《2030年可持续发展议程》，其中目标13（SDG13）提出要"采取紧急行动应对气候变化及其影响"。2015年12月，《联合国气候变化框架公约》第二十一届缔约方会议在巴黎召开，197个缔约方一致同意通过了应对气候变化的《巴黎协定》[1]，明确指出为降低气候变化所引起的风险与影响，要在21世纪将全球平均气温升幅控制在工业化前水平以上2℃之内，并寻求将气温升幅进一步限制在1.5℃之内的措施。《巴黎协定》于2016年11月4日正式生效，随着美国的重新加入，截至2021年7月31日，已有192个国家和地区（191个缔约方和厄立特里亚）发布了国家自主贡献首次通报[2]。中国于2015年向联合国提交了《强化应对气候变化行动—中国国家自主贡献》，

并于2016年批准《巴黎协定》[3]。

SDG13与多项可持续发展目标高度关联，如SDG1（在全世界消除一切形式的贫穷）、SDG7（确保人人获得负担得起的、可靠和可持续的现代能源）、SDG11（建设包容、安全、有抵御灾害能力和可持续的城市和人类住区）、SDG12（确保采用可持续的消费和生产模式）和SDG17（加强执行手段，重振可持续发展全球伙伴关系），同时加强保护陆地生态系统（SDG15）也是应对气候变化的重要举措。整体而言，气候变化对于推进2030议程具有重要影响。根据2021年可持续发展问题高级别政治论坛上发布的《实现可持续发展目标进展情况秘书长的报告》[4]，全球可持续发展目标进展情况并不理想，新冠疫情对全球经济和社会生活已造成严重负面影响。气候变化更加剧了挑战性，使多项可持续发展目标的实现变得不太可能。虽然全球为应对COVID-19大流行而采取了系列限制措施，但主要温室气体在大气中的浓度仍在继续增加。全球需要采取更为积极的举措应对气候变

[1] UNFCCC. The Paris Agreement. United Nations climate change[R/OL]. United Nations. [2021-06-10]. https：//unfccc.int/process-and-meetings/the-paris-agreement/the-paris-agreement.

[2] UNFCCC. NDC Registry[R/OL]. United Nations.[2021-08-05]. https：//www4.unfccc.int/sites/NDCStaging/Pages/Home.aspx.

[3] United Nations. Treaty collection[R/OL]. [2021-06-10]. https：//treaties.un.org/Pages/ViewDetails.aspx？src=TREATY&mtdsg_no=XXVII-7-d&chapter=27&clang=_en.

[4] 联合国.实现可持续发展目标进展情况秘书长的报告[R].2021.

化，需要在城市和经济体建设时更加关注气候适应性和气候韧性。

积极应对气候变化是中国经济社会发展的重大战略之一，也是我国生态文明建设、实现高质量可持续发展的内在要求。2007年6月，中国政府发布了《中国应对气候变化国家方案》，这是全球发展中国家制定实施的第一部应对气候变化的国家方案。2009年11月，我国宣布了到2020年的具体减排承诺，即：到2020年单位国内生产总值二氧化碳排放比2005年下降40%~45%，非化石能源占一次能源消费比重达到15%左右，森林面积比2005年增加4000万公顷，森林蓄积量比2005年增加13亿立方米。根据《中国落实2030年可持续发展议程进展报告（2019）》[1]，2018年，中国碳强度较2005年降低约45.8%，提前完成了到2020年目标。2020年9月22日，习近平主席在第75届联合国大会一般性辩论上发表讲话，提出"中国将提高国家自主贡献力度，采取更加有力的政策和措施，二氧化碳排放力争于2030年前达到峰值，努力争取2060年前实现碳中和"（以下简称"双碳目标"）。同年12月12日，习近平主席在气候雄心峰会上进一步宣布：到2030年，中国单位国内生产总值二氧化碳将比2005年下降65%以上，非化石能源占一次能源消费比重将达到25%左右。2021年4月22日，习近平主席在领导人气候峰会上再次重申了中国"碳达峰、碳中和"承诺。减排承诺的不断强化和"双碳目标"的提出，体现了我国管控模式和管控范围的全方位发展，以及彰显了中国应对气候变化、走绿色低碳发展道路的决心[2]。

创建国家可持续发展议程创新示范区是我国执行《联合国2030年可持续发展议程》、贯彻落实全国科技创新大会精神和《国家创新驱动发展战略纲要》的重要战略部署。各示范区可持续发展规划中均对应对气候变化提出了相应举措。

2016年，国务院出台了《中国落实2030年可持续发展议程创新示范区建设方案》，指出计划在"十三五"期间创建10个左右国家可持续发展议程创新示范区，并于2018年、2019年分别批复山西太原、广西桂林、广东深圳、湖南郴州、云南临沧、河北承德六地进行示范区建设。

依据各地资源禀赋、所处可持续发展阶段及面临的瓶颈问题，各示范区设定了不同主题对以科技为核心的可持续发展问题系统解决方案进行探索，旨在为我国破解新时代社会主要矛盾、落实新时代发展任务作出示范并发挥带动作用，为全球可持续发展提供中国经验。为落实可持续发展理念，加强生态文明建设，各示范区在围绕绿色低碳发展方向提出了相应举措[3]。各示范区建设主题、瓶颈问题及在应对气候变化方面内容见表3.1。

"十三五"期间，各示范区结合自身建设主题和规划方案，在能源结构优化、产业结构调整、能效提升、森林碳汇、碳市场建设、社会意识和能力建设等方面采取了一系列举措并取得积极成效。

各示范区所处经济发展阶段不同和资源禀赋差异显著。"十三五"期间，各示范区结合自身特点，综合考虑经济和生态影响，坚持和完善能源双控制度，因地制宜对能源结构、产业结构等方面进行了优化调整，因地制宜发展清洁能源，

[1] 中华人民共和国外交部.中国落实2030年可持续发展议程进展报告（2019）[R].2019.

[2] 中华人民共和国生态环境部.中国应对气候变化的政策与行动2020年度报告[R].2021.

[3] 太原市人民政府.太原市国家可持续发展议程创新示范区发展规划（2017—2030年）》（征求意见稿）[R].2017.

已批复国家可持续发展议程创新示范区建设主题、瓶颈问题，到 2030 年应对　　　　表 3.1
气候变化相关内容及具体指标

示范区	建设主题及瓶颈问题	到 2030 年应对气候变化相关内容	到 2030 年应对气候变化相关指标
山西太原	**建设主题：** 资源型城市转型升级 **瓶颈问题：** 水污染与大气污染	**战略定位**：解决资源型经济长期影响和生态脆弱双重叠加下的生态环境重构问题，建设资源型地区实现可持续发展的首善城市。 **规划目标：**美丽绿色的生态之城、清洁低碳的创新之城。 **重点任务：**建立城市生态安全格局，倡导绿色生产方式和消费模式，打造转型综改示范区，构建绿色现代产业体系，建立可持续能源体系，大力发展循环经济。	·服务业增加值占 GDP 比重（%）：60 以上 ·文化产业增加值占 GDP 的比重（%）：12 ·万元 GDP 能耗比 2015 年下降（%）：超额完成省下达任务 ·万元 GDP 二氧化碳排放量比 2015 年下降（%）：超额完成省下达任务 ·燃煤总量比 2015 年下降（%）：40 ·市域居民散煤燃烧消除率（%）：100 ·清洁供暖普及率（%）：100 ·城市生活垃圾无害化处理率（%）：99.5 ·城市污水处理率（%）：全处理 ·公共交通出行分担率（不含步行）（%）：45 ·粮食作物秸秆综合利用率（%）：100 ·规模化养殖场粪污利用率（%）：100 ·建成区绿化覆盖率（%）：42 ·森林覆盖率（%）：35
广西桂林	**建设主题：** 桂林景观资源可持续利用 **瓶颈问题：** 喀斯特石漠化地区生态修复和环境保护	**战略定位**：成为自然环境优美、生态产业发达、经济与资源协调发展、人与自然和谐相处的生态文明建设样板区。 **规划目标：**宜游宜养的生态之城。 **重点任务：**加强景观资源保育，开展水生态系统保护修复、石漠化治理与修复、城乡生态环境综合治理、生态景观城市建设、美丽生态乡村建设；大力发展智慧生态旅游业、智慧生态农业、智慧生态康养产业、智慧生态工业、打造现代服务业新体系，建设经济繁荣桂林。	·服务业增加值占 GDP 比重（%）：62.0 ·单位 GDP 能耗（吨标准煤／万元）：0.410 ·非化石能源占一次能源消费比重（%）：33.76 ·城乡生活污水集中处理率（%）：99.00 ·城镇生活垃圾无害化处理率（%）：≥98.00 ·公交出行分担率（%）：35 ·城镇绿色建筑占新建筑比重（%）：55 ·城市建成区绿化覆盖率（%）：46.80 ·森林覆盖率（%）：71.80 ·活立木蓄积量（万立方米）：14189.60 ·岩溶地区（石山）乔灌植被面积保有量（公顷）：216760
广东深圳	**建设主题：** 创新引领超大型城市可持续发展 **瓶颈问题：** 资源环境承载力和社会治理支撑力相对不足	**战略定位**：大力推进绿色、低碳、循环发展，完善低碳发展的政策法规体系，促进资源节约利用，倡导绿色生活方式，建设绿色宜居家园，成为超大型城市经济、社会与环境协调发展的典范。 **规划目标：**宜居协调的绿色家园城市。 **重点任务：**建设更加宜居宜业的绿色低碳之城，推进绿色低碳循环发展，全面提升城市环境质量，构建宜居多样的城市生态安全系统，加强城市景观设计和管理，打造一流的湾区海洋环境，创新生态环境保护治理机制。	·第三产业增加值占 GDP 比重（%）：62.0 ·高峰期间公共交通占机动化出行分担率（%）：75.0 ·城市污水集中处理率（%）：98.0 ·生活垃圾资源化利用率（%）：90.0 ·建成区绿化覆盖率（%）：45.5

示范区	建设主题及瓶颈问题	到2030年应对气候变化相关内容	到2030年应对气候变化相关指标
湖南郴州	**建设主题：** 水资源可持续利用与绿色发展 **瓶颈问题：** 水资源利用效率低、重金属污染	**战略定位：**打造绿水青山样板区、绿色转型示范区。 **规划目标：**山水秀美、宜居宜业的生态郴州。 **重点任务：**优化国土空间布局，推进水功能区建设，构建良好的水生态安全格局；统筹流域经济发展和水环境综合治理，探索生态环境修复与恢复同时推进、自然为主、人工为辅的流域综合治理模式；建设绿色节水型、和谐自然的特色城镇；实施"乡村振兴战略"，建设山环水绕的美丽乡村。	• 第三产业（服务业）增加值占GDP比重（%）：55.0 • 万元GDP能耗（吨标准煤/万元）：0.42 • 污水集中处理率（%）：98.0 • 畜禽养殖废弃物资源化利用率（%）：≥90 • 森林覆盖率（%）：69.0
云南临沧	**建设主题：** 边疆多民族欠发达地区创新驱动发展 **瓶颈问题：** 特色资源可持续利用	**战略定位：**打造环境友好产业跨越式发展样板区，实现临沧绿色产业转型升级，助推全域经济发展。 **规划目标：**建成沿边全面开放新动能释放先行区、环境友好产业跨越式发展样板区。 **重点任务：**加大生态保护的科学研究，构建绿色创新体系，发展环境友好产业，加快主导绿色产业发展提速增效，实现发展规模与发展质量效益双提升，发展"绿色能源""绿色食品"，打造"健康生活目的地"。	• 第三产业增加值占GDP比重（%）：58.0 • 绿色能源产值（亿元）：100 • 单位GDP能源消耗量（吨标准煤/万元）：全省领先 • 农业废弃物资源化利用（%）：90 • 森林覆盖率（%）：70 • 建成区绿化覆盖率（%）：40
河北承德	**建设主题：** 城市群水源涵养功能区可持续发展 **瓶颈问题：** 水源涵养功能不稳固、精准稳定脱贫难度大	**战略定位：**京津冀水源涵养功能区、国家绿色发展先行区。 **规划目标：**全面建立现代化的生态环境治理体系，全市水源涵养功能全面提升，生态支撑能力显著增强；绿色转型取得明显成效，生态经济发展模式基本成熟，建成国内外知名的绿色发展先行区。 **重点任务：**落实主体功能区规划，优化国土空间开发格局，全面提升水源涵养能力，创新水源涵养功能区生态保护补偿长效机制；加快转型升级，着力构建绿色产业体系，培育壮大绿色产业，加快发展现代农业，积极发展循环经济。	• 服务业增加值占GDP比重（%）：60.00 • 万元GDP能耗比2015年下降（%）：38 • 城市污水处理率（%）：100 • 农村生活垃圾处理率（%）：100 • 森林覆盖率（%）：>60.00

提升森林碳汇，推进碳排放交易市场建设。通过采取多种举措，综合推进了示范区建设及产业绿色发展。

太原在"十三五"期间重点完成了淘汰落后、过剩煤炭产能和开发煤层气田的工作。煤炭先进产能占比达到80.9%，清洁取暖改造23.79万户，全面消除散煤取暖，能源革命综合改革试点工作取得阶段性成效[1]。桂林是广西壮族自治区首个国家低碳试点城市，重点开发建设水力、风力发电项目，并积极实施产业结构调整。第三产业占GDP比重提高到54.4%，旅游服务业成为经济增长主引擎[2]。深圳是我国最早

[1] 太原市统计局.太原市2020年国民经济和社会发展统计公报[EB/OL].（2021-03-25）[2021-08-06]. http://stats.taiyuan.gov.cn/doc/2021/03/25/1069279.shtml.

[2] 桂林市人民政府.桂林市政府工作报告[R/OL].（2021-06-29）[2021-08-06]. https://www.guilin.gov.cn/zfxxgk/fdzdgknr/jcxxgk/zfgzbg/202106/t20210629_2083383.shtml.

的经济特区、中国特色社会主义先行示范区和粤港澳大湾区核心城市，从"十一五"开始，深圳的经济发展与碳排放已呈现出脱钩的状态[1]。同时，深圳是我国最早设立的七个碳排放交易试点省市中唯一的计划单列市，并出台了专门规范碳排放管理的地方法规，通过建立市场机制推进了节能减排工作进展[2]。郴州生态环境良好，水资源量和水环境质量处于全国前列，依托东江湖天然冷源优势，成功创建东江湖"国家绿色数据中心"。"十三五"期间创建国家水生态文明城市、国家节水型城市，获2019全球绿色低碳领域先锋城市蓝天奖[3]。临沧是我国重要的水电能源基地，肩负着"西电东送"和"云电外送"的重大责任，非化石能源占一次能源消费的比例高达42%，"十三五"期间实现中缅天然气管道临沧支线一期通气点火[4]。森林覆盖率预计超过70%，森林蓄积量达到1.17亿立方米。承德是京津冀水源涵养功能区和生态涵养区，生态环境

质量在华北地区处于领先位置。"十三五"期间，承德关停、取缔了大量环保不达标的矿山，修复矿山生态环境62平方公里，建成国家级绿色矿山32个，被评为国家绿色矿业发展示范区。

各示范区"十三五"期间应对气候变化所取得成效概述见表3.2[5][6][7][8][9][10][11]。

"十四五"规划和2035年远景目标纲要提出要积极落实2030年应对气候变化国家自主贡献目标，制定2030年前碳排放达峰行动方案。各示范区在"十四五"规划中也对低碳发展提出了相应举措和发展目标。

2021年1月，生态环境部发布的《关于统筹和加强应对气候变化与生态环境保护相关工作的指导意见》，提出"积极应对气候变化是我国实现可持续发展的内在要求"。该指导意见同时指出，应对气候变化和保护生态环境的目标就是"落实二氧化碳排放达峰目标和碳中和愿景"。同时，根据《国务院关于加快建立健全绿色低碳

[1] 郭芳，王灿，张诗卉.中国城市碳达峰趋势的聚类分析[J].中国环境管理，2021，13（1）：40-48.

[2] 深圳市生态环境局.深圳市生态环境局关于做好2020年度碳排放权交易试点工作的通知[R/OL].（2021-03-25）[2021-08-06].http：//www.sz.gov.cn/cn/xxgk/zfxxgj/tzgg/content/post_8649481.html.

[3] 郴州市人民政府.郴州市国民经济和社会发展第十四个五年规划和2035年远景目标纲要[R/OL].2021.

[4] 临沧市人民政府.临沧市2021年政府工作报告[R/OL].（2021-02-10）[2021-08-06]http：//www.lincang.gov.cn/lcsrmzf/lcszf/zfxxgkml/zfgzbg/657630/index.html.

[5] 太原市政府.生态环境向好转"十三五"，我市国土绿化迈上新台阶[EB/OL].（2021-03-12）[2021-08-06].http：//www.taiyuan.gov.cn/doc/2021/03/12/1065082.shtml.

[6] 深圳特区报.深圳拟推5大举措降低碳排放[EB/OL].(2021-03-05)[2021-08-06].http://www.sz.gov.cn/cn/ydmh/zwdt/content/post_8586528.html.

[7] 桂林市人民政府.桂林市政府工作报告2021.

[8] 桂林市统计局.能源消费增速低 清洁能源发展快 节能降耗成效显著——桂林市"十三五"时期节能降耗概况[EB/OL].(2021-07-08)[2021-08-06].https://www.guilin.gov.cn/glsj/sjfb/tjfx/202107/t20210708_2088571.shtml.

[9] 郴州日报.我市清洁能源占比逐年提高,(2021-05-07)[2021-08-06].http://www.czs.gov.cn/html/dtxx/zwdt/zwyw/content_3276671.html.

[10] 郴州市统计局,郴州市2020年国民经济和社会发展统计公报[EB/OL].(2021-03-19)[2021-08-06].http://tjj.czs.gov.cn/sjfb/30987/content_3256844.html.

[11] 承德市人民政府.承德市政府工作报告2021[EB/OL].(2021-02-03)[2021-08-06].http://www.chengde.gov.cn/art/2021/2/3/art_400_683801.html.

循环发展经济体系的指导意见》的指导思想，"建立健全绿色低碳循环发展的经济体系"方能确保实现碳达峰、碳中和目标。为积极应对气候变化，推进落实低碳绿色发展战略，各示范区在发展清洁能源、优化产业结构，发展低碳工业、低碳交通、绿色建筑，提升生态碳汇，发展碳捕集、利用与封存技术，建立相关政策、金融支持机制等方面分别提出了具体举措，见表3.3。

已批复国家可持续发展议程创新示范区"十三五"期间
应对气候变化相关工作所取成效

表3.2

示范区	⚡能源结构	◔产业结构	⚙节能减排	🌳森林碳汇
山西太原	"十三五"期间累计化解煤炭过剩产能1139万吨，清洁取暖改造23.79万户，全面消除散煤取暖，能源革命综合改革试点取得阶段性成效	三次产业比重已经由2014年的4.2:58.8:37.0调整为2020年的0.8:36.2:63.0。"十三五"期间战略性新兴产业增加值年均增长9.7%。现代服务业提质增效，都市现代农业加速发展，获批设立国家跨境电子商务综合试验区，入选首批国家物流枢纽建设名单	煤炭先进产能占比达到80.9%	2016年至2020年累计完成各类营造林188.01万亩，超额完成林业"十三五"规划的184.02万亩目标。城市绿化面积持续增加，建成区绿化覆盖率达到44.0%，荣获"全国绿化模范城市"称号
广西桂林	重点开发水力、风力发电项目，并取得显著成效。水电和风电发电量60.63亿千瓦时，占规上工业发电量的比重达63.4%，其中风力发电企业由2015年的2家增加到2020年的11家，风力发电量达37.02亿千瓦时，比2015年累计增长842.1%，五年年均增长56.6%	2020年，第三产业在GDP中的占比54.4%，服务业成为经济增长主引擎	"十三五"以来，桂林市单位GDP能耗每年分别同比下降4.51%、4.47%、3.44%、2.06%、4.18%，五年累计下降17.34%，超额完成"十三五"节能目标（下降14%）3.34个百分点，年均下降3.73%	完成21家采石场136万平方米山体生态复绿，成为国家生态文明先行示范区，16个乡镇获国家级生态乡镇，12个县（市、区）获自治区级生态县，森林覆盖率达71.62%
广东深圳	深圳市能源供应中外地调入的比例较高，且调整空间有限，但其在本地形成了以清洁能源为主的能源结构，核电、气电等清洁电源装机容量占全市总装机容量的77%，垃圾焚烧发电量大幅增加	2020年，一、二、三产业比重为0.1:37.8:62.1，战略性新兴产业增加值达1.02万亿元，占地区生产总值比重37%，高技术制造业和先进制造业增加值占规模以上工业增加值的比重分别达到66%和72%，规模以上工业总产值居全国城市首位，每平方公里产出GDP居全国大城市首位	单位GDP能耗、单位GDP二氧化碳排放分别为全国平均水平的1/3、1/5，五年分别下降19.3%、23.2%，是全国大中城市中单位GDP能耗、水耗最低的城市	装配式建筑占新建建筑的比例从5%提高到38%，绿色建筑面积居全国城市前列
湖南郴州	清洁能源发展迅速，风力发电、生物质发电、光伏发电等新能源发电项目陆续投入使用。截至2020年年底，清洁能源装机规模达到398万千瓦，占全市电源总装机规模66%，装机容量成为全省第一，全市清洁能源发电量为64.43亿千瓦时，占全社会用电量的47%	2020年，全年全市地区生产总值2503.07亿元，第一产业增加值占地区生产总值比重为11.3%，第二产业增加值比重为38.7%，第三产业增加值比重为50.0%。高技术制造业占规模以上工业增加值的比重为13.8%	全年规模以上工业综合能源消费量比上年下降2.5%	生活垃圾无害化处理率达100%。全面完成生态红线划定，新增国家绿色矿山4家。完成人工造林17.5万亩，全市森林覆盖率达到68.1%

续表

示范区	⚡能源结构	◐产业结构	⚙节能减排	🌲森林碳汇
云南临沧	临沧是我国重要的水电能源基地，肩负着"西电东送"和"云电外送"的重要任务。水电站装机容量达到722万千瓦，全市超过80%的电力为清洁能源供应	2020年，三次产业增加值占全市地区生产总值的比重为29.5:24.8:45.7	"十三五"时期，单位GDP能源消耗量五年累计下降19.04%，单位GDP二氧化碳排放量五年累计下降预计达21.78%	森林覆盖率预计超过70%，森林蓄积量达到1.17亿立方米，荣获"中国十佳绿色城市"和"国家森林城市"等称号
河北承德	清洁能源装机规模达到754万千瓦、年发电132亿千瓦时，分别是"十二五"末的2.3倍和2.6倍	2020年，三次产业结构由19.9:41.3:38.8调整优化为21.7:32.1:46.2，第三产业增加值占比提高7.4个百分点，钢铁、煤炭去产能任务全面完成，绿色产业增加值占GDP比重从"十二五"末的35%提高到50%	钢铁、煤炭去产能任务全面完成	五年累计完成营造林677万亩、草地治理修复133.8万亩、水土流失治理3035平方公里，森林覆盖率从56.7%提高到60%。

已批复国家可持续发展议程创新示范区"十四五"应对气候变化相应目标及举措   表3.3

示范区	⚡能源结构调整	◐产业结构优化	🚈运输结构优化
山西太原资源型城市转型升级	建立可持续的能源体系。降低煤炭在能源终端消费的比重，努力提高清洁能源发电比重，积极开展水电、风电、太阳能、生物质能等可再生能源开发利用	培育壮大新兴产业，加快推进高端化、智能化、绿色化、品牌化战略性新兴产业发展。推进工业领域非省会城市功能疏解，加快资源型低端产业疏解	重点煤矿全部接入铁路专线，钢铁等重点企业接入比例达80%以上。推动城市配送车辆新能源化。建成区公交车、环卫车全部采购新能源车辆
广西桂林景观资源可持续利用	优化农村能源结构。开展农村户用沼气、省柴节能灶、高效低排生物质炉等农村能源项目建设。控制燃煤使用和污染，加强煤炭生产经营用户的煤质管理	发展先进装备制造产业和战略性新兴产业。到2023年，战略性新兴产业总产值突破500亿元。坚决淘汰落后产能，有序退出过剩产能	服务西南中南地区物流能力不断提升，桂林无水港多式联运示范物流基地项目等物流园区（基地）建成运营并发挥作用
广东深圳创新引领超大型城市可持续发展	构建清洁低碳、安全高效的现代能源体系，推动清洁能源成为能源增量主体	推动绿色产业发展。围绕新能源汽车、可再生能源、高效储能等产业，培育一批具有国际竞争力的绿色领军企业，促进绿色产业规模化集聚性发展	
湖南郴州水资源可持续利用与绿色发展	稳定发展水电、适度发展火电。做大做强以风力发电、生物质发电、太阳能发电、光伏发电、沼气供气发电及地热开发等新能源产业	实施特色资源型产业高质量发展、传统产业绿色化改造等工程。加快传统资源型产业转型，以有色金属、石墨、建材为重点，打好传统资源型产业转型攻坚战	制定实施运输结构调整行动计划。大力发展多式联运，推进公路运输逐步转向铁路、水路运输，提高全市非公路货物周转量比例
云南临沧边疆多民族欠发达地区创新驱动发展	持续优化能源结构，加强煤炭安全绿色开发和清洁高效利用，因地制宜发展太阳能、风电等可再生能源，推广电能替代，减少散烧煤和燃油消费	构建绿色制造体系，推进产品全生命周期绿色管理，不断优化工业产品结构。积极谋划新兴产业，加快发展壮大战略性新兴产业及配套产业	实施铁路运能提升行动、水运系统升级行动、多式联运提速行动。铁路为主、公路为辅的大宗货物运输新格局基本形成，综合交通运输效能明显增强
河北承德城市群水源涵养功能区可持续发展	坚持"发、储、用、造"四位一体，强力推动清洁能源产业融合发展模式。"十四五"末，全市清洁能源占终端能源消费总量比例达到22%	绿色主导产业形成规模。传统产业转型升级取得明显成效，战略性新兴产业快速发展壮大，形成与京津资源共享、功能互补、产业链衔接的绿色产业发展新格局	提升铁路货物运输能力、加快公路货运转型升级、加快推进多式联运发展、完善城市绿色配送体系

示范区	🏭 低碳工业/能源	🚝 低碳交通	🏗 绿色建筑
山西太原资源型城市转型升级	促进传统能源产业提效减碳，建立可持续发展的高效清洁煤电体系。加快发展新能源，因地制宜发展太阳能、地热能和生物质能等非化石能源	初步建成绿色出行服务体系，城市绿色出行比例达到70%以上。加大节能和新能源车辆推广应用力度，建成区公交车、出租车全部更换为纯电动汽车	全面发展绿色建筑，2020年城镇新建绿色建筑占新建建筑面积的50%以上。实现建筑75%节能标准落实。完成4000万平方米既有非节能居住建筑节能改造
广西桂林景观资源可持续利用	加快工业绿色改造升级。支持企业实行绿色标准、绿色管理和绿色生产，实施原料无害化、生产洁净化、废物资源化、能源低碳化的绿色战略	推广绿色交通工具。深入实施"公交优先"战略，大力改善公交网络，提高公交服务质量。加快推进CNG汽车、LNG汽车、纯电动汽车等清洁能源汽车应用	深入推进建筑节能，提高建筑能效标准。城镇新建公共建筑100%达到建筑节能强制性标准要求。推广高性能、低材（能）耗、可再生循环利用的建筑材料
广东深圳创新引领超大型城市可持续发展	健全绿色制造体系，支持企业推行绿色设计，推进产品全生命周期绿色管理，建设绿色工厂，进一步完善绿色供应链	推进多层次城市轨道网络融合发展，淘汰老旧交通运输设备，推广新能源汽车，推进配套设施规划建设，到2025年，全市新能源汽车保有量达到100万辆	全面深化建筑绿色节能，提高新建建筑星级标准。加快推进既有公共建设及居民建筑改造，到2025年，新增绿色建筑7000万平方米，装配式建筑占50%
湖南郴州水资源可持续利用与绿色发展	严控煤炭消费总量，提高清洁能源利用占比。加强煤炭消费控制措施，削减煤炭消费需求。落实高污染燃料禁燃区要求，持续淘汰燃煤小锅炉	不断优化公交线路，鼓励市民公交出行。科学安排路线，提高机动车平均通行速度。大力推广新能源汽车，实施传统公交车梯度淘汰工作	在供水、照明、供热、污水和垃圾处理等方面推广节能低碳新技术。推进大型公共建筑低碳化改造，引导各类建筑执行绿色建筑标准
云南临沧边疆多民族欠发达地区创新驱动发展	强化工业节能，实施工业能效赶超行动，加强高能耗行业能耗管控。合理规划、有序利用中小水电，科学有序、稳步推进光伏电站建设，培育清洁能源密集型产业	城市绿色配送行动，鼓励统一配送、集中配送、共同配送、夜间配送等集约化运输组织模式。加快新能源和清洁能源车辆推广应用	推进绿色建筑全产业链发展，推广绿色建材、推广应用绿色建筑新技术、新产品、推广应用绿色施工技术和绿色建材，推广绿色运管模式，发展绿色物业
河北承德城市群水源涵养功能区可持续发展	打造京津冀清洁能源输送基地和国家级清洁能源产业基地。提升清洁能源发电规模。积极开发风能、太阳能资源，风电、光伏发电装机规模力争达到2000万千瓦	建立新能源汽车推广机制，加强充换电站、充电桩等电动汽车充电设施建设。加快重点旅游沿线、大型厂矿及园区加氢基础设施布局	深入开展绿色建筑创建行动，到2025年全市城镇绿色建筑占新建建筑比例达到100%

示范区	🚲 低碳生活	🏘 低碳社区、园区	♻ 资源高效利用
山西太原资源型城市转型升级	践行绿色生活方式。树立绿色生活理念，利用各种载体和形式广泛宣传，加强全市人民低碳、绿色生活意识。每年9月开展绿色出行宣传月和公交出行宣传周活动	落实《太原市绿色转型标准体系》，开展绿色园区、绿色工厂、绿色社区评价，探索建立太原市低碳发展评价体系，建立一批低碳社区、低碳商业区、低碳产业园区	实现建成区生活垃圾、餐厨垃圾分类收集全覆盖和专业化处理。推进工业固体废弃物的综合利用。妥善处置矿渣、煤矸石、建筑垃圾等大宗固体废物
广西桂林景观资源可持续利用	积极引导绿色消费和适度消费，限制一次性物品使用，倡导净菜上市、绿色包装等。倡导绿色出行，建立健全适合自行车骑行的公共交通网络	发展绿色园区，推进工业园区产业耦合，打造绿色供应链，逐步建立资源节约、环境友好的采购、生产、营销、回收及物流体系	推进资源高效循环利用。支持企业强化技术创新和管理，增强绿色精益制造能力，大幅降低能耗、物耗和水耗水平
广东深圳创新引领超大型城市可持续发展	鼓励绿色消费，抵制餐饮浪费。推动快递行业废弃包装物源头减量，推广使用可降解的快递物料。鼓励电子商务企业销售绿色产品，畅通绿色产品销售渠道	发布深圳市绿色低碳社区评价指南，划分低碳社区等级。推动重点产业链中有特殊环保、能耗要求的关键核心环节进入专业工业园区，实施园区节能和循环化改造	深化"无废城市"建设。推进固体废物源头减量化、无害化、资源化、低碳化治理。2025年，生活垃圾回收利用率50%，一般工业固体废物综合利用率达92%

示范区	♿ 低碳生活	🏭 低碳社区、园区	♻ 资源高效利用
湖南郴州水资源可持续利用与绿色发展	提升生态文明意识，倡导绿色消费观念。坚决制止餐饮浪费行为，建设绿色产品基地。到2025年，基本建成生活垃圾分类处理系统，集中处理率达到50%以上	建设工业资源综合利用示范基地、水资源高值利用示范基地。以龙头企业为主体，以重大项目为核心，积极延伸产业链条。培育建设一批再生资源产业园	构建和延伸跨企业、跨行业、跨区域的综合利用产业链，形成各类废弃物综合利用横向扩展和再生资源产品深加工纵向延伸相结合的循环型产业体系
云南临沧边疆多民族欠发达地区创新驱动发展	加强生态文明宣传教育，增强公众生态文明社会责任意识，倡导简约适度、绿色低碳、生态环保的生活方式。引导消费者转变消费观念，助推生产者绿色化生产	按照空间布局合理化、产业结构最优化、产业链接循环化、资源利用高效化、污染治理集中化、基础设施绿色化、运行管理规范化的要求，推动园区循环化改造	大力推动农业生产领域资源节约化、废物无害化与资源化利用。促进生产废渣、废水、废气、余热的回收与资源化利用。加快构建废旧物资循环利用体系
河北承德城市群水源涵养功能区可持续发展	开展节约机关、绿色家庭等创建行动。推行绿色产品政府采购制度，建立完善节能家电、高效照明、节水器具、绿色建材等绿色产品和新能源汽车推广机制	在省级以上园区全面推行能源梯级利用和资源综合利用，提高工业用水重复利用率。围绕绿色产品、绿色工厂、绿色园区、绿色供应链，加快构建绿色制造体系	大力发展循环经济，构建线上线下融合的废旧资源回收和循环利用体系，提高废旧资源再生利用水平。推进农业循环发展，大力推进化肥农药减量增效

示范区	🌳 生态碳汇	⚙ 减碳技术创新	🏛 政策及金融支持机制
山西太原资源型城市转型升级	加快创建国家森林城市步伐，分类分级实施山体破坏面生态修复，加快西山工矿废弃地综合整治。打造"多层次、多树种、多色彩"的森林结构，形成城市生态屏障	加快建设煤炭绿色清洁高效利用国家重点实验室、二氧化碳捕集利用封存国家工程研究中心、煤科学与技术省部共建国家重点实验室培育基地等研发平台建设	建立政府主导、社会各界参与、市场化运作、可持续的生态产品价值实现机制。构建生态保护补偿机制，设立可持续发展基金、绿色发展基金等金融工具
广西桂林景观资源可持续利用	坚决制止耕地"非农化"行为，确保耕地红线不突破。强化湿地保护和恢复，严格湿地用途监管，确保湿地面积不减少。实施漓江生态保护和修复提升工程		大力发展节能减排投融资、能源审计、清洁生产审核、节能环保认证、节能评估等第三方节能环保服务。落实清洁生产审核工程
广东深圳创新引领超大型城市可持续发展	优化全域生态保护格局，实行最严格的生态环境保护制度，强化区域生态环境联防联治，提高生态系统自我修复能力	大力推进近零碳排放示范工程建设，依托华润（海丰）电厂二氧化碳捕集测试平台开展碳捕集利用封存前沿技术研究	推动制定粤港澳大湾区绿色金融标准。完善气候投融资机制，创新绿色金融产品和服务，创建国家绿色金融改革创新试验区。推动能源资源价格体制改革
湖南郴州水资源可持续利用与绿色发展	坚持最严格的节约用地制度，确保林地数量有所增加和耕地保有底线。推进山地及森林生态建设，加强植树造林和生态保护，开展城乡绿化提质行动		完善生态环境制度体系，建立生态产品价值实现机制，完善市场化、多元化生态补偿机制。对新能源车的整车、电池、其他关键零部件研发企业给予补贴
云南临沧边疆多民族欠发达地区创新驱动发展	提高城乡建成区绿化覆盖率，在城市功能疏解、更新和调整中，将腾退空间优先用于增绿增花增果。严格湿地用途监管和总量管控，确保湿地面积不减少	加快煤炭清洁高效利用、细颗粒物治理、挥发性有机物治理、汽车尾气净化、原油油气回收、垃圾渗滤液处理、多污染协同处理等新型技术装备研发和产业化	强化绿色发展服务支撑。健全生态环境保护法治体系，完善生态环境治理体系，建立公平合理、权责对等的生态补偿机制
河北承德城市群水源涵养功能区可持续发展	严守保护生态底线，推进以"三线一单"为核心的底线管控体系建设。实施造林绿化行动，五年完成营造林面积250万亩，森林蓄积量达到1.2亿立方米		开展生态产品市场化交易，扩大林业碳汇交易试点范围，谋划建立承德碳汇交易中心。建立绿色金融服务体系，探索生态产品价值实现路径

自创建以来，六个城市国家可持续发展议程创新示范区围绕各自主题和自身发展定位，积极落实《中国落实2030年可持续发展议程国别方案》，结合乡村振兴战略、新型城镇化建设等重点任务推进城市绿色低碳发展，并取得积极进展。太原市逐步实现了资源型城市高污染、高排放行业转型，产业结构持续优化；桂林市景观资源保护和生态建设成效显著，获得国家生态文明先行示范区等称号；深圳市超大型城市生态治理能力显著提高，单位GDP能耗、单位GDP二氧化碳排放等指标稳居全国前列；郴州市充分发挥其水资源优势，荣获全球"先锋城市蓝天奖"；临沧市在提升科技创新能力的同时加强生态建设，被授予"国家森林城市"；承德市围绕"生态支撑、水源涵养"的任务，积极推进生态修复项目，被联合国授予"地球卫士奖"。目前，示范区城市所取得的成功经验为其他城市提供了参考和经验支持。

同时，当前国内外经济局势复杂，疫情带来的负面影响仍在持续，各示范区减排压力艰巨，实现可持续发展目标仍面临诸多挑战，为应对气候变化、实现低碳宜居城镇建设、实现双碳目标亟需采取进一步行动。首先，为制定符合当地发展情况的低碳发展规划，需要依据示范区城市特点明确各地技术需求，建立技术选型清单；其次，围绕宜居、绿色发展的空间格局和功能分布，需要识别不同功能区低碳宜居发展的关键要素，探索以可持续发展为导向的低碳宜居城市及住区建设发展指标体系；同时，为实现创新驱动低碳发展，需要借助地理信息、网络定位、大数据等信息技术手段，搭建城市低碳系统（如建筑、水、能源、交通和生活等）数字化管理平台；此外，应基于示范区主题开展不同功能住区的包容性参与模式研究，凝练低碳社区培育和可持续发展模式，持续发挥示范带动作用，为应对气候变化、推进全球可持续发展提供中国经验。

3.2 建立多主体供给、多渠道保障的住房保障体系
——以北京市住房保障政策体系建设为例

住房问题是联合国始终关注的影响人类住区可持续发展的首要问题。1992年联合国环境与发展大会通过的《21世纪议程》中将"向所有人提供适当住房"列在促进人类住区可持续发展的首个行动计划。2000年，联合国千年发展目标中仍然提到"到2020年时至少1亿贫民窟居民的生活明显改善"，而到2015年联合国发布可持续发展目标（SDGs）11.1再次提出"到2030年，确保人人获得适当、安全和负担得起的住房和基本服务，并改造贫民窟"，解决住房问题始终是全球各国政府面临的要务之一。联合国人居署统计，到2030年，将有占世界人口40%的人需要获得适当的住房，这意味着每天需要96,000套新的可负担、可入住的住房。为了应对当前的住房挑战，联合国人居署提出世界各国各级政府都应当将住房置于城市决策的重要地位，将人和人权置于城市可持续发展的前沿，同时阐述了住房不仅仅是房屋，它为获得更美好的生活和更美好的未来创造机会，获得住房是获得就业、教育、健康和社会服务的先决条件[1]。住房保障是一个国家和地区文明的重要体现，也是百姓安居乐业的基本条件，而发展公共住房，完善住房保障体系是解决住房问题，特别是解决低收入、住房困难家庭住房问题的重要举措。

中国政府视住房为民生之要，近20年来，不断推行住房制度改革，出台各类政策文件，以引导、推动和完善住房市场体系和住房保障体系。

1980年，邓小平同志提出要在我国进行城镇住房制度改革，指出要走住房商品化路线，至2000年，时任建设部部长俞正声宣布住房实物分配在全国已经停止，中国关于住房市场化改革的探索整整用了20年时间。此后，中国的房地产业正式进入市场化发展阶段。然而在经历了房地产市场的快速膨胀发展后，对住房公平性和公益性的思考，让我们重新反思仅靠市场是不能解决所有人的住房问题的，必须"两条腿"走路，缺一不可。一条腿是住房商品化，由市场决定，另一条腿是住房保障体系，应该由政府负起责任。

2007年国务院颁发《国务院关于解决城市低收入家庭住房困难的若干意见》（国发〔2007〕24号），首次明确提出把解决低收入家庭住房困难工作纳入政府公共服务职能。文件指出，要加快建立健全以廉租住房制度为重点、多渠道解决城市低收入家庭住房困难的政策体系。24号文是中国房地产业发展的一个标志性文件。自此，我国政府不断出台一系列关于解决城市低收入家庭住房问题以及加快推进保障性住房建设等方面的相关政策文件。

2015年，作为联合国《改变我们的未来：

---

[1] 联合国人居署网站.[2021-07-15] https://unhabitat.org/topic/housing.

2030年可持续发展议程》的签署国和积极倡导者，我国在《中国落实2030年可持续发展议程国别方案》中也对应提出了"推动公共租赁住房发展，到2020年基本完成现有城镇棚户区、城中村和危房改造任务"。自此之后每年的政府工作报告中，都会出现对于保障性住房的相关要求，逐步确立了坚持房子是用来住的、不是用来炒的定位，确立了加快建立多主体供给、多渠道保障、租购并举的住房制度，不断完善住房市场体系和住房保障体系的目标[1]，见表3.4。近年来，棚户区居民住进楼房，住房困难家庭和低保、低收入住房困难家庭基本实现应保尽保，中等偏下收入家庭住房条件有效改善，新市民有了安定的住所，通过租、售、改、补多种方式，住房保障的网越织越广、越织越密。

北京，作为一座超大型城市，住房问题的解决面临着严峻挑战。经过十余年的摸索与实践，北京坚决贯彻与执行国家的政策，并进行先行先试，逐步形成"租购并举"的住房保障制度。其中，"租"作为"住有所居"的一种重要实现形式，成为北京市住房保障政策体系建设的关键组成部分。

廉租住房制度作为最早的住房保障形式，是中国住房供应体系的重要组成部分。北京市于2001年颁布了《北京市城镇廉租住房管理试行办法》（京政办发〔2001〕62号），以改善本市最低收入家庭[2]和家庭人均住房使用面积7.5（含）平方米以下的家庭，以及烈属、伤残军人、市级劳模住房困难家庭等。2005年，在《关于扩大北京市廉租住房覆盖面有关问题的通知》（京建住〔2005〕966号）中，将具有本市城镇常住户口、家庭人均月收入高于本市城镇最低生活保障标准连续一年低于580元，且人均住房使用面积低于7.5平方米（含）的家庭纳入廉租房的解困范围，适度扩大了廉租住房的覆盖面。到2006年底，实施廉租住房制度6年来，政府累

2015—2020年政府工作报告对住房保障制度的阐述　　　　表3.4

2020年政府工作报告——坚持房子是用来住的、不是用来炒的定位，因城施策，促进房地产市场平稳健康发展
2019年政府工作报告——更好解决群众住房问题，落实城市主体责任，改革完善住房市场体系和保障体系，促进房地产市场平稳健康发展
2018年政府工作报告——加大公租房保障力度，对低收入住房困难家庭要应保尽保，将符合条件的新就业无房职工、外来务工人员纳入保障范围。坚持房子是用来住的、不是用来炒的定位……支持居民自住购房需求，培育住房租赁市场，发展共有产权住房。加快建立多主体供给、多渠道保障、租购并举的住房制度……
2017年政府工作报告——健全购租并举的住房制度，以市场为主满足多层次需求，以政府为主提供基本保障
2016年政府工作报告——建立租购并举的住房制度，把符合条件的外来人口逐步纳入公租房供应范围
2015年政府工作报告——住房保障逐步实行实物保障与货币补贴并举，把一些存量房转为公租房和安置房。对居住特别困难的低保家庭，给予住房救助……落实地方政府主体责任，支持居民自住和改善性住房需求……

[1] 中华人民共和国住房和城乡建设部.住房和城乡建设事业发展成就显著（人民要论·"十三五"辉煌成就·住房和城乡建设）[EB/OL].[2021-07-15]http://www.mohurd.gov.cn/jsbfld/202010/t20201023247686.html.

[2] 最低收入家庭指家庭月人均收入低于本市当年城市居民最低生活保障标准。

计投入财政资金3.6亿元，解决了2.3万户廉租家庭的住房困难[1]。2007年，为改进和规范城镇廉租住房建设、分配和管理，北京市建委颁布了《北京市城镇廉租住房管理办法》，城八区按照1人户至5人户细化了家庭年收入、人均住房使用面积，家庭总资产净值等相关申请标准[2]。同年，北京市计划未来三年每年建设廉租住房30万平方米。廉租住房准入标准实行动态调整，逐步扩大廉租住房保障范围，其中收入标准从"十一五"期初的人均月收入580元调整至"十一五"期末的960元。2007年年底对申请廉租住房租赁补贴的家庭实现"应保尽保"，2010年年底对申请廉租住房实物配租家庭实现"应保尽保"。廉租住房在北京市最初阶段的住房保障工作中扮演了重要角色[3]。

在保障性住房快速发展的十余年中，公共租赁住房始终作为最主要的供给类型，持续不断地发挥着它的作用。2010年，住房和城乡建设部等七部委发布了《关于加快发展公共租赁住房的指导意见》（建保〔2010〕87号），旨在解决城市中等偏低收入家庭住房困难，"夹心层"的住房问题纳入了保障范围。北京市率先于2009年发布了《北京市公共租赁住房管理办法（试行）》（京建住〔2009〕525号），推出公共租赁住房政策，实现与廉租住房、经济适用住房、限价商品住房的合理衔接。2011年，北京市发布了《关于加强本市公共租赁住房建设和管理的通知》（京政发〔2011〕61号），提出"廉租住房、经济适用住房和限价商品住房轮候家庭优先配租；

申请家庭成员中有60周岁（含）以上老人、患大病或做过大手术人员、重度残疾人员、优抚对象及退役军人、省部级以上劳动模范、成年孤儿优先配租"，以保证最低收入、住房最困难家庭以及特殊人群的住房问题得以优先解决，还提出外省市来京连续稳定工作一定年限的新北京人，符合一定条件的可以申请公共租赁住房，并在同年发布了《北京市公共租赁住房申请、审核及配租管理办法》（京建法〔2011〕25号），规定了具体的申请标准和配租标准。随后，北京各区相继出台了针对外省市来京工作人员申请公共租赁住房的具体办法，让"北漂"一族在北京有个安稳的家的梦想不再遥远。北京市在"十二五"时期住房保障规划提出大力发展公共租赁住房，公共租赁住房作为政府筹集并进行后期管理的住房，在建设质量管控、准入退出机制、后期运行管理等方面出台了若干政策和措施，全力保证其为住房保障人群提供更公平、更高效的保障。2019年《关于进一步规范发展公租房的意见》建保〔2019〕55号，提出"加大对新就业无房职工、城镇稳定就业外来务工人员的保障力度"，针对新北京人、新就业青年人的住房保障政策进一步细化、落地，也进一步增强困难群众的获得感、幸福感、安全感。

随着城市居民家庭通过租赁解决住房问题的比例逐年上升，不同需求居民的住房问题对完善住房租赁市场提出要求。2015年1月，住房和城乡建设部发布《关于加快培育和发展住房租赁市场的指导意见》（建房〔2015〕4号），提

---

[1] 北京市住房和城乡建设委员会.本市廉租家庭住房解困力度进一步加大[EB/OL].[2021-07-20] http://zjw.beijing.gov.cn/bjjs/xxgk/zwdt/357866/index.shtml.

[2] 北京市住房和城乡建设委员会.城八区廉租房和经适房保障标准已定[EB/OL].[2021-07-20] http://zjw.beijing.gov.cn/bjjs/xxgk/xwfb/318039/index.shtml.

[3] 北京市"十二五"时期住房保障规划[Z].

出"要发挥市场在资源配置中的决定性作用和更好发挥政府作用,用3年时间,基本形成渠道多元、总量平衡、结构合理、服务规范、制度健全的住房租赁市场",以解决当时存在的供应总量不平衡、供应结构不合理、制度措施不完善,特别是供应主体较为单一等问题。同年,北京市发布了《关于市场租房补贴申请条件及市场租房补贴标准有关问题的通知》(京建法〔2015〕19号),明确支持符合规定条件的家庭通过租赁市场解决住房问题,政府按规定提供市场租房补贴,以加快解决中低收入家庭住房困难。2016年5月,国务院办公厅发布了《关于加快培育和发展住房租赁市场的若干意见》(国办发〔2016〕39号),提出"实行购租并举,到2020年,基本形成供应主体多元、经营服务规范、租赁关系稳定的住房租赁市场体系,基本形成保基本、促公平、可持续的公共租赁住房保障体系"。进而,2017年第十九次全国代表大会报告《决胜全面建成小康社会,夺取新时代中国特色社会主义伟大胜利》中提出"加快建立多主体供给、多渠道保障、租购并举的住房制度,让全体人民住有所居"。一系列的政策和措施旨在改善多年来"重购轻租"的局面,形成住房租赁市场,拓宽公共租赁住房房源渠道,从而完善住房保障体系,更有效地解决不同需求居民住房问题。为增加租赁住房供应,缓解住房供需矛盾,同时拓展集体土地用途,同年国土资源部与住房和城乡建设部联合发布《利用集体建设用地建设租赁住房试点方案》(国土资发〔2017〕100号),基于北京市在2014年发布《关于印发北京市利用农村集体土地建设租赁住房试点实施意见的通知》后

所取得的实践与经验,北京市被定为第一批试点城市,继续开展试点工作,截至2021年4月底,北京市累计开工集体土地租赁住房项目44个,房源约5.7万套[1]。近期,国务院办公厅发布了《关于加快发展保障性租赁住房的意见》(国办发〔2021〕22号),主要解决符合条件的新市民、青年人等群体的住房困难问题,进一步扩大了租赁住房的供应主体和受惠人群。北京市基于2018年发布的《关于发展租赁型职工集体宿舍的意见(试行)》(京建发〔2018〕11号),发布了《关于进一步推进非居住建筑改建宿舍型租赁住房有关工作的通知》(京建发〔2021〕159号),对宿舍型租赁住房的筹集和建设工作进一步明确了要求,加快落实保障性租赁住房供给,来解决城市运行和服务保障行业务工人员住宿问题。在解决不同人群的住房问题上,住房租赁市场将发挥越来越重要的作用。

大力发展公共租赁住房和住房租赁市场同时,购买住房始终保持热度,"租购并举"的住房制度是要在补"租"的短板的同时,不断完善"购"的体系。

经济适用住房和限价商品住房均是具有保障性质的政策性商品住房,它们既具有保障性又具有商品性。2000年左右,回龙观和天通苑建起了北京市是最早的经济适用房小区,到目前为止集中建设和配建的经济适用住房项目达到50余个,解决了近6万个家庭的住房问题。2007年北京市首批两限房开工建设,到目前为止集中建设和配建的限价商品住房项目120余个,解决了近13万个家庭的住房问题。北京市针对初期在审核、分配和管理中出现的漏洞,相继出台了

---

[1] 北京市住房和城乡建设委员会,全市集体土地租赁住房项目建设进展情况[EB/OL].[2021-07-23]http://zjw.beijing.gov.cn/bjjs/zfbz/jttdzlzfgxdjpt/gzxx38/10907295/index.shtml.

《北京市经济适用住房管理办法》《北京市限价商品住房管理办法（试行）》，以及一系列对已购经济适用住房和限价商品住房的管理措施。在为低收入住房困难家庭和中等收入住房困难居民家庭提供适当住房的同时，明确了再上市交易年限，并采取提高补交土地收益比例、政府优先回购等政策措施，严格退出管理机制，既强化其住房保障功能，又一定程度上限制了其商品性。

"夹心层"的住房问题同样得到重视，一系列的政策有效地抑制了投机行为，促进了社会公平。2013年10月，北京市发布了《关于加快中低价位自住型改善型商品住建设的意见》（京建发〔2013〕510号）（以下简称"自住型商品住房"），按照"低端有保障、中端有政策、高端有控制"的总体思路，完善住房供应结构，下大力气做实中端。自住型商品住房建设在面积标准上有所提高，由经济适用房的60m²左右，两限房的90m²以下提升为以90m²以下为主，最大不超过140m²，而申请条件中除了经济适用房和两限房的轮候家庭，符合购房条件的非京籍家庭可以提出申请。2014年，住房和城乡建设部等六部委联合发布《关于试点城市发展共有产权性质政策性商品住房的指导意见》（建保〔2014〕174号），北京市作为6个试点城市之一开展共有产权住房的建设。共有产权住房是实行政府与购房人按份共有产权的政策性商品住房，是对北京市自住型商品住房政策的规范、发展和提升。北京市共有产权住房是以满足中低收入家庭，以及新市民住房需求为主要出发点，从而达到满足多层次的市场需求，完善住房保障体系的目的。经过大胆的探索和不断的制度创新，北京市的共

有产权住房取得了一定的成效。在2017年发布《关于支持北京市、上海市开展共有产权住房试点的意见》（建保〔2017〕210号）后，北京市提出未来五年将供应25万套共有产权住房的目标，并发布了《北京市共有产权住房管理暂行办法》（京建法〔2017〕16号），截至2020年年底，全市已累计供应共有产权住房项目74个、房源7.8万套，4万余户家庭已购房[1]。

在住房保障制度不断完善的过程中，北京市保障性住房的品质也发生了质的飞跃，其中技术政策的制定和不断升级起到了强有力的支撑作用。

保障性住房早期的建设是以国家标准、地方标准等通用性规范作为基础标准。住宅建设和公共服务设施的配置主要依据当时版本的《住宅设计规范》和《北京市居住公共服务设施配置指标》。2008年，为加强廉租房、经济适用房及两限房建设质量管理，制定了专门的《北京市廉租房、经济适用房及两限房建设技术导则》，以保证建设项目的居住使用功能和节能环保要求，但显然随着经济的发展、城市的生长，以及人们需求的不断提升，早期的住宅和公共配套设施已经不能满足居住者的需求，并且严重制约着片区的发展。2018年，针对早期建设的经济适用房较集中的回龙观和天通苑地区存在的交通拥堵、公共服务配套不足、市政基础设施薄弱等日趋严重的问题，制定了《优化提升回龙观天通苑地区公共服务和基础设施三年行动计划（2018—2020年）》，旨在彻底改变该地区的生活环境，满足群众对便利性、宜居性、多样性、公正性和安全性的需要，全面提升当地的生活品质。

---

[1] 北京市住房和城乡建设委员会."回顾'十三五'展望'十四五'"系列新闻发布会：北京市住房保障工作情况[EB/OL].[2021-07-26].http://zjw.beijing.gov.cn/bjjs/zmhd/zjzbj/10919297/index.shtml.

为确保公共租赁住房的建设和管理质量，给被保障人群营造良好的生活环境，北京市在建设初期进行了大量的调研和工程技术研究。2010年，北京市七部门共同研究制定的《北京市公共租赁住房建设技术导则（试行）》正式公布实施，在规划设计、户型设计、施工工艺、设备设施、室内装修等方面均提出了具体要求。在公共租赁住房大量建设期间，北京市率先在公共租赁住房中试点推行标准化设计制度，当时的住房保障办公室标准和信息化处组织中国建筑设计研究院（现为中国建筑设计研究院有限公司）、中社科（北京）城乡规划设计研究院、国家住宅与居住环境工程技术研究中心等科研和设计机构开展了大量的研究工作，于2012年7月编制完成并发布了《北京市公共租赁住房标准设计图集（一）》，进一步规范、指导公共租赁住房建设，图集的发布对于保证房屋质量、缩短建设工期、降低成本、提高运营管理效率具有积极意义。2016年北京市颁布了地方标准《公共租赁住房建设与评价标准》(DB11/T 1365—2016)，考虑到60平方米的建筑面积上限和居住人群的实际需求，标准在制定时通过充分的论证，在小户型的面积标准和户型功能空间上有所突破，也针对小户型给予诸多细节上的考虑和规定，例如规定了应设置储藏空间、晾衣空间等。目前，《公共租赁住房建设与评价标准》正在修订中，"小户大家"的理念、技防安防相关内容，以及调研得到的对公共租赁住房的需求变化将有所体现。一系列技术政策的出台和不断完善，在确保公共租赁住房的设计和建设管理质量的同时，更好地满足了住房保障人群的需求。

2017年，为进一步提升本市共有产权住房规划、设计、建设精细化管理水平，提高共有产权住房品质，北京市发布全国首部《共有产权住房规划设计宜居建设导则》（以下简称《导则》），从土地供应、规划、设计和建设及监督管理等全方位进行规定，并于2021年针对在建设中出现的问题，以及新政策和新标准，对共有产权住房建设导则进行修订。例如在2017年北京市针对"全面两孩"政策和"居家养老"政策的出台，专门设立了课题《全面实施两孩政策及适老性要求对保障性住房建设标准的影响研究》，对保障性住房建设标准的适应性进行了研究，在《导则》修订中，充分考虑家庭代际及两孩、适老性等新需求，大力倡导多居室精细化套型设计，提出中心城区按照建筑层数执行差别化面积标准，同时《导则》修订遵循可持续发展理念，倡导"空间可变性"，并将此作为方案设计评审的一项审查内容，从套型方案设计伊始就对空间可变性进行设计[1]。

标准、图集、导则等技术政策文件的制定和升级，离不开大量的社会学调研和工程技术研究，同时这也为北京市保障性住房的规划提供支持。近10年来，北京市住房保障办公室每年设置保障性住房相关课题研究，包括建设与运营管理体系建立方面的研究、建设标准与建造技术方面的研究，以及每年的保障性住房入住项目管理情况调查和公共租赁住房入住项目专项检查等现状调查研究等，见表3.5。大量的研究使得北京市的保障性住房建设能够紧跟并符合国家各项经济、社会、环境政策的发展和要求，能够结合北京市实际情况，并具有前瞻性。

---

[1] 北京市住房和城乡建设委员会."共有产权住房建设导则修订即日起公开征求意见 各项指标更细化，宜居标准再升级"[EB/OL].[2021-07-26].http://zjw.beijing.gov.cn/bjjs/xxgk/xwfb/10940433/index.shtml.

2014—2021年北京市住房保障研究专项　　　　　　　表3.5

建设与运营管理体系研究
2015年，建立与首都城市功能定位相适应的保障房分配模式研究
2015年，公共租赁住房小区社会治理体系研究
2015年，北京市保障性住房建设体制机制研究
2015年，棚户区改造异地安置人口后期管理模式研究
2016年，北京市棚户区改造工作体制机制的研究
2016年，自住型商品住房销售管理有关问题研究
2016年，完善住房保障信访工作机制研究
2017年，公共租赁住房运营管理标准研究
2017年，建立兼顾公平与效率的保障房分配体系研究
2017年，北京市保障性住房建设项目政府管理机制优化研究
2018年，共有产权住房重点问题研究
2018年，保障房专业运营企业管理机制研究
2018年，科技手段在保障房后期管理中的应用研究
2018年，集体租赁住房建设运营管理研究
2019年，北京市公共租赁住房整体价格评估技术指引研究
2019年，公共租赁住房使用监管引入社会力量监督模式研究
2019年，集体土地建设租赁住房与住房保障准入分配衔接机制研究
2019年，北京市住房保障大数据助推智慧住保的体系研究
2020年，关于公租房项目所在区域市场租金评估
2020年，北京市住房保障体系研究
2021年，北京市公租房小区引入共建共治共享模式研究
建设标准与建造技术研究
2012年，公租房建设施工质量通病的过程控制
2016年，保障性住房设计方案专家评审数字化可行性研究
2016年，全市保障性住房产业化实施情况调查
2016—2017年，北京市保障性住房优良部品材料库管理维护
2016年，北京市保障性住房配套市政基础设施建设管理研究
2016—2018年，保障性住房全装修成品交房示范试点专项
2017年，全面实施两孩政策及适老性要求对保障性住房建设标准的影响研究
2017年，北京市保障性住房装配式建筑维护管理标准化专项
2018年，政策性住房居住公共服务设施需求研究
2019年，起草租赁住房建设标准（草案）
2020年，保障性住房百年住宅标准研究
2021年，保障性住房外围护结构体系整体解决方案技术论证
现状调查研究
2014年，北京市城镇户籍无房家庭情况调查工作
2015—2020年，保障性住房入住项目管理情况调查、公共租赁住房入住项目专项检查

在保障性住房建设快速发展的十余年中，北京市通过不断完善住房保障体系，为更多有住房需求的人群提供基本保障。北京市在各类保障性住房建设中的试点经验，包括政策、技术和管理机制上的创新和突破，为我国其他城市提供了借鉴，也为落实联合国可持续发展目标11提供了实践经验，主要体现在：

首先，北京市在建立和不断完善住房租赁市场体系和住房保障体系上积极开展先行先试（表3.6）。2009年国务院政府工作报告提出了"要积极发展公共租赁住房"后，同年北京市紧跟国家政策，住房和城乡建设委等十部门便发布了《北京市公共租赁住房管理办法（试行）》。2011年，北京申请并获得国土资源部《关于北京市利用集体土地建设租赁住房试点意见的函》，率先进行试点，期间2014年市国土资源局发布了《关于印发北京市利用农村集体土地建设租赁住房试点实施意见的通知》，2017年国土资源部与住房和城乡建设部联合印发了《利用集体建设用地建设租赁住房试点方案》的通知，确定了北京等13个城市开展利用集体建设用地建设租赁住房试点，北京继续开展试点工作，其6年来的实践经验，为试点方案的制定提供了宝贵的经验。在共有产权住房建设中，北京仍然作为6个试点城市之一，大力推进共有产权住房的建设和发展。

其次，随着全社会对住房和居住环境的标准提升，北京市对各类保障性住房从居住环境到管理体系的要求不断提高。基于每年的社会学调研和工程技术专项研究，北京市在建设、管理和后期的运营维护上不断提升，很多方面都走在了全国的前列，例如要求新建项目全部达到绿色建筑二星级标准、实施"所见即所得"的全装修成品交房模式、加大保障房精细化管理力度等。北京市在全国率先建立起涵盖"使用监督、运营管理、社会化管理"三位一体的服务管理模式，一方面推进公共服务均等化，将保障对象纳入属地社会化管理体系，享受就近上学、就医、社保、养老等公共服务；一方面加强使用监督管理，推广人防与技防相结合，加大人脸识别等科技监管系统覆盖面，健全动态监督管控体系，让保障房成为彰显公平正义的平台[1]。

此外，北京市在管理体制和监督机制上不断创新，加强保障性住房的质量管控，提高规划设计和建设水平。北京市2012年成立了住房保障决策咨询专家组，专家们在政策评估、咨询和建议、舆情咨询、设计方案评审以及技术支持等方面承担了大量的工作。2014年10月，北京市颁布了《关于开展保障性住房设计方案审查的通知》，要求北京市各类保障性住房项目规划均应进行设计方案审查。专家参与政策研究和评估论证环节，成为北京市住房保障工作中的必备程序和常态机制。事实证明，决策咨询专家组的设置在北京市住房保障规划编制和政策论证、保障房规划设计方案审查、课题研究等方面发挥了重要的决策咨询作用，提高了决策科学化水平。

---

[1] 北京市住房和城乡建设委员会.共有产权政策系列解读之规范管理篇[EB/OL].[2021-07-28]. http：//zjw.beijing.gov.cn/bjjs/xxgk/zwdt/434808/index.shtml.

国家和北京市出台住房保障制度相关政策、文件（部分）　　　　　　　　表3.6

时间	中央相关政策、文件	部委级相关政策、文件	北京市相关政策、文件
1990年代	建立和完善以经济适用住房为主的多层次住房供应体系。——《国务院关于深化城镇住房制度改革的决定》（国发〔1994〕43号）、《国务院关于进一步深化城镇住房制度改革加快住房建设的通知》（国发〔1998〕23号）	1999年，建设部发布《城镇廉租住房管理办法》	
2000年初	切实调整住房供应结构，完善加快廉租住房制度建设，规范发展经适房建设，出台70/90政策，多渠道增加中低、中小套型住房供应。——《国务院办公厅关于切实稳定住房价格的通知》（国办发明电〔2005〕8号）、《关于调整住房供应结构稳定住房价格的意见》（国办发〔2006〕37号）	2003年，建设部等五部委联合发布《城镇最低收入家庭廉租住房管理办法》2004年建设部等四部委联合发布《经济适用住房管理办法》	2001年，市国土房管局制定发布《北京市城镇廉租住房管理试行办法》2005年，市建委等四部门发布《关于扩大北京市廉租住房覆盖面有关问题的通知》
2007	**把解决城市低收入家庭住房困难作为维护群众利益的重要工作和住房制度改革的重要内容，作为政府公共服务的一项重要职责。**——《国务院关于解决城市低收入家庭住房困难的若干意见》（国发〔2007〕24号）（标志性24号文）	建设部等九部委联合发布《廉租住房保障办法》、建设部等六部委联合发布《经济适用住房管理办法》	市政府印发《北京市城市廉租住房管理办法》《北京市经济适用住房管理办法（试行）》
2008		住房和城乡建设部发布《关于加强廉租住房质量管理的通知》	市政府印发《北京市限价商品住房管理办法（试行）》《北京市廉租房、经济适用房及两限房建设技术导则》
2009	再次强调加快落实和完善促进保障性住房建设的政策措施，落实3年计划，**同时提出了要积极发展公共租赁住房。**——《2009年国务院政府工作报告》		住房和城乡建设委等十部门发布《北京市公共租赁住房管理办法（试行）》
2010	调整住房供应结构，房价过高、上涨过快的地区，**要大幅度增加公共租赁住房、**经济适用住房和限价商品住房供应。——《国务院办公厅关于促进房地产市场平稳健康发展的通知》（国办发〔2010〕4号）	住房和城乡建设部等七部委联合发布《关于加快发展公共租赁住房的指导意见》	市住房和城乡建设委等七部门发布《北京市公共租赁住房建设技术导则（试行）》
2011	多渠道筹集保障性住房房源；**重点发展公共租赁住房，**并对各类保障性住房在不同地区的建设和管理提出指导意见，**逐步实现廉租与公租并轨。**——《国务院办公厅关于进一步做好房地产市场调控工作有关问题的通知》（国办发〔2011〕1号）、《保障性安居工程建设和管理的指导意见》（国办发〔2011〕45号）	★国土资源部办公厅发布《关于北京市利用集体土地建设租赁住，房试点意见的函》，北京市获批率先开展试点	市政府印发《关于加强本市公共租赁住房建设和管理的通知》、住建委发布《北京市公共租赁住房申请、审核及配租管理办法》
2012		住房和城乡建设部发布《公共租赁住房管理办法》	市住房和城乡建设委发布《关于公共租赁住房租金补贴申请、审核、发放等有关问题的通知》《北京市公共租赁住房标准设计图集（一）》

时间	中央相关政策、文件	部委级相关政策、文件	北京市相关政策、文件
2013	强化规划统筹，加强分配管理，**2013年年底前，地级以上城市要把符合条件的、有稳定就业的外来务工人员纳入当地住房保障范围。**——《国务院办公厅关于继续做好房地产市场调控工作的通知》(国办发〔2013〕17号)	住房和城乡建设部等三部委联合发布《关于公共租赁住房和廉租住房并轨运行的通知》	市住房和城乡建设委发布《关于加快中低价位自住型改善型商品住房建设的意见》
2014	推进公租房和廉租房并轨运行。**针对不同城市情况分类调控，增加中小套型商品房和共有产权住房供应。**——《2014年国务院政府工作报告》	▼住房和城乡建设部等六部委联合发布《关于试点城市发展共有产权性质政策性商品住房的指导意见》，北京市为6个试点城市之一	★市国土资源局发布《关于印发北京市利用农村集体土地建设租赁住房试点实施意见的通知》
2015		住房和城乡建设部发布《关于加快培育和发展住房租赁市场的指导意见》	市住房和城乡建设委、财政局发布《关于市场租房补贴申请条件及市场租房补贴标准有关问题的通知》(京建法〔2015〕19号)
2016	以建立购租并举的住房制度为主要方向，健全以市场配置为主、政府提供基本保障的住房租赁体系。**支持住房租赁消费，促进住房租赁市场健康发展。**——《关于加快培育和发展住房租赁市场的若干意见》(国办发〔2016〕39号)		《公共租赁住房建设与评价标准》(DB11/T1365—2016)
2017	**坚持房子是用来住的、不是用来炒的定位，加快建立多主体供给、多渠道保障、租购并举的住房制度，让全体人民住有所居。**——十九大报告《决胜全面建成小康社会，夺取新时代中国特色社会主义伟大胜利》	★国土资源部与住房和城乡建设部发布《利用集体建设用地建设租赁住房试点方案》，北京市为13个试点城市之一 ▼住房和城乡建设部发布《关于支持北京市、上海市开展共有产权住房试点的意见》	★市规土委发布《关于进一步加强利用集体土地建设租赁住房工作的有关意见》 ▼市住房和城乡建设委等四部门发布《北京市共有产权住房管理暂行办法》 ▼市住房和城乡建设委发布《共有产权住房规划设计宜居建设导则》
2018			市住房和城乡建设委等三部门发布《关于发展租赁型职工集体宿舍的意见》(试行)、市住建委等六部门发布《关于优化住房支持政策服务保障人才发展的意见》
2019		住房和城乡建设部等三部委发布《关于进一步规范发展公租房的意见》	
2020			修编《公共租赁住房建设与评价标准》(DB11/T1365—2016)、市住建委等三部门发布《关于进一步加强全市集体土地租赁住房规划建设管理的意见》

续表

时间	中央相关政策、文件	部委级相关政策、文件	北京市相关政策、文件
2021	加快发展保障性租赁住房，促进解决好大城市住房突出问题，主要解决符合条件的新市民、青年人等群体的住房困难问题。——《国务院办公厅关于加快发展保障性租赁住房的意见》（国办发〔2021〕22号）		市住房和城乡建设委等四部门发布《关于进一步推进非居住建筑改建宿舍型租赁住房有关工作的通知》

注：★和▼分别表示北京市作为集体土地建设租赁住房和共有产权住房试点城市，在全国先行先试。

3.3 通过提升饮水安全水平支持水源涵养地长效脱贫与乡村振兴
——以承德市丰宁满族自治县"母亲水窖"项目为例

饮水安全对民生福祉改善、人居环境提升和区域可持续发展具有关键作用。但我国受自然社会条件和经济技术条件差异影响，饮水安全问题对于很多地区、特别是农村地区仍然是制约脱贫发展的关键因素。我国将安全饮水作为脱贫攻坚的底线任务和约束性要求，多年来持续推进安全饮水设施及服务在贫困地区的持续供给，为地方脱贫打好坚实基础。承德市作为环京津城市群重要的水源涵养地，其饮水安全促进扶贫攻坚和乡村振兴的做法，对于同类型城市具有重要的示范和引导意义。本节以承德市丰宁满族自治县农村饮水安全工程为例，分享了由政府引导、NGO支持的安全饮水设施配置在社区尺度上助推贫困地区精准脱贫与环境提升双赢共进的地方经验。

全球范围内，水资源的绝对短缺和由于人口激增带来的水压力为欠发达地区和脆弱群体造成了不平等的影响。

全球人口快速增长和经济活动对于水资源的过度、低效利用正在让世界水资源背负沉重压力。据相关数据，全球将近400个地区的民众生活在"极度缺水"的环境下，近1/3人口——26亿人生活在"高度缺水"的国家，其中17个国家中的17亿人生活在"极度缺水"的地方，中东和北非是全球水资源压力最大的地区[1]。预计到2050年，世界人口将达到96亿人，水资源需求量将增加55%，水资源紧张威胁经济和社会利益，并对欠发达地区产生不平等的影响。

水资源分布不均、饮水设施供给失衡等问题使欠发达地区在水资源获取上承受着更大的损失，并进一步强化贫困人口、妇女儿童等脆弱群体的弱势地位。2017年，全球有7.85亿人缺乏饮用水基本服务，20亿人生活在没有基本卫生设施的环境中，其中大多数人生活在南亚、东南亚和撒哈拉以南非洲的低收入和中低收入国家[2]。全球范围内，水资源的不稳定供给对小型农业、林业、内陆渔业、畜牧养殖等产业发展产生严重制约并直接威胁农业地区人口生计[3]。安全水源的缺乏供给影响着儿童的健康与生命安全，安全饮水和卫生设施缺乏引发的腹泻病是全球5岁以下儿童死亡的第五大原因[4]。在撒哈拉沙漠以南非洲国家，妇女和女童作为家庭中主要的照顾者和取水者，取水成本和劳动负担的增加

[1] World Resources Institution.RELEASE：Updated Global Water Risk Atlas Reveals Top Water-Stressed Countries and States.（2019-08-06）.https：//www.wri.org/news/release-updated-global-water-risk-atlas-reveals-top-water-stressed-countries-and-states.

[2] 联合国儿童基金会，世界卫生组织.2000—2017年饮用水、环境卫生和个人卫生进展：特别关注不平等状况[R].日内瓦：世界卫生组织，2019.

[3] 联合国粮食和农业组织.2020年粮食及农业状况：应对农业中的水资源挑战[R].罗马：粮农组织.2020.

[4] 联合国儿童基金会，世界卫生组织.2000—2017年饮用水、环境卫生和个人卫生进展：特别关注不平等状况[R].日内瓦：世界卫生组织，2019.

使性别不平等现象加剧。水资源的获取和有效管理是保障人类生存、健康和生产力的基础，也是维持生态环境和人类社会可持续的关键。

为此，饮水安全保障与水资源可持续获取成为国际社会在社会可持续发展领域共同关注的核心问题。1992年，联合国通过《21世纪议程》，会上100多位国家元首和政府首脑明确"水不仅为维护地球一切生命所必须，而且对一切经济部门都具有生死攸关的意义"，并在消除贫困[1]、人类住区可持续发展等目标中明确了水资源可持续获取的重要意义。考虑到水源对于环境、健康和生态可持续的重要性，2000年，联合国《千年发展目标》在7.3中明确要求"到2015年将无法持续获得安全饮用水和基本卫生设施的人口比例减半"，该目标在全球范围内提前5年得以实现。2015年，联合国《2030年可持续发展议程》确定了"不落下任何人"的基本理念，可持续发展目标6（SDG6）指出"为所有人提供水和环境卫生并对其进行可持续管理"。清洁水源的获取对其他目标既有重要的促进作用，如充足水源对农业的促进作用能保证充足的粮食供给继而影响健康膳食，促进可持续发展目标2（零饥饿，SDG2）的实现。水资源能促进就业并改善工作条件从而促进经济增长[2]，为目标1（无贫穷，SDG1）、目标8（体面工作和经济增长，

SDG8）、目标11（可持续城市和社区）的实现奠定基础。

水资源短缺与获取不畅严重威胁着农村地区的民生福祉，并导致贫困发生。饮水设施与服务的可及性和水资源可持续管理是农村贫困人口长效脱贫的关键。

水资源缺乏和获取不畅使全球农村地区缺水人口面临生计威胁和贫困问题。2017年，20亿人仍然缺乏基本饮水和卫生设施，其中超过70%的人生活在农村地区，1/3生活在最不发达国家[3]。最不发达国家和内陆发展中国家农业用水量[4]占总量的90%。据相关数据，每天生活费少于1美元的人口数据（全球12亿人）与饮水安全无保障的人口数据（11亿人）存在某种吻合关系[5]。2000年以来，在各国政府的推动下，有18亿人获得了基本饮水服务，但由于管理体系不到位等多种原因，饮水服务的可及性、可用性和质量在区域间并不平等[6]。

以中国为例，我国是一个干旱缺水的国家，全国水资源呈现地区分布不均、年际分配不均、水土资源不相匹配的特点，水资源人均占有量仅相当于世界人均水平的1/4。2013年，我国水资源短缺地区中贫困县所占比例高达56%。水利基础设施建设落后使农村地区靠天吃饭现象严重，灌溉设施普及率低，人畜饮水困难等

---

[1] 向穷人提供淡水和卫生设备。

[2] 联合国教育，科学与文化组织.联合国世界水资源发展报告2016水与就业[R].巴黎：联合国教科文组织，2017.

[3] 联合国儿童基金会，世界卫生组织.2000—2017年饮用水、环境卫生和个人卫生进展：特别关注不平等状况[R].日内瓦：世界卫生组织，2019.

[4] 农业取水量包含灌溉、畜牧、水产养殖的用水量。

[5] 全球水伙伴技术委员会.扶贫和水资源可持续管理[R].北京：中国水利水电出版社，2016.

[6] Thet Swe Khin, Mizanur Rahman Md, Shafiur Rahman Md, Teng Yvonne, Krull Abe Sarah, Hashizume Masahiro, Shibuya Kenji. Impact of poverty reduction on access to water and sanitation in low- and lower-middle-income countries：country-specific Bayesian projections to 2030.[J]. Tropical medicine & international health：TM & IH, 2021.

原因使依赖传统农业及畜牧业的贫困村经济发展严重受阻，使贫困问题加深并阻碍脱贫工作开展。饮水安全无法保障和不可持续的水源供给将导致扶贫成果难以保持，脱贫人口及边缘群体出现返贫现象。

安全水源的获取和水资源可持续管理的实现，离不开城乡基础设施配套和管理方式的重大转变。《21世纪议程》在促进人类住区的可持续发展中明确了城市发展应关注饮水、卫生、道路等服务的平衡供给，包括"优先考虑都市和农村中的贫民"并"向较穷的地区提供较多的基础社会和服务"。联合国《新城市议程》在13.a"将人人普遍享有安全和负担得起的饮用水和卫生设施"列为我们设想的城市和人类住区目标之一。联合国《2030年可持续发展议程》子目标11.1"到2030年，确保人人获得适当、安全和负担得起的住房和基本服务，并改造贫民窟"也体现出城市对贫困地区服务供给的主体责任。饮水设施和基本服务的持续供给也是可持续住区的共同追求。

中国一直将贫困人口的饮水安全保障作为实现脱贫攻坚的重要关注，并在顶层设计中将饮水安全明确为脱贫攻坚的底线任务和约束目标，协调相关部门政策力量和各级水利行业资源，系统推进水利扶贫工作。

农村贫困人口的饮水安全保障和基础设施补短板一直是我国扶贫开发的重点，扶贫开发与饮水安全在政策上高度协调一致，推进贫困地区水利发展能力提升。2011年，中共中央、国务院发布《中国农村扶贫开发纲要（2011—2020年）》划定贫困程度较深、相对连片的11个集中连片特困地区和片区外国家扶贫开发工作重点县，提出"两不愁、三保障[1]"的扶贫总目标，并明确饮水安全是扶贫的重点任务。按照纲要要求，水利部2012年配合印发《全国水利扶贫规划》，针对上述贫困地区水利发展严重滞后的局面，从8个方面[2]配套措施，推进其水利公共服务能力。

2015年，中共中央、国务院发布《中共中央 国务院关于打赢脱贫攻坚战的决定》，为全面脱贫划定时间节点，明确"到2020年，确保我国现行标准下农村贫困人口实现脱贫，贫困县全部摘帽，解决区域性整体贫困"。同年，水利部配合脱贫攻坚工作部署发布《"十三五"全国水利扶贫专项规划》，以国家划定的集中连片特困地区和贫困县为对象，从饮水工程、灌溉设施、水生态治理、人才保障等多方面配套扶持，保证"到2020年，水利基础设施公共服务能力达到或接近全国平均水平"。考核指标上，明确了农村集中供水率83%（全国平均为85%）、农村自来水普及率75%（全国平均为80%）为约束性指标，作为水利脱贫攻坚的底线任务。

2018年，中央政治局常委发布《关于打赢脱贫攻坚战三年行动的指导意见》，要求全面解决贫困人口住房和饮水安全问题，为实施乡村振兴战略打好基础。同年，水利部制定了《水利扶贫行动三年（2018—2020年）实施方案》，将农村饮水安全列入贫困退出评估指标。2016年至2020年，中央安排贫困地区水利建设投资3543亿元，农村集中供水率达到87%，新增供水能力114亿立方米，新增治理水土流失面积3.85万平方公里，饮水安全任务全面实现。2020

---

[1] 即稳定实现扶贫对象不愁吃、不愁穿，保障其义务教育、基本医疗和住房。

[2] 即农村饮水安全巩固提升工程、农田水利工程、防洪减灾工程、水资源开发利用工程、水土保持和生态建设、农村水电工程、基层行业能力、涉水管理能力等八大任务建设。

年，现行标准下农村贫困人口实现全部脱贫。

脱贫攻坚实现以后，区域性整体贫困和绝对贫困已经解决，但转型性的次生贫困问题和相对贫困将成为未来很长一段时间需要解决的重点问题[1]。2021年，中央一号文件提出全面推进乡村振兴，确保脱贫攻坚与乡村振兴有效衔接，巩固脱贫攻坚成果，建立脱贫长效机制。同年，水利部部署巩固拓展水利扶贫成果同乡村振兴水利保障有效衔接工作，持续加大脱贫地区水利支持力度，为全面推进乡村振兴奠定水利基础。

承德市是京津重要水源涵养地，也是近年来环京津扶贫攻坚工作开展的重点地区，水资源分配和治理需求复杂多样。实现水生态涵养与水利扶贫的双赢共进，既是承德市脱贫工作的难点也是底线任务。

承德市位于河北省东北部，面积3.95万平方公里，辖3个市辖区、1个县级市、4个县、3个自治县。区位上，承德是连接京、津、冀、辽、蒙的重要节点。境内地形复杂，山脉纵横，河流交错，北部为内蒙古高原的东南边缘，中部为浅山区，南部为燕山山脉。由于生态良好、资源富集，历史上承德见证了"康乾盛世"，境内避暑山庄及其周围寺庙是闻名的世界文化遗产。2019年，承德市常住人口358.27万人，城镇化率为53.26%。

承德市在京津冀协同发展中具有重要生态地位，2014年，习近平主席指出："张承地区[2]要定位于建设京津冀水源涵养功能区，同步考虑解决京津周边贫困问题"。承德市地处京津都市圈外围生态保障带，渤海水系的河流上游多位于此地，地表水资源和降水量相对丰富。近20年来，受水源生态涵养等约束，水资源开发利用程度[3]逐渐走低，加之承德市用水结构不均衡现象严重，农业用水量约占3/4，市内用水供需缺口逐渐扩大，2000年至2017年，承德市用水缺口从35.5万立方米线性升高至647.1万立方米[4]。总体而言，承德市水资源总量相对丰富，但水资源开发、利用、配置的现实挑战在微观层面仍然存在，水资源合理配置、水需求精准对接、用水效率提升是承德市水资源可持续管理的关键。

承德市四周环山，北部位于燕山——太行山集中连片贫困地区，受自然条件约束，产业发展相对薄弱，主要依靠农业收入的人口较多。按照国家建档立卡的贫困标准，承德市共有7个贫困县（市），936个贫困村，75.17万贫困人口，贫困人口约占总人口的20%，是脱贫攻坚的重难点地区。受自然环境、经济环境等约束，境内用水情况差异较大，贫困地区饮水安全在水量、水质、水资源获取等方面存在多样化的问题，无法满足农作物灌溉、畜牧饮水、贫困人口卫生健康的相关需求[5]。贫困地区饮水安全保障既是承德市脱贫攻坚的底线任务，也是长效扶贫的现实需要。

为保障农村贫困地区用水安全，实现用水需求精准对接和饮水服务的持续供给，针对燕山——太行山、坝上高原和黑龙港流域贫困地

[1] 高强.脱贫攻坚与乡村振兴有机衔接的逻辑关系及政策安排[J].南京农业大学学报（社会科学版），2019，19（5）：15-23+154-155.

[2] 即张家口市、承德市。

[3] 一定区域内水资源被人类开发和利用的状况，一般用被开发量与水资源量的比值表示。

[4] 翟卫军.承德市水资源特征及供需平衡分析[J].陕西水利，2019（7）：55-56+62.

[5] 姬鸿鑫，王占升.承德市农村饮水安全工程建设浅析[J].河北水利，2015（5）：21-22.

区，河北省先后制定了《河北省农村供水用水管理办法》《河北省农村饮水安全扶贫行动实施方案》《河北省农村饮水安全巩固提升工程"十三五"规划》等政策性文件，对农村地区和贫困地区饮水安全工作做出顶层部署，根据水源条件、地形状况，分类推进。

承德市层面坚持"水利工程补短板、水利行业强监管"，对饮水安全提出了更精准、更系统的政策措施。在"农村饮水安全巩固提升工程""农村集中饮水工程""贫困村基础设施提升工程"等工程建设中，承德市扶贫开发和脱贫工作领导小组《关于提高扶贫脱贫质量巩固脱贫成果的实施意见》中明确要规范饮水安全、产业发展等方面档案管理，实现精准对接。2016年，《承德市水务发展"十三五"规划》对农村饮水覆盖率、水质等提出了更高要求，明确提出农村集中式供水人口比例达到90%以上，集中式饮用水水源地水质全面达标等关键指标。针对工程建设轻管理的问题，承德配套《承德市水利工程建设项目监督管理办法》完善运维管理体系。"十三五"期间承德全面实施农村饮水安全巩固提升工程，9.57万贫困人口受益。解决饮水安全问题对稳定脱贫成果，防治居民返贫都具有重要的意义，饮水设施配套推进将为后续产业发展、环境治理等起到坚实作用。

以丰宁满族自治县土城村"母亲水窖"安全饮水工程为例，介绍水利扶贫相关经验。

丰宁满族自治县（以下简称丰宁县）位于承德市西部，与北京接壤，位于2011年划定的燕山——太行山集中连片特殊困难地区，也是国家扶贫开发工作重点县。丰宁县地域辽阔，地貌复杂，全县总面积8765平方公里，下辖9镇、17乡、309个行政村，总人口41.1万人，满族人口占全县总人口的64.97%。水资源条件上，

丰宁县是潮河、滦河的发源地，也是北京和天津的重要水源地。2020年2月29日，丰宁满族自治县退出贫困县序列，正式脱贫"摘帽"。

丰宁县"母亲水窖"项目位于丰宁满族自治县土城镇土城村，位于丰宁县城北15公里处，村中现有住户980户，人口3000余人，耕地面积3000余亩，奶业及蔬菜为主导农业产业。

2017年以前，土城村饮水安全问题最严重的农户主要集中在111户由丰宁县小坝子乡移民至土城村的移民搬迁小组（以下简称移民小组）。小坝子乡受历史遗留毁林开荒问题影响，生态脆弱，易沙化，地质灾害点多，水、旱、风、雹、霜冻等灾害频发，沙化面积曾高达70%多，"黄沙埋了墙，流沙压塌房"的景象是居民生活常态，生存条件恶劣，持久脱贫难以实现（图3.1）。2000年开始，随着京津风沙源治

图3.1　2000年小坝子乡农户住房被荒漠流沙包围

（源自网络）

理和生态修复工程落地，111户居民于2000年响应生态搬迁政策由小坝子乡移民至土城村。搬迁后，村民饮水供给主要通过自家挖井取地表浅层水饮用，水井深度约10米，缺乏集中供水工程配套（图3.2）。

图3.2　母亲水窖建设前居民靠自建水井取水

因工程性缺水、水污染等问题，丰宁县土城村移民小组饮水安全无法保障，对脱贫攻坚的长效开展和稳定实现形成制约。水量上，由于人口和生产生活用水需求日益增加，移民小组原有的村民自建地表水饮水工程出现了水源保障率低、供水间断、干旱年份缺水等问题，加上季节性缺水、干旱新增缺水等问题，饮水保障率不足，无法达到安全饮水要求。水质上，移民小组原来依托的奶牛养殖业于2015年进行产业集约化转型，村民养殖的奶牛由自家庭院集中至附近奶牛小区。随着奶牛产业集中化养殖经营，奶牛饲养青储玉米发酵饲料的大量堆积经地表渗透对浅层水形成污染。随着污染面及污染程度逐渐扩大，土城村移民小组水中微生物、气味、颜色均达不到饮用标准，饮水安全问题加重。工程建设上，土城村紧邻潮河上游，但由于村庄地势较高，且境内111国道穿境而过，铺设管线较长，城镇

集中供水工程难度大，成本高昂。考虑到群众自筹能力限制和工程建设资金缺口，2015年前后，镇政府采取雇佣水车帮助居民拉水送水的方式解决土城村移民小组饮水问题。

土城村移民小组饮水问题使村民生产生活受到严重制约，水资源获取不畅使村民生活环境、卫生健康、经济收入、精神面貌都受到了负面影响，阻碍了脱贫攻坚工作效果的实现。

丰宁县将农村饮水安全问题视为民心工程全力推进，"母亲水窖"公益性饮水安全项目通过非政府组织资助，政府相关部门推进，居民自发参与，解决了土城村移民小组饮水安全的突出问题。

丰宁县高度重视农村饮水安全问题，多措并举，针对性解决境内贫困人口饮水需求。《丰宁满族自治县2019年安全饮水工作实施方案》总体目标中指出"确保农村饮水安全覆盖率达到100%，农村供水水质达标率达到100%"，远高于国家、省、市的相关要求。为促进工作落实，丰宁县提出要因地制宜、分类推进，彻底解决农村"吃水难"和"饮水不安全问题"。针对丰宁境内移民搬迁群众，丰宁县提出了"搬得出、稳得住、能致富"的总体目标，从多部门协调、政策配套、系统保障多方面施策，保障扶贫搬迁群众"两不愁三保障"和饮水安全目标得以实现。

针对土城村移民小组反映的饮水问题，丰宁县调集多部门力量，通过多渠道筹措，切实解决饮水问题。2016年，丰宁满族自治县妇女联合会和县水务局联合对土城村移民小组饮水情况进行调研，通过与村民沟通交流用水需求，制定解决饮水问题方案，并向中国妇女发展基金会提出"母亲水窖"[1]项目申请，争取资金，改善村民现

---

[1] "母亲水窖"是中国妇女发展基金会2001年开始实施的慈善性集中供水工程项目，重点关注饮水困难地区妇女及家庭饮水问题的解决，其经验成果受到亚洲开发银行、联合国的多次肯定。

有饮水状况。

项目2016年申报，2017年开工建设，同年10月底完工并通过验收。项目总投资48万元，其中中国妇女基金会下援资金43万元，群众自筹资金5万元。项目采取地下水水源，打深水井一座，深约100米，修建地下截门井2座，饮水工程接县城水厂管网，铺设地下管网3400米，配套水泵1台套。丰宁县"母亲水窖"安全饮水工程经检验符合国家饮水安全相关标准[1]，有效地解决了土城村980户3000人的饮水安全问题，特别是111户外来移民搬迁至土城村移民小区的居民饮水情况有了很大改善（图3.3）。项目配备设施管理维护员，由村民自发担任，对设施运行情况进行监督维护。

图3.3 集中供水后饮水入户

项目建成后，丰宁县政府积极落实综合管理责任，从工程管理、源头治理、水结构调整等方面，保障饮水安全建设成果长效可持续。

土城村"母亲水窖"项目建成后，被纳入全县统一管理。丰宁县各部门围绕水问题综合施策，通过饮水工程运维管护、农业水结构调整、污染面源防治等方面入手，确保农村饮水安全系统工程综合推进。

工程管理机制配套上，丰宁县水务局采取"六抓六确保[2]"的综合监督管理体系，从六个环节配备人员、技术，确保全县饮水工程建设长效高质量运营。饮水情况排查上，丰宁县水务局抽调水利技术骨干组成10个调查组，针对饮水安全现状进行全面摸底，确保农村饮水安全工作"不漏一户，不落一人"；工程建设上，健全了水利、卫健、电力、财政沟通顺畅的协调机制，确保工程优质建设、动态监督、长效运行；水质上，根据水质检测需要，建立了覆盖乡（镇）、行政村、自然村、居住点的数据库，保证水质检测无遗漏，出具报告有依据；问题受理上，通过组建"8+3"工作专班[3]，全面核实、督促整改存在饮水安全问题，并制定解决方案；工程质量上，成立工程验收工作推进专班，对项目覆盖户进行满意度测评；工程运维上，成立应急抢修服务队伍，探索建立专人管护、应急处置、区域便民和社会服务相结合的农村饮水安全全覆盖工作服务体系，为解决贫困群众饮水安全的后顾之忧提供水利支撑。

农业结构调整上，丰宁县农业农村局以节水农业为导向，加快农业用水结构调整，提升水资

---

[1] 根据国家及河北省脱贫攻坚退出标准的规定，饮水安全方面，要求水质不可有肉眼可见杂质、无异色异味，用水户长期饮用无不良反应，并要求山丘区水量每天每人不少于20升，人力或简易交通工具取水往返时间不超过20分钟，间距取水点的距离不超过800米，一年中实际供水天数与一年总天数的比值高于90%（不能多于36天）。

[2] 一是抓普查排查，确保实地走访不落一户不落一人；二是抓工程建设，确保农村饮水工程全部完工；三是抓水质安全，确保水质检测全覆盖；四是抓问题受理，确保问题交办全核实；五是抓工程质量，确保项目验收全方位；六是抓工程运维，确保饮水工程全管理。

[3] 即：工程督查、巡查、动态监测、运行维护、应急抢修工作专班和供水水源成井定点、测水工作专班，电力配套工作协调专班，水质检测工作协调专班。

源利用效率。农业种植上，推进优质高效旱作作物种植，推广燕麦、胡麻、油菜籽、中药材等优质高效抗旱作物，保障粮食安全同时促进农民增收。灌溉技术上，推广旱作节水农业技术，采取膜下滴灌、陆地滴灌、微喷等节水措施。全年推广节水措施种植50.18万亩，节水7527万立方米。

污染面源防治上，丰宁县生态环境分局针对生活用水未经处理渗入地下的现象，开展农村生产生活污水治理行动。其中土城镇潮河干流傍河村庄污水收集并网项目涵盖土城村村址，项目收集生活污水全部并入县城污水管网，由污水处理厂进行处理。针对生产用水污染，土城镇奶牛集中养殖场迁移工作正有序推进。

2018年以来，丰宁满族自治县推进县、乡（镇）、村上下联动的农村饮水安全全覆盖工作，使15520个贫困户、39200贫困人口饮水安全问题得到解决。

配合脱贫攻坚系列政策推动，丰宁县饮水安全项目为脱贫产业高质量发展提供了水利保障，为贫困人口就业增收构建了水利基础，为完成脱贫攻坚目标、稳定脱贫攻坚成果起到了积极作用。

扶贫产业上，依托水资源获取条件改善，土城镇构筑"三加三"（果蔬、杂粮中药材、肉牛生态猪养殖+生态林果、光伏、乡村旅游）产业体系，目前全镇设施果蔬种植达到4760亩，杂粮中药材种植达6000亩，蔬菜种植达7800亩。针对贫困户，开展光伏产业带动，全镇贫困户1100户，2711人，至少都实现了两个产业带动，户均增收7300元。

扶贫就业上，饮水条件的改善提升了家庭生产效率、就业环境和工作条件，促进了劳动力就业。同时，丰宁县人力资源和社会保障局大力配套贫困人口就业政策和服务，带领脱贫人口增收

致富。丰宁县针对贫困劳动力提供技能训练，目前已开展木工、瓦工、钢筋工、月嫂等二十多项技能培训。通过东西部协作劳务输出、开发公益岗位、鼓励企业吸纳、创业带动+扶贫车间+产业大棚等多种方式促进就业。目前，已经提供就业岗位3000余个，易地搬迁人口实现稳定增收。

2020年2月29日，丰宁满族自治县经考核验收，达到脱贫标准正式批准脱贫摘帽。全县贫困发生率由2014年的39.44％下降到0％，贫困人口人均纯收入由2014年的2785元提到了2020年前的10782元。

丰宁县土城村饮水安全工程改变了长期以来的农村生活方式，为人居环境改善、卫生健康质量提高提供了有力的基础保障，为全面实现乡村振兴提供了有利条件。

卫生与健康方面，集中饮水项目接通后，改善了土城村的饮水条件，解决了过去由于缺水，村民长期饮用碱水、雨水以及矿物质、细菌严重超标的不清洁水，导致肠道传染病和多种并发症频发的现状（图3.4）。土城村1896名妇女儿童的卫生条件得到改善，促进如厕洗手等卫生习惯养成和卫生健康管理综合能力提升，减少了疾病的发生，妇女儿童的健康状况有了好转，精神面貌也大有改观。此外，饮水安全促进粮食安全成

图3.4　土城村水设施改善促进卫生健康能力提升

本降低，村民通过种植新鲜的蔬菜，饮食结构得到了改善，身体素质也得到了增强。

人居环境方面，饮水设施配套为多项人居环境改善工作提供了有利条件，水源供给为丰宁县推进户厕公厕改造项目、村庄绿化美化、村容村貌整治形成了工作基础。水源保障使村民精神面貌得到提升，村民清洁卫生文明意识普遍提高，推动了农村环境卫生状况全面提升（图3.5）。妇女学习农业技术、美化庭院的主动性增加，通过在房前屋后种花种菜，村民人居环境大大改善。对新农村建设、美丽乡村创建、乡村振兴起到了助推作用。

图3.5　土城村人居环境质量得到大幅提升

承德市丰宁满族自治县水利扶贫与水资源综合治理的成果为脱贫攻坚与乡村振兴起到了积极作用，并在可持续发展多个经济社会领域体现出促进作用。

丰宁满族自治县"母亲水窖"水利扶贫项目是安全饮水促进脱贫攻坚长效实现的良好实践。安全饮水基础设施建设使贫困地区广大群众享有基本公共服务的可及性显著提高，有助于脱贫目标的高质量实现和脱贫成果长效巩固。饮水安全

工程建设对各年龄段和不同群体的民生福祉具有促进作用，对可持续发展目标1"在全世界消除一切形式的贫困"的实现具有促进作用。安全饮水服务的获取可有效节省农民用于取水的劳动时间，减轻农民取水的劳动强度，并且以庭院经济、外出务工等形式促进贫困地区农村家庭经营结构调整，提升贫困人口自我发展能力，产生直接经济效益，为可持续发展目标8"体面工作和经济增长"的实现创造必要条件。

丰宁满族自治县"母亲水窖"项目基于政府妇女联合会引导，NGO支持，村民主体参与的建设方式增加了村民自下而上的参与意识，村民自筹资金参与建设，自主参加建设讨论，自发维护水源安全[1]，形成了对可持续发展目标6.b"支持和加强地方社区参与改进水和环境卫生管理"的积极实践。项目建设促进了女性赋能，女性作为负责家务劳动和取水的主要群体，是项目建设受益最大的群体，安全饮水的覆盖减少了妇女取水的时间，增加了家庭用水的便利性，为女性参与其他生产活动和外出务工创造了机会[2]，对目标5"性别平等"的实现具有积极意义。

丰宁县多部门围绕饮水安全工程配套开展的饮水工程综合运营管理、农业节水、污染面源防治等行动，对水生态环境涵养、水问题长效解决具有积极意义，为乡村振兴奠定水利基础，是确保可持续发展目标6.1"到2030年，人人普遍和公平获得安全和负担得起的饮用水"长效实现的必要条件。饮水条件的改善为现代卫生设备的接入提供了基础条件，并有助于乡村环境的改善，为推进目标11.1"到2030年，确保人人获得适当、安全和负担得起的住房和基本服务，并

[1] 陈方."母亲水窖"项目的经济和社会效益研究[J].河海大学学报（哲学社会科学版），2003（1）: 3-7.
[2] 同上。

改造贫民窟"提供有力的硬件支撑。基础设施提升和居住条件的改善有助于卫生和健康意识的养成，为可持续发展目标3"良好健康与福祉"的实现提供了基本条件。

丰宁在通过提升饮水安全水平支持水源涵养地长效脱贫与乡村振兴的案例证明，农村安全饮水设施建设在预防农村贫困人口返贫、脱贫攻坚成果巩固、脱贫长效机制建立、乡村振兴有效衔接上都起到了关键作用，是我国脱贫攻坚、乡村振兴战略实现的必要条件。饮水服务和设施的可持续获取，使水利支撑欠发达地区发展的能力显著增强，基础设施的改善从根本上破解了贫困地区脱贫致富的难题，并对村民精神面貌改善、脆弱群体健康状态改善、村庄文明卫生意识提升、产业经济发展等具有积极意义，丰宁满族自治县饮水安全工程建设和水资源可持续管理的经验成果为农村欠发达地区安全饮水获取与乡村振兴实现、水源涵养地水资源综合管理、可持续发展目标的促进提供良好示范。

3.4 共建共治共享理念助推重要农业文化遗产地景观资源可持续利用
——以广西壮族自治区桂林市龙胜各族自治县为例

承认文化和自然遗产对人类福祉的内在贡献并对其进行有效保护和管理是可持续发展观的核心组成。2015年9月，联合国《2030年可持续发展议程》将自然和文化遗产议题纳入了国际可持续发展领域的主流框架[1]。文化的重要作用被体现在多个可持续发展目标中，如：围绕经济增长，子目标8.9"到2030年，制定和执行推广可持续旅游的政策，以创造就业机会，促进地方文化和产品"；在社区及城镇建设领域，子目标11.4指出要"进一步努力保护和捍卫世界文化和自然遗产"；针对资源开发利用，子目标12.b明确提出应"开发和利用各种工具，监测能创造就业机会、促进地方文化和产品的可持续旅游业对促进可持续发展产生的影响"，同时其积极影响与目标1"无贫穷"关联密切。2015年11月，第二十届世界遗产公约缔约国大会通过了将可持续发展观点纳入《世界遗产公约》进程的政策[2]，进一步明确了文化在经济、社会和环境层面对可持续发展的推动作用。2016年12月，《新城市议程》指出了城市化对自然文化遗产保护的潜在影响[3]，认为"城市化是推动持久和包容型经济

增长、社会和文化发展以及环境保护的积极力量"，同时指出"文化和文化多元性是人类精神给养的来源"，"在推动和实施新的可持续消费和生产模式，从而促进负责任地利用资源和应对气候变化负面影响方面，应考虑到文化因素"。

重要农业文化遗产是长期以来人与自然通过农业生产生活活动相互影响、和谐演进的具体体现，独特的农业生产系统、土地利用模式和农业景观，展现了农业生态系统的多样性和适应性，是重要的历史文化资源和景观资源。

为保护全球重要的农业遗产系统及其相关景观、农业生物多样性和知识文化系统，2002年在南非约翰内斯堡举行的可持续发展问题世界首脑会议上，联合国粮农组织（FAO）发起了"全球重要农业遗产系统"（Globally Important Agricultural Heritage Systems，简称"GIAHS"）的全球伙伴关系倡议[4]。此后，国际社会对重要农业文化遗产的关注程度不断提高，国家级重要农业文化遗产的发掘和保护工作得到迅速发展。2005年以来，FAO全球重要农业遗产系统共收录62个传统农业系统，涵盖22个国

[1] 联合国.变革我们的世界：2030年可持续发展议程，A/RES/70/1 [R]. United Nations，2015.
[2] UNESCO.Sustainable development，UNESCO World Heritage Centre[R/OL].[2021-07-08]. https：//whc. unesco.org/en/sustainabledevelopment.
[3] 联合国.新城市议程[R/OL].[2021-07-08].https：//www.un.org/zh/documents/treaty/files/A-RES-71-256. shtml.
[4] FAO，GIAHS.Globally Important Agricultural Heritage Systems[R/OL].[2021-07-12]. http：//www.fao.org/ giahs/en/.

家，并收到了来自9个国家的15项新提案。

中国历史悠久、幅员辽阔，在长期社会发展中不同民族与环境相互影响、相互适应，在特有地理环境下形成了丰富的文化和自然遗产。其中重要农业文化遗产代表了中华优秀农耕文化，以活态性、适应性、复合性、战略性、多功能性和濒危性为主要特征，展现了我国各族劳动人民长期以来在特定地区、特定环境中世代积累并传承的生产生活智慧和传统生产技术体系，同时具备独特的生态景观特征，经济与生态价值高度统一[1]。为加强重要农业文化遗产管理，促进农业文化传承、农业生态保护和农业可持续发展，2015年农业农村部（原农业部）出台了《重要农业文化遗产管理办法》[2]。2018年，为落实乡村振兴战略，中共中央、国务院印发了《乡村振兴战略规划（2018—2022年）》，提出要"保护利用乡村传统文化，实施农耕文化传承保护工程"[3]。农业文化遗产的传承和开发对于乡村振兴战略实施具有重要的现实意义。在FAO项目的带动下，我国于2013年发布了第一批19项中国重要农业文化遗产，并于2014年、2015年、2017年和2020年分五批认定了118项中国重要农业文化遗产，对传统乡村风貌和农业文化景观、农林果蔬和畜牧渔业等传统生产技艺、复合种养和水土综合利用制度等进行了重点保护[4]。我国也是最早响应和积极参与全球重要农业文化遗产保护的国家之一，目前共有15项系统被认定为"全球重要农业遗产系统"，是世界上申报GIAHS最多的国家。

农业文化遗产兼具自然、文化、文化景观和非物质文化遗产的特点，具有历史、文化、经济、生态和社会等多重价值。通过现代化治理手段可实现遗产地休闲农业和乡村旅游高效且可持续利用，促进地方三产融合、有效衔接乡村振兴和可持续发展战略。

十八大以来国家有关部门相继出台《国务院关于促进旅游改革发展的若干意见》（2014年8月）[5]、《农业部等11部门关于积极开发农业多种功能大力促进休闲农业发展的通知》（2015年8月）[6]、《国土资源部住房和城乡建设部国家旅游局关于支持旅游业发展用地政策的意见》（2015年12月）[7]、《乡村旅游扶贫工程行动方

[1] 农业部.农业部关于开展中国重要农业文化遗产发掘工作的通知[R/OL].2012[2021-07-12]. http：//www.moa. gov.cn/nybgb/2012/dsiq/201805/t20180514_6141988.htm.

[2] 农业部.重要农业文化遗产管理办法[R/OL].2015[2021-07-12]. http：//www.gov.cn/gongbao/content/2016/ content_5038095.htm.

[3] 中共中央，国务院.乡村振兴战略规划（2018—2022年）[R/OL].2018[2021-07-12]. http：//www.moa.gov.cn/ ztzl/xczx/xczxzlgh/201811/t20181129_6163953.htm.

[4] 农业农村部.对十三届全国人大四次会议第3980号建议的答复[EB/OL].[2021-08-02]. http：//www.moa.gov.cn/ govpublic/FZJHS/202107/t20210713_6371687.htm.

[5] 国务院办公厅.国务院关于促进旅游业改革发展的若干意见（国发〔2014〕31号）[R/OL].2014[2021-07-19]. http：//www.gov.cn/zhengce/content/2014-08/21/content_8999.htm.

[6] 农业部.农业部等11部门关于积极开发农业多种功能大力促进休闲农业发展的通知[R/OL].2015[2021-07-19]. http：//www.moa.gov.cn/nybgb/2015/shiqi/201712/t20171219_6103877.htm.

[7] 三部门联合发文支持旅游业发展[EB/OL].2015[2021-07-19].http：//www.gov.cn/xinwen/2015/12/11/ content_5022674.htm.

案》（2016年8月）[1]等政策，从国家层面为乡村旅游和脱贫攻坚的有效融合提供了支持和保障。2018年9月，中共中央、国务院印发了《乡村振兴战略规划（2018—2022年）》[2]，将发展壮大乡村产业、建设生态宜居的美丽乡村、健全现代乡村治理体系、保障和改善农村民生作为主要部分，认为乡村是具有自然、社会、经济特征的地域综合体，兼具生产、生活、生态、文化等多重功能；是生态涵养的主体区，同时生态是乡村最大的发展优势。十九大在"乡村振兴"战略计划中指出，要始终坚持把农民更多分享增值收益作为基本出发点，着力增强农民参与融合能力，让农民更多分享产业融合发展的增值收益。2021年2月，指导"三农"工作的中央一号文件《中共中央国务院关于全面推进乡村振兴加快农业农村现代化的意见》发布[3]。作为"十四五"时期的首个中央一号文件，在脱贫攻坚目标如期完成的背景下，文件对新发展阶段优先发展农业农村、全面推进乡村振兴做出了总体部署，提出应实现巩固拓展脱贫攻坚成果同乡村振兴有效衔接。文件提出，构建现代乡村产业体系，开发休闲农业和乡村旅游精品线路，完善配套设施；加快推进村庄规划工作，加大农村地区文化遗产遗迹保护力度；深入推进农村改革，发展壮大新型农村集体经济。中央一号文件为乡村振兴和城乡协调发展提供了有力的政策支持。"十四五"规划和2035年远景目标纲要明确提出，实现巩固拓展脱贫攻坚成果同乡村振兴有效衔接。

保障特色景观资源可持续利用，推进乡村振兴战略的有效落实，需要现代化治理理念和治理途径进行支撑。2017年，十九大报告提出要"打造共建共治共享的社会治理格局"。2019年，十九届四中全会《决定》指出要"坚持和完善共建共治共享的社会治理制度，保持社会稳定、维护国家安全"，提出要"建设人人有责、人人尽责、人人享有的社会治理共同体"，强调了多利益攸关方的参与责任和义务。"共建共治共享"模式为推进和完善我国社会治理制度指明了方向，进一步拓展了我国在社会治理制度和社会治理现代化方面的理念共识，不同治理主体的定位和职责，对于协调各方参与、实现科学化、系统化、精细化的城乡社会治理具有重要意义。同时为保存和保护农业景观及农业生物多样性、维护农业文化遗产地生产生活关系、探索景观资源高效且可持续的利用管理模式提供了参照。

广西壮族自治区桂林市是截至目前国务院批复的六个国家可持续发展议程创新示范区之一，以"景观资源可持续利用"为建设主题。加强自然景观资源保育、发展生态旅游产业是示范区的重要行动组成，也是对乡村振兴战略的积极响应。

2009年，国务院发布《国务院关于进一步促进广西经济社会发展的若干意见》（国发〔2009〕42号），明确提出建设桂林国家旅游综合改革试验区，将桂林打造为国际旅游胜地。2012年，《桂林国际旅游胜地建设发展规划纲要》获批，桂林市旅游发展进一步得到国家政策

[1] 12部门共同制定《乡村旅游扶贫工程行动方案》[EB/OL].2016[2021-07-19]. http：//www.gov.cn/xinwen/2016-08/18/content_5100433.htm.

[2] 中共中央国务院印发《乡村振兴战略规划（2018—2022年）》[R/OL].2018[2021-07-19]. http：//www.gov.cn/zhengce/2018-09/26/content_5325534.htm.

[3] 中共中央国务院关于全面推进乡村振兴加快农业农村现代化的意见[R/OL].2021[2021-07-13]. http://www.gov.cn/xinwen/2021-02/21/content_5588098.htm.

支持。2018年，国务院发布《国务院关于同意桂林市建设国家可持续发展议程创新示范区的批复》（国函〔2018〕31号），同意桂林市以景观资源可持续利用为主题，建设国家可持续发展议程创新示范区，要求桂林实施自然景观资源保育、生态旅游、生态农业、文化康养等行动，推进落实2030年可持续发展议程。为落实国家乡村振兴战略，广西壮族自治区印发实施了《广西乡村振兴战略规划》（2018—2022）；桂林市制定了《桂林市乡村振兴战略规划》（2019—2022年）和《桂林市乡村振兴战略规划》（2018—2022年）。2021年4月，习近平主席在视察广西期间指出，桂林是一座山水甲天下的旅游名城。这是大自然赐予中华民族的一块宝地，一定要呵护好。要求桂林坚持以人民为中心，以文塑旅、以旅彰文，提升格调品位，努力创造宜业、宜居、宜乐、宜游的良好环境，打造世界级旅游城市。

以独特的农业景观资源为依托，推动乡村旅游与文化、农业、康养等相关产业的深度融合，实现景观资源可持续利用，既是实现桂林市示范区建设发展的现实需要，也是落实国家可持续发展和乡村振兴战略的具体行动，为凝练景观资源可持续利用的经验模式和桂林方案提供依据。

广西龙胜县龙脊梯田系统历史悠久、景观独特、生态良好，同时兼具壮、瑶民族特色，是山地环境与民族文化高度融合的农耕文化代表之一。2018年，龙胜龙脊梯田作为中国南方山地稻作梯田农业生产系统之一，被正式认定为全球重要农业文化遗产（GIAHS）。以梯田系统为资源载体，龙胜县多年来逐步发展旅游服务业，有效带动了遗产地农民的就业增收。

广西龙胜各族自治县（以下简称"龙胜县"）是广西桂林市下辖民族自治县，位于广西东北部、桂林西北部，地处湖南湘西和广西桂林的连接地带。县域总面积2538平方千米，全境皆为山地，16度以上的陡坡占全县土地面积的87%，森林覆盖率达到79%，有"九山半水半分田"之称[1]。县内有龙胜、三门、瓢里、平等、龙脊、乐江等6镇，泗水、马堤、江底、伟江等4乡，119个行政村。龙胜县是多民族聚居区，主体民族有苗、瑶、侗、壮、汉五个民族，其中侗族人口最多。截止到2020年11月，龙胜县共有常住人口13.95万人，其中各少数民族人口占比79.15%，乡村人口占比65.08%，人口自然增长率为-0.19‰[2]。

龙胜县旅游资源丰富（图3.6）。地处亚热带季风气候地带，温暖湿润、植被丰富、水系发达，拥有优质的自然环境和丰富的生态资源；同时有少数民族聚集，民族村寨众多，文化特色鲜明，具备发展生态旅游业的优越条件，是大桂林旅游区中旅游资源最为丰富的县之一。据统计[3]，2018年，龙胜共有龙脊风景名胜区和温泉省级旅游度假区AAAA级景区两家，白面瑶寨和艺江南中国红玉文化园两家AAA级景点，有花坪国家级自然保护区、西江坪原始森林、侗族鼓楼群、红军岩、黄洛瑶族长发村等景区和特色民族村寨。2020年龙胜县三次产业增加值占地区生产总值的比重分别22.2%：23.0%：54.8%（图3.7），对经济增长的贡献率分别为58.4%、28.6%和13.0%。以旅游业

[1] 龙胜各族自治县地方志编纂委员会.龙胜年鉴2019[M].昆明：云南人民出版社，2019.

[2] 龙胜县政府.龙胜各族自治县人口与民族情况[EB/OL].2021[2021-07-13]. http：//www.glls.gov.cn/zjls/rkmz/202106/t20210629_2083340.html.

[3] 龙胜各族自治县地方志编纂委员会.龙胜年鉴2019[M].昆明：云南人民出版社，2019.

为主的服务业已成为龙胜保障就业、稳定经济的重要组成[1]。

图3.6 龙胜县旅游资源区位分布示意[2]

桂林——龙胜县城 80公里
龙胜——龙胜温泉 32公里
龙胜——龙脊梯田 28公里

● 风景点
■ 文物点
▲ 民情风俗

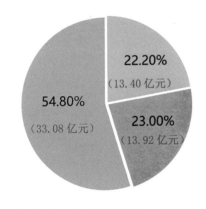

■第一产业增加值占比 ■第二产业增加值占比 ■第三产业增加值占比

图3.7 2020年龙胜县三次产业增加值占比

（数据来源：统计公报）

为落实国家战略，响应广西壮族自治区和桂林市乡村振兴战略规划，龙胜县以"生态立县.绿色崛起"为发展理念，设立了"生态、旅

游、扶贫"的发展主线，将旅游业作为全县的"支柱产业、核心产业、品牌产业和生命产业"进行建设[3]。龙胜县出台《龙胜各族自治县乡村振兴战略专项行动计划》（2018—2020年）实施方案，并编制龙胜各族自治县乡村振兴战略规划。2016年以来，龙胜县推进了生态建设和环境保护项目，桂三高速龙胜段实现全面通车，实现融入大桂林1小时经济圈，为推动当地乡村生态旅游、民族文化旅游的融合发展提供了有利条件，逐渐形成了以龙脊梯田、龙胜温泉以及民俗风情为特色的三大旅游品牌。

其中龙胜龙脊梯田是龙胜县的知名旅游资源。梯田群面积广阔，龙胜县域境内共有梯田22.8万亩，其中被认定为全球重要农业文化遗产的龙脊梯田系统面积为237.70平方公里，涉及平安壮寨、龙脊古壮寨和金坑红瑶寨等15个村[4]。已开发龙脊梯田风景名胜区占地面积为71.6平方公里，以平安壮族梯田观景区、金坑红瑶梯田观景区、龙脊古壮寨梯田文化观景区和小寨红瑶梯田观景区为核心景点[5]，包含龙脊寨（壮族）、平安寨（壮族）、中六寨（瑶族）、大寨（瑶族）、田头寨（瑶族）、小寨（瑶族）等若干村寨，主要集中了壮、瑶等少数民族，民风习俗浓郁。龙脊梯田景区自1992年正式启动旅游开发，历经近三十年的发展在生态保护、产业培育、文化传播、社会治理等方面积累了大量经验，在促进龙胜经济、社会、环境建设方面起到

[1] 龙胜县统计局.2020年龙胜各族自治县国民经济和社会发展统计公报[EB/OL].2021 [2021-07-19]. http://www.glls.gov.cn/zwgk/gdzdgk/jcxxgk/tjxx/sjfb/tjgb/202105/t20210508_2031242.html.

[2] 龙胜县政府.旅游龙胜[EB/OL].[2021-07-13]. http://www.glls.gov.cn/lyls/.

[3] 龙胜县政府.2016年龙胜县政府工作报告[R/OL].2016[2021-07-19]. http://www.glls.gov.cn/zwgk/gdzdgk/jcxxgk/zfgzbg/201907/t20190702_1296693.html.

[4] Globally Important Agricultural Heritage Systems（GIAHS）Proposal，Rice Terraces System in Southern Mountainous and Hilly Areas，China，2017.

[5] 龙胜各族自治县地方志编纂委员会.龙胜年鉴2019[M].昆明：云南人民出版社，2019.

了重要作用，是当地村民脱贫致富、实现乡村振兴的典型案例。

在新发展阶段，从共建共治共享的社会治理制度视角对龙胜龙脊梯田农业文化遗产地的保护和开发历程进行回顾，可对进一步落实乡村振兴战略、实现可持续发展目标、凝练桂林经验提供支持。

龙胜县龙脊梯田景区的建设开发经由当地村民、地方政府、外来投资商、旅游管理企业、游客等众多利益攸关团体共同推动形成。平安壮寨、龙脊古壮寨和金坑红瑶寨等村集体先后参与到龙脊梯田的建设发展中，各村寨生产生活均在景区内进行。经过长期的实践探索，证明了"共建共治共享"模式对传统农业景观遗产活态化保育利用的支撑作用。依据建设经营主体的变迁，其发展建设可概括为村民自发经营管理的初始发展阶段，政府主导治理、外来旅游投资商主导经营的建设阶段，多方参与的共建共治共享模式的形成阶段几个时期[1][2][3][4][5][6][7]。

村民自发经营管理的初始发展阶段。 20世纪80年代，随着经济发展，龙胜和外界交流逐渐增多，龙脊独特的梯田和人文景观吸引了一批摄影家、画家、作家自主前来采风。1987年，龙胜政府组建龙胜县旅游总公司，筹备对梯田区域进行旅游开发。1988年，龙脊梯田获批成为第一批广西壮族自治区级风景名胜区，即"龙脊风景名胜区"[8]。在此阶段，以背包客为主的群体成为龙脊梯田景区的早期游客，此时来访游客主要由村干部进行接待，但整体规模较小。受外界影响较早进行旅游接待活动的平安壮寨部分居民，逐步开始为摄影爱好者提供住宿和餐饮，但各村寨旅游接待均不以盈利为目的，经营性旅游接待设施尚未出现。进入20世纪90年代，县政府在旅游总公司基础上增设旅游局，并于1992年正式介入龙脊梯田的旅游开发，1993年，龙胜县开始以"旅游扶贫"的方式对景区进行开发，平安梯田景区正式对外开放，平安寨寨老和支书成为最早自行建设经营家庭旅馆的旅游从业者，1995年至1997年，平安梯田景区开始向游客收取门票，并按人口将收益分配到户，经营活动由村民自发组织。

在旅游发展初期，龙脊梯田景区核心区中平安寨从事旅游活动较早，当地居民主要通过当向导、帮游客背包、抬轿和出售土特产、工艺品的形式参与旅游活动，多数村民对旅游业持观望态度，大寨、龙脊古壮寨等地区仍未通水、通路，景区大部分居民仍以农耕活动为主，对当地梯田景观和生态环境的保护意识尚未建立，

[1] 吴忠军，叶晔.民族社区旅游利益分配与居民参与有效性探讨——以桂林龙胜龙脊梯田景区平安寨为例[J].广西经济管理干部学院学报，2005（3）：51-55.

[2] 孙九霞，吴丽蓉.龙脊梯田社区旅游发展中的利益关系研究[J].旅游论坛，2013，6（6）：28-34+44.

[3] 李宏华.龙脊梯田农业文化遗产保护与利用研究[D].南京：南京农业大学，2017.

[4] 何顺.广西龙脊梯田农业文化遗产保护、利用与社区营造研究[D].桂林：广西师范大学，2018.

[5] 罗洁.民族文化旅游的"龙脊模式"研究[D].桂林：桂林理工大学，2019.

[6] 赵芳.广西龙脊梯田景观可持续发展评价[D].桂林：桂林理工大学，2020.

[7] 潘保玉.中国人居印象——龙脊镇大寨村旅游扶贫亲历[R/OL].（2021-04-30）[2021-07-20]，https：//mp.weixin.qq.com/s/qsp8f_Ttnvs0GqP4FQxB3w.

[8] 广西壮族自治区人民政府.广西壮族自治区人民政府关于公布第一批自治区级风景名胜区的通知[R/OL].（1988-09-14）[2021-07-20].http：//www.gxlib.org.cn：9980/cubes-show-11074.shtml.

景区的整体开发和农业文化遗产的保育体系仍处于初级阶段。

政府主导治理，外来旅游投资商主导经营的建设阶段。 1996年，龙胜县委、县政府提出了"旅游立县"的发展战略，当地旅游基础设施得到迅速发展。1999年，政府开始修建到平安村公路，并于平安村签订旅游开发协议，龙脊梯田景区成立并开始收取门票，由隶属龙胜县旅游局的龙胜旅游总公司负责运营，景区向游客收取门票并将票价以"进寨费"返还给景区居民。2001年，龙胜各族自治县旅游总公司与桂林旅游发展有限公司合并，成立桂林龙脊温泉旅游有限责任公司，除门票收入外，作为龙脊梯田景区股东的桂林旅游公司还开展了餐饮、与村民合作开展民族歌舞表演等多项经营活动，旅游业得到加速发展。同期，金竹壮寨、金坑瑶乡、黄洛瑶寨等村寨相继进行了旅游开发。2003年，位于核心景区的大寨村正式对外开放，龙脊景区进入全面开发时期。2009年，龙脊梯田另一个核心景区龙脊古壮寨梯田正式开始发展旅游。随着到大寨村的公路基础设施及旅游综合服务区项目的陆续建成，龙脊梯田景区开始大规模接待游客，旅游发展进入快速成长期。

在此阶段，在当地政府主导下，当地旅游开发得到重视，外来投资商和村民开始合作经营，景区内村民开始大规模从事旅游经营活动，龙脊梯田地区开始进入农业与旅游业并行发展的探索阶段。但由于缺乏对旅游资源的有效评估和协调机制，权责未得到有效划分。同时，由于各村寨发展阶段不同，参与旅游开发的形式、收益均有较大差异，与龙脊旅游公司之间存在利益分配分歧。比如，较早进行旅游开发活动的平安寨村民曾因"进寨费"与景区出现多次矛盾和冲突，2005年，政府旅游规划由于涉及家庭旅馆搬迁问题，也曾引发景区村民与景区管理机构的冲突。2006年，龙脊景区与温泉景区分立管理，成立龙脊旅游公司经营管理龙脊梯田景区，龙脊旅游公司将景区的售票大门迁至金竹壮寨。在此期间，由于当地村民和外来投资以利益最大化为导向，对农业文化遗产的保育意识仍较淡薄，如在村民引导下大量游客步行上山，梯田生态景观遭到一定程度破坏。

多方参与的共建共治共享模式的形成阶段。 经过十几年的建设开发，龙胜县政府以市场为导向，把当地独特的景观资源与生态旅游、民族特色进行了有机结合，在提升人居环境和完善旅游设施的基础上对旅游产品体系进行了系统构建。政策上，2013年，龙胜县实施了《广西壮族自治区龙胜各族自治县龙脊梯田保护管理办法》；2014年，龙胜县政府批准了《龙脊梯田保护与发展规划》；同时完成了《广西龙脊风景名胜区总体规划（2013—2030）》和《龙胜各族自治县休闲农业与乡村旅游总体发展规划（2014—2020）》。在景区运营方面，2006年分离出的龙脊旅游公司是景区开发经营中的管理主体，负责资金投入，同时通过各村寨村委会与村民进行协商，通过签订协议的方式达成利益分配共识。旅游产品开发方面，县政府成立了民族文化保护与发展项目指挥部[1]，下设民族节庆文化、非物质文化遗产保护、民族传统工艺等8个工作组，积极打造"民族百节旅游县"。根据不同村寨、时段、民族等元素，组织举办龙脊梯田文化节、

---

[1] 龙胜县政府.龙胜：生态乡村旅游助推农民脱贫致富[EB/OL]. 2017[2021-07-19]. http://www.glls.gov.cn/xwzx/
jrls/201907/t20190701_1287823.html.

泗水乡瑶族红衣节、伟江乡苗族跳香节、龙脊镇红瑶晒衣节、乐江乡侗族祭萨节等民族节庆活动，推动特色村寨建设，引导群众发展农耕体验活动，逐步打造了"民族百节之乡"的新格局，推动了旅游服务业的提档升级，带动了农业文化遗产地多种产业的融合发展，进一步拉动了龙胜县城乡建设的快速发展。

经过前期实践，在此阶段景区基础设施逐步完善，景区知名度不断提升。2011年，龙脊风景名胜区正式荣获"国家AAAA级旅游景区"[1]。2016年，龙胜被评为"中国品牌节庆示范基地"，龙脊梯田景区入选"全国研学旅游示范基地"。随着地方旅游收入提升，各村寨居民在村委会的协调下同旅游公司达成利益分配共识，旅游业逐步成为龙脊地区的主要经济来源和各民族村寨，尤其是核心景区村民生产活动的重要组成。遗产和生态环境保护方面，各寨村民和景区运营管理相关机构逐步达成了对梯田遗产进行保育及可持续利用的共识。

龙脊梯田地区共建共治共享模式的建立，经过了三十余年长期且复杂的探索历程。以大寨村为例，梯田景区未进行旅游开发前，大寨村是国家级贫困村，村集体无任何经营性收入。2003年9月，大寨村开发了以农耕梯田和民居村寨的自然和谐风景为依托的红瑶梯田景观旅游，并以大寨村村集体为主体同桂林龙脊旅游有限责任公司签订3年协议：大寨村以梯田景观资源为股份参与经营，由龙脊旅游公司负责对景区进行整体包装、统一管理、统一经营，村集体每年分红2.5万元用于梯田维护。2005年，龙胜县开始对大寨村实施"整村推进"扶贫开发，基础设施

逐步完善，旅游业开始提速。2006年，大寨村被选定为"整村推进"扶贫开发与社会主义新农村建设试点村。2012年，为减少过多游客步行上山对梯田造成破坏，政府决定引进观光索道。由于修建索道影响村民的利益，遭到村民集体反对。在大寨村村委领导的努力协调下，2013年桂林金坑索道客运有限公司完成了景区入口到大寨村的索道建设工作并投入运营。同时，随着游客数量增加，村民倾向于经营民宿及餐饮活动，忽视梯田的管理，造成梯田的荒废。因此大寨村村委会决定成立梯田维护小组，利用部分索道收入分红鼓励村民参与梯田生态保护，长期保障大寨收入来源。此后，大寨接待旅游人数与客源稳定上升，村委会根据实际情况与龙脊旅游公司在续签协议时对分红方案进行了调整。决定全年景区门票总收入达15万以上时按收入比例的10%对大寨村集体分红，其中核心景区占7%，非核心景区占3%。在梯田维护方面也提出了新的奖补方案。双方同意如果进入大寨景区的游客人数超过36万人次，龙脊公司将以每亩农田100元的机制对耕种农田的村民进行奖励。村集体内部也对分配方案进行了更新，到2013年，大寨村由龙脊公司所得梯田维护费用按照70%奖励梯田耕种村民、12%按户分配、12%按人口分配、3%按村集体收入分配、3%按补偿（因公路占用受损山林的农户）分配的比例执行。适时调整的协议和分配方案有效提升了当地村民保护梯田景观、发展旅游业的积极性，同时支持了旅游公司利益增长、村民增收和遗产地保护之间的协调发展。

从村民自发开展经营到政府主导景区建设，

---

[1] 龙胜县政府.2012年龙胜县政府工作报告[R/OL].（2015-08-30）[2021-07-19]. http://www.glls.gov.cn/zwgk/gdzdgk/jcxxgk/zfgzbg/201907/t20190702_1296690.html.

龙脊旅游公司参与控股经营，村民利益分配存有分歧；再到逐渐形成政府主导规划监督，旅游公司建设运营，村委组织协调管理，村民提供土地和营业场所、并配合维护梯田的多方参与机制，龙胜县在龙脊地区的开发管理上逐步践行了共建共治共享治理模式（图3.8）的合理性和有效性。

龙胜县第三产业发展迅速，以旅游业为主的服务业已成为龙胜保障就业、稳定经济的重要组成，龙脊梯田地区旅游发展的增收效应和带动作用显著。

旅游业覆盖要素广、示范带动性强、综合效益好，是惠及民生的富民产业。作为是桂林市唯一的国家新时期扶贫开发工作重点县[1]、乡村旅游扶贫重点县，龙胜各族自治县依托当地自然生态和民族文化等独特旅游资源优势，以全球重要农业文化遗产地建设为切入点，经过

长期探索，逐步通过"共建共治共享"的治理模式对当地民族特色文化进行了保护性开发，以旅游业为主导的第三产业得到了健康发展。各种新兴服务业应运而生并快速发展，促进了龙胜县的综合增收。根据龙胜县统计公报[2]，2010年，龙胜县地区生产总值约为31.69亿元，第三产业增加值为8.75亿元，三次产业结构比为20.0：52.4：27.6。到2020年，全地区生产总值到60.4亿元，第三产业增加值33.08亿元，三次产业增加值占地区生产总值的比重分别为22.2：23.0：54.8。十年来第三产业增加值增长了近三倍（图3.9）。

2015年年底，龙胜各族自治县共有有贫困村59个，建档立卡贫困户7680户29415人，贫困发生率为18.7%。经过动态调整后，有建档立卡贫困人口11479户45235人。2020

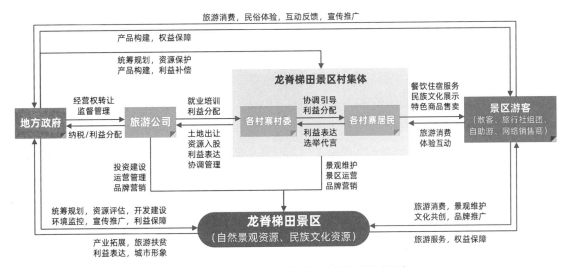

图3.8　龙脊梯田多方参与的共建共治共享模式示意

[1] 龙胜县民宗局.中南地区最早成立的少数民族自治县——龙胜县五举措打开脱贫攻坚事业新篇章[EB/OL]，（2020-10-20）[2021-7-20]. http://www.glls.gov.cn/zwgk/gdzdgk/zdly/shgysy/tpgj/fpcx/202010/t20201021_1916037.html.

[2] 龙胜县政府.龙胜各族自治县国民经济和社会发展统计公报[EB/OL].（2020-10-20）[2021-7-20].http://www.glls.gov.cn/zwgk/gdzdgk/jcxxgk/sjfb/tjgb/202105/t20210508_2031242.html.

图3.9　2010—2020年龙胜各族自治县国民经济总体发展情况（单位：亿元）[2]

年实现剩余贫困对象7个村405人全部脱贫摘帽，贫困发生率"清零"。2019年[1]，全县游客接待量突破995.4万人次，旅游总消费137.79亿元。龙脊梯田景区核心村寨之一的大寨村景区门票分红达720万元，龙脊梯田景区的发展已成为当地旅游扶贫的典型案例。受疫情影响，2020年全县共接待游客698.30万人次，同比下降29.85%，国际入境游客受影响最大，同比下降96.77%。当年实现旅游消费83.52亿元，同比下降39.39%；其中国际外汇消费同比下降98.40%。是疫情影响下广西壮族自治区全区旅游业较快复苏的代表县之一[2]。

龙脊地区的旅游发展产生了良好的增收效应和带动作用。龙胜县多个乡镇出现通过景区分红、土地入股、民俗展示、餐饮住宿、农产品销售等方式参与旅游业，或通过提升人居环境、改

善农村基础设施提升乡村旅游发展潜力。2018年，龙脊镇启动和新建金江村江边组民宿、小寨梯田等特色乡村景区景点，加大基础设施投入，完善黄洛瑶寨等乡村旅游区（点）的基础服务设施，并新建一批旅游标识标牌、旅游步道、旅游厕所、停车场、休闲驿站等旅游服务设施。同年，龙脊梯田遗产地核心景区的金竹壮寨农户与桂林龙胜春秋民宿旅游开发有限责任公司签订协议，按照旅游公司＋农户的模式将农户土地和闲置房作为发展资产开展合作经营，进行观光旅游、民族文化、农耕文化和休闲农业相结合的少数民族特色村寨民宿开发。2020年，龙脊镇岳武村探索推行"党小组长、村民组长、村民理事会理事长""三合一"的乡村治理模式，通过民主推荐组建乡村振兴理事会，充分发挥党员、寨老、乡贤的威望和示范作用，村民自发投工投劳

[1] 黄勇丹，谢永爱.龙胜：念好"四字诀"推进旅游扶贫见实效[EB/OL].（2020-05-21）[2021-07-19]. http://fpb.gxzf.gov.cn/gzzc/sxfpdt/t5441869.shtml.

[2] 龙胜县政府.政府工作报告（摘要）[R/OL].2021[2021-07-13]. http://www.glls.gov.cn/zwgk/gdzdgk/jcxxgk/zfgzbg/202102/t20210207_1994707.html.

[3] 根据全国地区生产总值（GDP）核算制度和第四次全国经济普查结果，自治区统计局对2018年桂林市生产总值初步核算数进行了修订，2018年龙胜县地区生产总值最终核算数为53.47亿元。

近7000多个义务工,建成了百香果、罗汉果产业示范园区1个(300亩)、村屯太阳能路灯亮化65盏,完成通村公路水沟硬化、道路加宽,村屯绿化景观,建成停车场1个,村屯石子硬化美化入户路2000多米,完成房前屋后三面光排水沟、护墙硬化,打造"微花园""微果园""微菜园"15个,生态养殖鱼塘1个,种植村屯步行道山茶花200多株,打造"最美庭院"建设50户,建设乡村振兴(幸福乡村)示范点宣传栏一座,完善提升村屯生活垃圾收集、焚烧处理池1座。通过共商、共建、共治、共享模式完成了人居环境提升工程,为产业融合、乡村振兴奠定了基础。除龙脊镇,龙胜县伟江乡的实践工作与巩固脱贫攻坚成果相结合,通过完善基础设施建设、大招产业项目、完善乡村旅游设施和景点建设、完善公共服务配套设施建设、推行乡风文明制度建设等工作推动了伟江乡风貌提升,为提升激发乡村振兴新动能进行了部署。2020年10月,龙胜各族自治县获得"绿水青山就是金山银山"实践创新基地光荣称号,是广西壮族自治区唯一的入选地区。

龙胜县在龙脊梯田农业文化遗产地的长期建设发展中积累了大量经验,同时也面临着实现进一步高质量可持续发展的挑战。多方参与机制方面,由于各村寨区位不同、发展阶段和旅游参与模式也有所不同,需要进一步完善景区及周边景点的管理体制,提升旅游从业者和村民的专业能力,进一步加强龙脊梯田景区的口碑建设;重要农业文化遗产地建设方面,农业文化遗产涉及专业领域众多,除挖掘历史起源之外,需要对景观特征评估、传统农业技术、社会组织形态、乡村治理等农业与乡村可持续发展等议题相关联,进一步探索在生态保育与文化传承的同时促进地方经济增长的发展路径;龙胜县旅游发展方面,当前旅游服务业对地方经济的支柱作用基本确立,但一、二、三产业融合发展深度不够,需要进一步加强区域性统筹规划,发挥旅游业的带动作用,促进产业融合,进一步提升地方竞争力。

依托本地资源优势,龙胜县龙脊梯田的建设开发历程证明了共建共治共享治理模式的有效性,包容性、参与性的共建模式有效推动了全球重要农业文化遗产地的可持续发展。

保护和捍卫自然文化遗产,提升乡村旅游业可持续发展能力,推动城乡高水平可持续发展是联合国2030年可持续发展议程的重要目标,也是我国乡村振兴战略的内在要求。当前我国正处于巩固拓展脱贫攻坚成果,全面推进乡村振兴的转变阶段。民族地区农业文化遗产是各民族农业生产发展变迁的生动写照,具有历史、生态、社会和经济价值。在重要农业文化遗产地以具有历史、地域、景观、民族特点的特色旅游乡镇为中心,与周边经济要素形成联动,有利于发挥农业遗产地产品拓展、生态屏障、文化传承等功能,有助于推动地方高质量可持续发展。

龙胜县龙脊梯田农业系统是各民族群众与当地自然相适应的经典农业工程,当地居民参与全程生产活动,至今仍是龙脊地区本地居民生活资料的重要来源,具有明显的活态性特征。依托全球重要农业文化遗产地丰富的生态资源和独具特色的民族文化,龙胜县龙脊梯田景区的旅游业经过三十年发展,实现了人才、土地、资金、产业、信息等要素的联动和良性循环,证明了共建共治共享治理模式的有效性,实现了当地民族村寨经济水平的跨越式提升,为世界农业与农村可持续发展贡献了中国经验。

3.5 数字赋能乡村社区治理能力提升
——以湖州市德清县五四村为例

城乡社区作为社会生产生活活动的基本单元，位于基层治理工作开展的第一线，在保障居民生活、维护基层社会稳定等方面发挥着重要作用。2019年年末以来，新冠肺炎疫情以超高的传染性和致病率快速传播至全球，其不只是对医疗水平和医疗资源分配的考验，也是对政府治理体系、基层社区治理能力、应急管理能效等全方位的考验[1]。社会治理失效导致的疫情防控失利使全球欠发达地区与脆弱群体在疫情中遭受着不平等的影响，并引起全球可持续发展事业的停摆及倒退。联合国《2021年可持续发展融资报告》显示疫情可使最贫穷国家实现可持续发展目标的时间期限可能再后推10年，社区尺度治理能力的提升也因此再次成为全球瞩目的热点问题。

我国的社区治理工作在此次防疫工作中取得了极为明显的效果，成为全球典范。特别是一些发达地区，通过基于数字信息系统的解决方案，为城乡社区提升基层社区治理的协同性、精准性和前瞻性，促进城乡可持续管理提供了有效工具，凸显出数字赋能社区治理能力的重要意义。本节以湖州市德清县五四村为例，介绍德清县在治理能力现代化建设背景下，基于地理信息跨界融合，探索政府服务信息互通、服务场景开放路径，创新"数字乡村一张图"乡村治理模式，实现乡村治理数字化、可视化、多元化，乡村治理能力显著提升的地方经验，为其他乡村地区创建数字乡村、探索治理能力提升提供经验参考。

基于数字的社区治理在各国应急管理中展示出巨大潜力，物联网、大数据、人工智能等数字技术运用于社区，对公共安全形成强大助力，并确保突发社会危机所造成的可持续发展损失不会转变成为长期的能力削弱。

新冠肺炎疫情以来，基于信息与通信技术和大数据分析的数字化治理体系得到了检验，数字化治理在识别受感染者、预测扩散动态、减少人与人之间的接触以及执行和跟踪社交距离等方面显示出多重好处[2]。疫情期间各国开发了数字技术支持的应用程序，如中国、韩国等基于核酸检测结果和疫苗注射信息的健康二维码，可对密切接触者予以追踪，实施隔离和治疗。数字赋能的社区治理大幅提升社区治理的精准度和精细化水平，为社会交往紧密、居住分散、监测能力薄弱的乡村地区提供了透明、高效、可追溯的管理手段，能有效降低人员流动、优化资源配置结构，

---

[1] 段进，杨保军，周岚，等.规划提高城市免疫力——应对新型冠状病毒肺炎突发事件笔谈会[J].城市规划，2020，44（2）：115-136.

[2] 唐燕.新冠肺炎疫情防控中的社区治理挑战应对：基于城乡规划与公共卫生视角[J].南京社会科学，2020（3）：8-14+27.

强化多元主体的协同效应[1]。

然而，世界范围内公共和私人投资主要集中在城市，使城市及乡村社区治理能力存在较大差距，乡村数字化治理体系建立在技术、人才等方面面临多重挑战。以中国为例，除了我国过往城乡二元社会结构和城市优先发展战略使得劳动力、土地、资本等生产要素快速向城市聚集，城乡差距扩大，制约了乡村可持续发展外，广泛的乡村地区面临信息化基础设施薄弱，人才、技术、资金等治理要素缺失等问题，城乡"数据鸿沟"逐渐显现，挑战着乡村数字化治理能力建设水平的提升[2]。

突发重大公共安全问题暴露出的"短板效应"同时也促使社会治理协同创新、弥合城乡社区治理差距对城乡建设可持续发展的意义进一步得到强调。基于数字化治理的可持续城市建设能有效提升人类抵御社会风险的能力，并使多个利益相关方从中显著获益[3]。数字化治理有助于提升城乡治理能力、促进公众参与提升城乡可持续性，这符合可持续发展目标11.3"到2030年，在所有国家加强包容和可持续的城市建设，加强参与性、综合性、可持续的人类住区规划和管理能力"的相关要求。同时，基于数字信息的治理体系在社会危机应对上显示出巨大潜力，数字化治理在保护易感人群、促进无接触经济等方面的积极效果对目标3："确保健康的生活方式、促进各年龄段人群的福祉"，目标8："促进持久、包容和可持续经济增长，促进充分的生产性就业和人人获得体面工作"等多个目标具有促进效应。

中国于2013年起深化国家治理体系和社会治理能力现代化改革，推进地方治理模式创新，通过政策扶持，促进新型信息技术产业快速发展赋能民生服务领域，并不断推进信息化设施、资源向乡村覆盖，建设乡村治理能力。

中国的社会治理受到中央政府的高度重视，其发展理念经历了从社会管理向社会治理的转变。2013年，《国务院机构改革和职能转变方案》明确了政府职能转变的方向，推进简政放权，为行政体制改革奠定基调。同年，十八届三中全会通过《中共中央关于全面深化改革若干重大问题的决定》，将"推进国家治理体系和治理能力现代化"作为总目标之一进行全面深化改革，要求将面向基层的社会经济事项一律下放至地方和基层，并采取信息化手段促进资源流动。2019年，十九届四中全会通过《中共中央关于坚持和完善中国特色社会主义制度，推进国家治理体系和治理能力现代化若干重大问题的决定》，简政放权进一步推进，地方和基层享有更多自主权，互联网、大数据、人工智能等技术手段在行政管理中的应用场景不断增加，改革推向深入。

以此为契机，新型信息服务已经成为推进国家治理体系和治理能力现代化的重要抓手，大数据、云计算、人工智能等新型信息技术在城乡服务、民生领域的应用及覆盖不断扩大。2012年，《"十二五"国家战略性新兴产业发展规划》提出发展新型信息服务产业，建设"信息惠民"工程，明确"2020年，具有国际先进水平的宽带、融合、安全、泛在的信息基础设施覆盖城

[1] 王谦.数字化治理：信息社会的国家治理新模式——基于突发公共卫生事件应对的思考[J].国家治理，2020（15）：31-37.

[2] 张国磊，黄六招.中国基层社会治理70年：向度、限度与创新[J].江汉学术，2021，40（4）：23-33.

[3] 段进，杨保军，周岚，等.规划提高城市免疫力——应对新型冠状病毒肺炎突发事件笔谈会[J].城市规划，2020，44（2）：115-136.

乡"。2014年，十二个部委联合发布《关于加快实施信息惠民工程有关工作的通知》，针对信息孤岛问题，要求推动跨层级、跨部门的信息共享和资源整合，解决公共安全、社区服务等9个民生领域的信息化制约。同年，国务院《关于促进地理信息产业发展的指导意见》《国家地理信息产业发展规划（2014—2020）》等相关产业规划不断推出促进多种底层数据资源开发利用。2015年，《国务院关于印发促进大数据发展行动纲要的通知》明确大数据成为提升政府治理能力的新途径和重要手段。2016年，《国家信息化发展战略纲要》要求解决信息碎片化等信息服务问题，提高社会治理能力。同年，《"十三五"国家信息化规划》提出建设新型智慧城市。至此，中国信息化社会治理能力完成了从信息资源开发、信息服务平台建设、信息技术水平提升到全产业链信息化技术综合集成的转变，社会治理精准性、有效性大幅提高。

我国高度重视通过信息技术供给覆盖面的扩大为国家和地方治理能力现代化建设提供保障。各级政府以地理信息、大数据、人工智能等新型信息技术为抓手，探索城乡服务和民生应用数字化转型，鼓励地方治理模式创新，引导治理资源、技术等不断向基层社区下沉。特别是对农村信息化发展的顶层设计力度不断加强，农村信息基础设施供给程度、乡村治理信息化水平不断提升。2013年至2016年，中央一号文件对解决城乡一级数字鸿沟问题的重视明显增强，从"支持农村互联网基础设施建设"到"加快实现行政村宽带全覆盖"，乡村信息化建设在速度、覆盖广度、质量上不断推进。2015年起，农业

部[1]出台《"十三五"全国农业农村信息化发展规划》，推进信息技术服务领域和范围在农村经营、管理、服务上不断拓展。2018年，《中共中央、国务院关于实施乡村振兴战略的意见》提出实施数字乡村战略，强化乡村治理的薄弱环节。2019年，中共中央办公厅、国务院办公厅《数字乡村发展战略纲要》要求推进网络化、信息化和数字化在农业农村经济社会发展中的应用，明确到2035年，城乡基本公共服务均等化基本实现，乡村治理体系和治理能力现代化基本实现（图3.10）。

湖州市德清县作为数字信息技术赋能乡村治理的典型示范，是我国推进乡村治理能力现代化的基层样板，其数字化治理能力得到国际社会的广泛认可。

湖州市是浙江省下辖地级市，地处长三角中心区域，是上海、杭州、南京三大城市的共同腹地，下设2区3县，面积5820平方公里。境内自然风光优美，人文资源丰富，拥有全国一流的铁路、公路、内河水运中转港，交通十分便捷。2019年年末户籍人口267.57万人，农村人口146.04万人，城镇化率64.5%。

德清县为湖州市辖，总面积936平方公里，境内8镇5街道，户籍人口44.30万人，城镇化率39.5%。县域"五山一水四分田"，森林覆盖面积45%，生态环境优美，县域内莫干山国际旅游度假区是国家级旅游度假区。产业经济上，2019年全县生产总值（GDP）537.0亿元，其中三次产业增加值比值为4.4∶57.7∶37.9，全县人均生产总值为121291元[2]。2020年12月，社科院发布《全国县域经济综合竞争力100强》，

---

[1] 2018年，农业部职责合并至现农业农村部。

[2] 德清县人民政府. 2019年德清县国民经济和社会发展统计公报[EB/OL]. (2020-04-10) [2021-08-16]. http://www.deqing.gov.cn/hzgov/front/s196/zfxxgk/jjhshfztjxx/tjgb/20200413/i2663070.html.

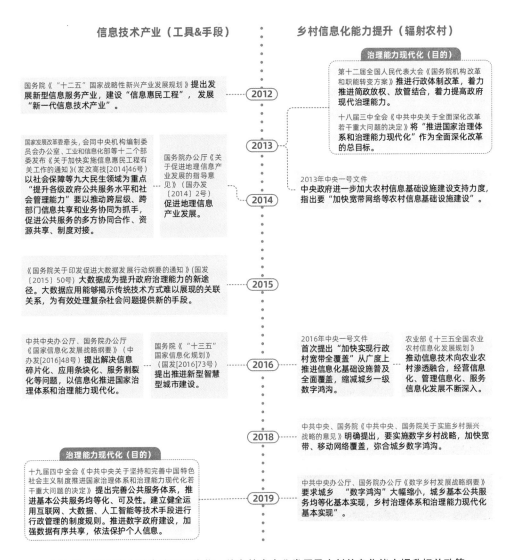

信息技术产业（工具&手段）　　　　乡村信息化能力提升（辐射农村）

治理能力现代化（目的）

国务院《"十二五"国家战略性新兴产业发展规划》提出发展新型信息服务产业，建设"信息惠民工程"，发展"新一代信息技术产业"。————（2012）

第十二届全国人民代表大会《国务院机构改革和职能转变方案》推进行政体制改革，着力推进简政放权、放管结合，着力提高政府现代治理能力。

国家发展改革委牵头，会同中央机构编制委员会办公室、工业和信息化部等十二个部委发布《关于加快实施信息惠民工程有关工作的通知》（发改高技[2014]46号）以社会保障等九大民生领域为重点"提升各级政府公共服务水平和社会管理能力"要以推动跨层级、跨部门信息共享和业务协同为抓手，促进公共服务的多方协同合作、资源共享、制度对接。

国务院办公厅《关于促进地理信息产业发展的指导意见》（国办发〔2014〕2号）促进地理信息产业发展。————（2013）

十八届三中全会《中共中央关于全面深化改革若干重大问题的决定》将"推进国家治理体系和治理能力现代化"作为全面深化改革的总目标。

————（2013）

2013年中央一号文件
中央政府进一步加大农村信息基础设施建设支持力度，指出要"加快宽带网络等农村信息基础设施建设"。

————（2014）

《国务院关于印发促进大数据发展行动纲要的通知》（国发〔2015〕50号）大数据成为提升政府治理能力的新途径。大数据应用能够揭示传统技术方式难以展现的关联关系，为有效处理复杂社会问题提供新的手段。————（2015）

中共中央办公厅、国务院办公厅《国家信息化发展战略纲要》（中办发[2016]48号）提出解决信息碎片化、应用条块化、服务割裂化等问题，以信息化推进国家治理体系和治理能力现代化。

国务院《"十三五"国家信息化规划》（国发[2016]73号）提出推进新型智慧型城市建设。————（2016）

2016年中央一号文件
首次提出"加快实现行政村宽带全覆盖"从广度上推进信息化基础设施普及全面覆盖，缩减城乡一级数字鸿沟。

农业部《十三五全国农业农村信息化发展规划》推动信息技术向农业农村渗透融合，经营信息化、管理信息化、服务信息化发展不断深入。

————（2018）

中共中央、国务院《中共中央、国务院关于实施乡村振兴战略的意见》明确提出，要实施数字乡村战略，加快宽带、移动网络覆盖，弥合城乡数字鸿沟。

治理能力现代化（目的）

十九届四中全会《中共中央关于坚持和完善中国特色社会主义制度推进国家治理体系和治理能力现代化若干重大问题的决定》提出完善公共服务体系，推进基本公共服务均等化、可及性。建立健全运用互联网、大数据、人工智能等技术手段进行行政管理的制度规则。推进数字政府建设，加强数据有序共享，依法保护个人信息。————（2019）

中共中央办公厅、国务院办公厅《数字乡村发展战略纲要》要求城乡"数字鸿沟"大幅缩小，城乡基本公共服务均等化基本实现，乡村治理体系和治理能力现代化基本实现"。

图3.10　国家出台社会治理现代化、信息技术产业发展及乡村信息化能力提升相关政策

德清排名第48。2018年，德清县凭借地理信息产业基础优势，承办了首届联合国世界地理信息大会，并向世界发布《莫干山宣言》，推进地理信息跨界融合，扩大地理信息双边、区域、"一带一路"和全球合作网络。其"数字乡村一张图"作为地理信息赋能乡村治理能力提升的先进典型，为全国乡村基层治理提供了有益实践。同年，德清"基于统计与地理信息数据对浙江省德清县社会治理进行提升的实践"作为地方

治理能力提升的典型案例代表中国入选联合国"践行联合国2030可持续发展优秀实践、成功故事与经验"。

德清县乡村治理能力提升的背后离不开浙江省、湖州市对国家社会治理能力现代化改革和信息化战略的积极响应。"十二五"初期，浙江省响应国务院《关于促进地理信息产业发展的指导意见》，争创浙江省地理信息产业园，推进地理信息产业在德清县发展集聚[1]。浙江省层面

---

[1] 徐欢.砥砺奋进 未来可期——浙江局推进省地理信息产业园发展纪实[J].中国测绘，2018（5）：18-23.

强化顶层设计，发布《浙江省人民政府办公厅关于推进地理信息产业发展的实施意见》(2014)、《浙江省地理信息产业发展"十三五"规划》(2016)，推动地理信息"时空信息数据获取、处理和应用""地理信息跨界融合"，指导浙江省地理信息产业园（图3.11）和德清地理信息小镇（图3.12）建设。湖州市层面发布《湖州市促进大数据发展实施方案（2017）》《加快数字湖州建设打造现代智慧城市三年行动计划（2019—2021年）》，推动地理信息应用向家政、旅游、快递、教育文化等城乡服务场景延伸，依托大数据、云计算、地理信息产业提升精细化治理能力。

图3.11　浙江省地理信息产业园

图3.12　德清县地理信息小镇

依托地理信息产业发展红利，德清县健全数据获取及共享体制机制，开发地理信息跨界融合、治理能力建设提升的场景和平台，将地理信息产业优势转化为乡村社区治理模式创新的数字化技术应用优势。

信息基础设施上，德清县地理信息产业发展带来的产业和技术红利惠及乡、镇、村全域。自2010年浙江省地理信息产业园在德清县谋划落地，德清县地理信息服务产业逐渐壮大并产生聚集效应，人才、技术、资金不断向德清聚集，物联网、智能传感器等智能基建在县域逐步铺设。截至2018年，德清县地理信息产业园区已吸引汇聚了280余家地理信息企业，主营业务收入100亿元左右。2018年，德清县发射了全国首颗以县域命名的商业遥感卫星——"德清一号"，全年在轨运行5400余圈，成像近1800次，可获取完整准确的地面物体信息，为德清全域提供高频次的遥感监测服务。

数据资源归集和共享上，德清县进一步规范地理空间数据与公共数据交换共享机制，促进跨层级部门政务数据不断向数据交换与共享平台汇聚，为信息数据上、下级共享提供条件。印发《德清县地理空间数据交换和共享管理办法》(2014)、《德清县公共数据管理办法》(2018)、《德清县政府投资信息化项目管理办法》(2018)等多项政策，打破信息孤岛，加强地理空间数据与部门公共数据资源整合，规范数据交换和共享，促进地理空间信息资源开发和利用。2020年，归集58个部门近15亿条基础数据。

应用场景探索上，德清县引导大数据产业发展，探索民生服务领域与社会治理领域大数据应用，为乡村治理场景搭建提供应用基础。2018年，德清县响应省市战略[1]，出台《德清县大数据发展三年行动计划（2018—2020年）》，面向

---

[1]《浙江省促进大数据发展实施计划》(2016)、湖州市《促进大数据发展的实施意见》(2017)。

企业开放大数据应用场景，引导大数据企业和平台不断向德清聚集。2019年，依托大数据发展优势，德清县发布《德清县2019年度加快政府数字化转型建设现代智慧城市工作要点》，推进数字赋能政务服务、社会治理等多方面应用。"我德清 我的亲"一站式数字民生服务平台智慧社区建设，"智慧全科诊所"智慧健康应用体系，"e游德清"智慧文旅服务等全面建成。2019年，政务服务事项网上办理开通率达98.54%，379项实现"掌上办"，民生服务事项实现78%"一证通办"。

机构设置上，按照上级政府关于加快政府数字化转型打造现代智慧城市的工作部署，德清县大数据发展管理局于2019年1月挂牌成立。以大数据发展管理局为主体，保障德清乡、镇、村各级数据共享和业务协同，探索德清大数据助力数字化转型、智慧城市建设和数字经济发展路径。

在国家推进乡村振兴和数字乡村建设背景下，德清县推进数字化治理向乡村基层下沉延伸，扩大数字技术在乡村各领域的广泛应用，探索"数字乡村一张图"乡村智治新模式。[1]

凭借德清县在数字政务、数字服务平台建设上的先发优势，德清县以五四村为样本，探索数字化治理向乡村基层下沉的社会治理新模式，并向县域和全国推广示范。2019年，德清县人民政府办公室印发《关于印发德清县构建乡村治理数字化平台助推数字乡村建设实施方案》的通知，落实省市向乡村数字化、智慧乡村建设的上层部署。德清县以五四村为样本建设"数字乡村一张图"，聚焦乡村治理中的人、财、地要素，统一地理信息数据采集，以发现问题智能化、处理过程自动化、事件管理全流程为核心，构建乡村治理数字化平台，如图3.13所示。

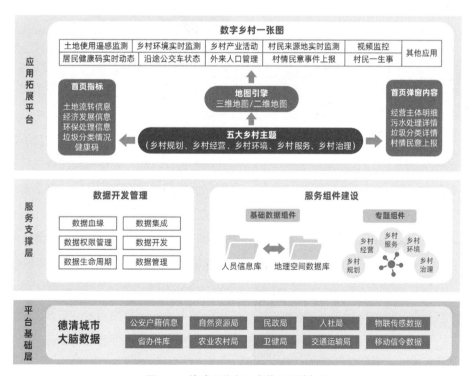

图3.13 德清县信息平台体系总体框架

---

[1] 《"数字乡村一张图"数字化平台建设规范》DB330521/T 65—2020.

德清县五四村"数字乡村一张图"实现了在城乡规划、智慧产业、民生服务等多领域的应用，并在4个月向县域137个行政村进行推广建设，德清县乡村治理现代化水平大幅提升，城乡数字融合发展格局逐渐形成。为规范数字乡村建设推广中理解不一致，推进不同步等问题，2020年10月，德清发布了《"数字乡村一张图"数字化平台建设规范》和《乡村数字化治理指南》两项县级地方标准规范，向全国数字乡村建设进行示范推广。

以湖州市德清县五四村"数字乡村一张图"为例，介绍数字乡村治理应用场景和治理能力提升的应用成果。

德清县五四村，位于国家级风景名胜区莫干山山麓，村域面积5.61平方公里，总人口1529人，2020年实现村集体经济收入665万元，农民人均可支配收入达5.2万元，全村基本实现了全域美丽和共同富裕的目标。

2019年，德清县在五四村推进数字乡村建设工作，依托良好的地理信息、遥感测绘、人工智能等技术基础，推进底层数据建设，建起叠加自然资源、农业、水利、交通、建设、民政等部门，涉及17个图层、232类数据的"数字乡村一张图"。2019年9月，五四村"数字乡村一张图"乡村治理数字化平台（图3.14）正式上线运行，覆盖乡村规划、乡村经营、乡村环境、乡村

图3.14　德清乡村治理数字化平台

服务、乡村治理5个领域的内容，乡村治理实现可视化、数字化、智能化，治理精度、治理效率大幅提升，村民生活便捷度、幸福感、参与度得到提升。

乡村规划方面，五四村"数字乡村一张图"依托地理信息技术，对五四村全域5.61平方公里进行地理信息数据采集，整合电子地图、遥感影像、三维实景地图等多类型、多尺度、多时态的空间数据，构建搭载多种规划内容的虚拟乡村三维实景图（图3.15）。在三维场景下，村庄山水林田湖规划全貌，村庄自然资源、项目布局、基础设施、用地状况一目了然。

图3.15　"数字乡村一张图"村庄规划三维数字地图

以村庄建设为例，"一张图"联动了新建住房规划许可、房屋户主、面积、结构、安全状况和宅基地等信息，可以实现对农村新建住房、危房等多种应用场景数字化管理。村民新建农村住房，无需前往档案馆和规划局调取规划图纸，只需在"一张图"上调取相关数据，即可精准、直观地获取符合条件的具体建房位置和相关建设要求，降低规划专业门槛，方便村民获取建设信息，提高办事效率。针对农村危房，"一张图"可在地图上显示危房位置、垂直度偏差、南北方向形变、东西方向形变等信息，并对危房状态的实时监测，突发状况自动报警，保障居民人身安全。基于数字地区的规划服务有助于"加强参与性、综合性、可持续的人类住区规划和管理能

力"，符合可持续发展目标11.3的相关要求。

乡村经营方面，"数字乡村一张图"可有效链接乡村经营主体（包含乡村企业、家庭农场、乡村民宿、合作社等）土地流转、营收、就业人数等数据，图上可显示企业的业务范围、特色产品、用工需求、产品供给、厂房租赁等信息内容，通过对农村劳动力就地转移就业情况的综合分析，推动乡村产业生产经营管理数字化转型。通过对乡村经营主体的综合分析，村庄能及时掌握企业的需求与现状，精准服务企业，决策并培育乡村新产业新业态。

数字赋能乡村旅游和集体经济发展不断提档升级，实现了村民共享产业链增值红利。2019年，五四村引导人才、科技、资金等资源向村庄聚集，打造"木芽乡村青年创客空间"，服务于乡村旅游和民宿产业上下游的初创企业（图3.16），截至2020年6月30日，木芽创客空间已服务企业12家，企业总收入1020万人民币，村集体可获得20%分红。乡村业态升级、人才回乡等推动了五四村民宿产业的可持续发展，吸引游客走进村、住进村，2020年五四村接待游客超59万人次，休闲农业与乡村旅游总收入超1.5亿

图3.16　打造青年创客空间促进青年回乡

元，农民到民宿上班可以获得工资近5万元，将农房出租每幢年租金5万~12万元，还有的将农房和宅基地以入股的形式进行投资，都能确保持续稳定的收益。五四村数字化治理提升乡村经营能力是对可持续发展目标8.2"通过多样化经营、技术升级和创新，包括重点发展高附加值和劳动密集型行业，实现更高水平的经济生产力"的有益实践。

乡村环境方面，五四村"数字乡村一张图"融合视频监控、污水监测、智能井盖、智能垃圾桶、智能灯杆、交通设施等物联感知设备，形成了触达乡村各角落的物联感知网。可对污水处理、空气质量、垃圾分类等环境数据进行实时监控，自动警报，基于遥感监测智能比对，"数字乡村一张图"可在农村环境整治、建筑物动态变化、水土保持监测等方面实现智能发现、自动派单、联动处置等全流程闭环管理。

依托智慧物联，数字乡村一张图能实现对人居环境、违章搭建等问题的精准定位、自动归类，有效引导村民积极参与生态环境保护。以垃圾分类为例，垃圾桶能智能感应垃圾分类情况，垃圾分类情况在图上一目了然，倒逼村民自觉养成垃圾分类好习惯，村民垃圾分类准确率达90%。"一张图"建设有助于村民自治共建，村庄内乱堆乱放等环境问题可通过线上反馈得到解决，地图上标注的"蓝、橙、黄、红、绿"五种颜色的小圆点，分别对应"待确认、待处理、待审批、驳回待处理、结案"五个阶段，配合跨部门、跨层级工单流转机制，构建"天上看、网上查、地上管"的闭环监管链条，促进村民对环境的共同维护[1]。村庄电线杆上有悬挂物，道路上有抛洒物，路灯不亮了等都可在平台上实时显示

[1] 徐欢.砥砺奋进　未来可期——浙江局推进省地理信息产业园发展纪实[J].中国测绘，2018（5）：18-23.

并得到及时处理。上线三个月，五四村已有效处理环境污染、私搭乱建等问题几百个，平均用时从以往的5个工作日缩短到3个小时。基于数字平台的乡村环境管理促进了村民自治共建，符合可持续发展目标6.b"支持和加强地方社区参与改进水和环境卫生管理"的要求（图3.17）。

图3.17　五四村村民庭院

乡村服务方面，五四村"数字乡村一张图"通过对接一体化政务服务平台，以"浙里办"和"我德清"一站式数字生活服务平台为载体，推进村民服务向线上迁。通过建设商贸、文旅、学习、健康、出行、政务等数字生活新服务"1+6"体系，上线智慧医疗、智慧养老、数字交通、公共场所查询等功能，覆盖村民出生、入学、就业、婚育等"一生事"服务（图3.18）。

五四村通过"数字乡村一张图"网上办理的推进，和村民服务的合理配套，实现乡村社区办事"最多跑一次"和"一次都不跑"。五四村通过组建"掌上办"代办员和志愿者队伍、建立村级代办点、布设政务服务一体机，将原本需要到县乡两级办理的交通违法处理、社保信息查询、工商执照申请等业务实现了村内办理，让村民生活更便捷、更幸福。此外，五四村开展的乡村医生上门问诊、养老助残免费配餐等服务民生的服务实现了上门办理。新增的智慧养老功能，通过

引入市场主体开发居家养老监护系统，可实时获悉老人的离床时间、即时心率等，并生成最近12小时的睡眠报告，发现异动时第一时间向家人和工作人员预警。五四村针对"村民一生事"的差异化服务有助于可持续发展目标3"确保健康的生活方式，促进各年龄段人群的福祉"的实现（图3.19）。

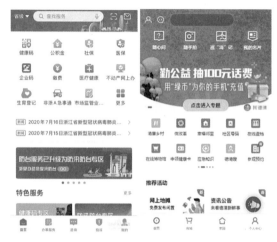

图3.18　多元参与——（左）"浙里办"、（右）"我德清"

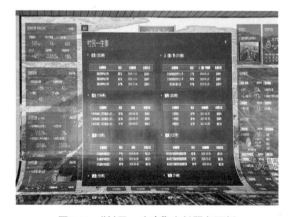

图3.19　"村民一生事"乡村服务面板

乡村治理方面，"数字乡村一张图"通过村务、财务网上公开，强化村级资产经营管理，优化乡村治理方式，助推村级组织建设管理规范化，释放"互联网+三治[1]结合"新效能。基于

---

[1] 即自治、法制、德治三治结合。

数字化、信息化的乡村治理系统可以实时掌握村情民意，实现事件处理全流程跟踪反馈，有助于乡村应急管理能力提升及平安乡村的实现。

五四村乡村治理模块通过实时向村民展示资金资产资源"三资"管理动态，公开党务、村务、财务，引导村民参与村务管理，村民足不出户，随时随地都能在数字平台上查看到公示信息、权力清单、实现人人监督时时监督，有效助推基层社会治理。在"村情民意"板块（图3.20），通过网格化管理与数字化治理结合，村内网格员或村民在村内走动走访时可实时拍照上传的各种事务，如乱堆垃圾、私拉电线、违章占道、偷排污水、打架斗殴等村内事件。借助智能化管理手段，数字乡村一张图推进了基层治理公开透明，畅通村民参与途径，提升村民参与意识，实现乡村社区共治共享，也是可持续发展目标16.6"在各级建立有效、负责和透明的机构"，目标16.7"确保各级的决策反应迅速，具有包容性、参与性和代表性"在乡村基层社区的积极示范。

面对突发性应急事件，"数字乡村一张图"有效地对接了省、市数字化防疫平台，强化了乡村社区治理弹性，实现管理措施精密智控，提升社区应急管理能力。

疫情防控期间，浙江省联合阿里巴巴等企业，在全国率先搭建了新冠肺炎联防联控信息化平台，并向浙江省11个地市卫健委、上千个基层防控工作小组进行信息管理全覆盖，配合红、黄、绿三色动态管理的人员"健康码"[1]进行疫情防控。德清县依托乡村治理数字化平台，与浙江省、湖州市健康码疫情防控系统充分融合，以数字化手段科学精准落实乡村疫情防控措施。截止到2021年3月，德清县实现了患者零死亡、二代病例零发生、社区零传播，疫情防控在全省乃至全国都走在前列[2]。

人员管控上，通过"健康码+地理信息+网格化"举措创新，德清县将人员健康信息库与"数字乡村一张图"相结合，实现乡村人员健康

图3.20 "村情民意"乡村治理模块

[1] 绿色，表示在数据更新日期前本人没有暴露在新冠病毒污染的环境中；黄色，表示在既往的14天内，本人可能曾暴露于新冠病毒污染的环境中；红色，表示在既往的14天内和新冠肺炎患者有密切接触。

[2] 德清县人民政府.德清县2021年政府工作报告[R/OL].（2021-03-12）[2021-08-16]. http://www.deqing.gov.cn/hzgov/front/s186/zwgk/zfgzbg/20210318/i2920022.html.

状态一图感知。

针对全域人员，德清县配合在基层社区通过网格化管理手段，对全员开展地毯式大排查。研发人员信息登记系统，在确保信息安全的前提下，对获取的身份信息、健康状况等人员数据进行清洗、比对、去重等工作，并与省市数据共享平台中的湖州健康码信息进行比对，累计处理数据超300万条，构建全县人员健康码信息基础库。

针对流动人员，依托疫区人员流入实时分析预警系统、检查点出入登记、企业复工服务管理等系统，德清县可准确采集检查点、密集场所出入人员及返岗复工人员数据，并每日与省市平台的湖州健康码接口比对，摸清流动人员健康码红黄绿情况。五四村内，通过视频监控、人脸识别、电子围栏技术等技术手段，可界定村域虚拟围栏，对进出村域的人群进行自动感知，对村域人群来源、驻留时长、人流趋势等进行分析，实现人流过密预警，提升突发事件应急处置能力。

依托乡村治理数字化平台，运用三维立体影像技术，通过与全县地名地址库匹配清洗，在"数字乡村一张图"可以实现以户为单位的社区人员健康码红黄绿情况标注，以"绿码户""黄码户"和"红码户"的形式显示每户人员基本信息、健康码实时状态、红黄码原因等数据，实现"图码结合"一图全面感知全村人员健康码信息及位置分布，实现疫情防控精密智控。

复工复产上，基于乡村数字平台的疫情防控和社区服务改变了传统生产生活方式，最大限度降低了疫情对生产生活的影响，保障经济有序复苏。

针对企业复工复产，德清县开发了"德清企业复工服务管理系统"，实现2814家规模企业在线复工服务，同时上线企业健康打卡、网上招聘等功能，帮助企业实现招聘2000余人。针对企业办公的不同需要，推行掌上办公和视频会议，保障全县疫情防控相关工作，截止到2020年2月，基于钉钉和视联网视频会议开展180多场次。

针对农村产业发展，德清县联合电商主体，在"我德清"平台上推出"德清人买德清菜"（图3.21），助力村民销售滞销农产品，蔬菜采用"基地——仓储中心——配送小区"全程管控，全程无接触配送，从源头上保障农产品质量安全，帮助农民复产增收。

图3.21 "德清人买德清菜"程序界面

总体上，数字乡村治理可以有效减轻基层防控负担，辅助科学决策，提高防疫准确度。得益于数据平台建设，防疫工作开展中，基层干部人工重复性表格填报大幅减少，公共数据平台可以实现直接取数，目前已涉及数据51万余条，填报速度翻番，大幅提升基层人员防疫工作效率。工作落实上，"数字乡村一张图"可自动预警红、黄码人员并通知对应区域网格员，通过工单办理流转机制，实时跟进工单处理情况，形成疫情防控闭环管理，为减轻基层防控减负。基于地理信息技术搭载的数据生态系统可以清晰地展示人类与地点、事件、活动和环境相关联的证据，并为个人、企业、组织和政府部门提供及时可靠信息，实现多个环节的科学决策。

湖州市德清县数字赋能乡村社区治理能力提升的成果是我国近年来推动治理资源、公共服

务、治理重心向基层下沉的综合体现，是基层创新乡村治理模式，践行国家治理能力现代化战略的具体实践，为其他地区数字乡村建设和乡村治理能力提升起到了良好示范。

湖州市德清县高度重视数字化建设工作，以地理信息技术为基础，推动地理信息跨界融合和乡村治理模式创新，其乡村数字化治理可实时掌握乡村生产、生活、生态变化，实现了社会、经济、环境的可持续发展以及相互间的转化。

社会效益上，德清县"数字乡村一张图"通过管理信息全公开和畅通村民参与通道，有效增强了公众在基层治理中的参与度，为科学决策提供支撑，使基层治理高效透明，符合可持续发展目标16.6"在各级建立有效、负责和透明的机构"的要求。疫情期间，基于"数字乡村一张图"乡村监管体系和健康码结合的应急数字场景快速开发并开放，有效提升疫情排查的精准性和有效性，减轻基层工作负担，以数字场景搭建的应急应用场景大幅提升城乡治理能力，是对目标11.3"到2030年，在所有国家加强包容和可持续的城市建设，加强参与性、综合性、可持续的人类住区"的有益探索，也增强了目标3"良好健康与福祉"的建设能力。

经济效益上，德清县通过数字技术为农业经济增值，通过渔业含氧量自动检测、养殖尾水排放监管，农业生产销售全过程追踪、水土保持自动监测，德清县出产农产品可形成"从农田到餐

桌"的追溯体系，增加了消费者信赖度，从而提升了产品附加价值，实现产业链条增收与环境综合管理共同推进，符合可持续发展目标8"体面工作和经济增长"、目标12.2"到2030年，实现自然资源的可持续管理和高效利用"的相关要求。

环境效益上，德清县"数字乡村一张图"可实现自然资源信息一图掌握，水域环境、雨污水管网、火灾隐患、空气环境、地质灾害等监测信息实时运行数据可通过群众上报和数据共享及时反馈给管理者，及时发现问题并准确决策，增加环境监管力度，精准管护"山水林田湖草"生命共同体。德清县基于数字应用场景创新的环境监测和管理手段为可持续发展目标6.6"为所有人提供水和环境卫生并对其进行可持续管理"，目标15"陆地生物"的实现提供了创新手段和积极经验。

以五四村作为代表，德清县推动数字化治理向乡村基层下沉的探索经验是我国治理能力现代化建设在乡村尺度的优秀实践，其探索成果符合多项可持续发展的相关要求，是我国乡村社区尺度强化治理能力的先进示范。其引导大数据人才、技术、产业聚集，促进数据资源开发利用，规范跨层级、跨部门数据资源交换与共享规则，创新搭建乡村治理应用场景等多种经验，可为相关其他地区建设数字乡村，提升治理能力提供先进示范。

3.6 落实《2030年可持续发展议程》中国行动之"2020探寻黄河之美"考察活动

黄河作为中华民族的母亲河，黄河流域是我国重要的生态屏障和重要的经济地带，沿黄城市的可持续发展在我国实现可持续发展的进程中具有重要的战略地位。

2019年9月18日，习近平主席在郑州主持召开黄河流域生态保护和高质量发展座谈会并发表重要讲话，作出加强黄河治理保护、推动黄河流域高质量发展的重要指示。习近平主席的重要讲话，为推动黄河流域生态保护和高质量发展指明了工作方向及主要目标任务。

2020年5月22日，李克强总理代表国务院在十三届全国人大三次会议上作《政府工作报告》，专门就黄河流域发展战略进行了具体安排，提出要"编制黄河流域生态保护和高质量发展规划纲要"。2020年8月31日，中央政治局召开会议，审议《黄河流域生态保护和高质量发展规划纲要》，再次强调黄河流域生态保护和高质量发展事关中华民族伟大复兴的千秋大计，应贯彻新发展理念，遵循自然规律和客观规律，统筹推进山水林田湖草沙综合治理、系统治理、源头治理，改善黄河流域生态环境，优化水资源配置，促进全流域高质量发展，改善人民群众生活，保

护传承弘扬黄河文化，让黄河成为造福人民的幸福河。

党的十八大以来，在"节水优先、空间均衡、系统治理、两手发力"的治理战略指导下，黄河流域水资源利用及居民生产生活条件得到了显著改善，水源涵养提升、水土流失治理、生态系统修复、水资源节约集约利用等问题得到重视。当前，全球科技创新及产业变革正加速演进，推进黄河流域高质量发展不仅要解决重要突出问题，更需要遵循可持续发展理念，在"大治理、大保护"的战略背景下，以生态保护为前提，立足当地历史文化及资源禀赋，科技驱动，突破发展瓶颈，巩固地方优势，全面优化调整区域经济和生产力资源，推进全流域产业升级，构建可持续发展产业体系。

党的十九大报告指出，我国社会主要矛盾已经转化为人民日益增长的美好生活需要和不平衡不充分的发展之间的矛盾。黄河流域作为我国重要的经济地带，具有"平衡南北方，协同东中西"的重要战略地位，流域发展直接关系全国高质量发展全局。在此背景下，黄河流域如何保护生态环境和提升发展质量上升为重大国家战略，与京津冀协同发展、长江经济带发展、粤港澳大湾区建设和长三角一体化发展等重大国家战略并列，是实现治理体系和治理能力现代化的基础上，满足人民宜居共享发展愿景的重大规划，对区域发展战略、缩小发展差距具有重大意义，符合我国可持续发展战略，是践行可持续发展理念

的当代体现。

为了助力地方落实可持续发展、黄河流域生态保护和高质量发展两大国家战略，新华社经济参考报、国家住宅与居住环境工程技术研究中心等机构合作开展了"落实《2030年可持续发展议程》中国行动之2020探寻黄河之美"考察活动。

基于可持续发展战略和黄河流域生态保护和高质量发展两大国家战略，同时为更好地辨识黄河流域、沿线城市可持续发展水平、能力和瓶颈问题，评估黄河沿线城市对于联合国可持续发展目标的实践效果，为地方提供推进黄河流域生态保护和高质量发展的有效决策依据，由水利部黄河水利委员会、国家住宅与居住环境工程技术研究中心、中国可持续发展研究会、清华大学战略新兴产业研究中心、新华社经济参考报社共同主办了"落实《2030年可持续发展议程》中国行动之2020探寻黄河之美"考察活动（图3.22、图3.23）。活动围绕联合国可持续发展目标，总结黄河沿线九省区在减贫脱贫、人居环境提升、水资源利用、生物多样性等方面的经验，梳理地方在落实《2030年可持续发展议程》过程中在政策制定、技术应用、工程实践和能力建设等方面的先进经验。

"2020探寻黄河之美"考察活动历时两个月，途经青海、四川、甘肃、宁夏回族自治区、内蒙古自治区、山西、陕西、河南、山东九省区，行程13000余公里。一路上，探访车队以历史眼光和现代视野审视黄河生态保护和高质量发展战略的伟大价值，以丰富情感和现场意识感知黄河流域发展建设火热场景，穿城市、下村

图3.22　2020"探寻黄河之美"考察活动启动仪式

图3.23　考察车队集结

庄、访农户、进工厂，用镜头定格一个个精彩的瞬间，用文字记录一个个感人的故事，用真情讲述一代代黄河人的记忆[1]，如图3.24所示。此次活动中，《经济参考报》头版开列专栏，刊发文字稿33篇，新华社新媒体客户端阅读量达2700万次，被各类媒体转发超过数千次。完成新华社快看快手号直播青海、宁夏回族自治区、甘肃、内蒙古自治区、陕西、山西、河南、山东共7期节目，时长总计近8小时，在线观看量总计近70万[2]。随后，剪辑形成八集纪录片《探寻黄河之美》，分为"安澜""守护""共富""安居""科创""传承""赓续""奋斗"八个篇章，全景展示了黄河领域壮美雄浑的自然风光和日新月异的发展成就[1]。

考察活动还得到中国可持续发展研究会水问题专业委员会、中国可持续发展研究会生态专业

[1] 纪录片《探寻黄河之美》预告[EB/OL].http：//www.jjckb.cn/2021-05-26/c_139971025.htm.

[2] 2020"探寻黄河之美"活动收官 专题报告同步发布[EB/OL].http：//www.jjckb.cn/2020-12-28/c_139622532.htm.

图3.24　专业人士与新闻媒体共同合作

委员会、中国建筑设计研究院有限公司、中国科学院生态环境研究中心、中国水利水电科学研究院、山西大学、北京城市学院、河北工程大学等科研机构的大力支持。主办方邀请可持续发展、生态、水资源利用、能源、社会科学、城乡发展、环境管理等领域专家20余位随队考察，通过现场调研、座谈、访谈等形式了解当地可持续发展情况，并在考察结束后发布了国内首份以沿黄城市可持续发展为主题的专业报告《"2020探寻黄河之美"活动考察报告暨黄河沿线城市可持续发展进展专题报告》（图3.25），为黄河全流域的统筹发展、沿黄九省（区）城市均衡发展，以及不同资源禀赋条件下的特色发展提供了参考依据。

考察队随行重点选择了9个地方可持续发展实践案例，对标联合国可持续发展目标，展示和

图3.25　发布2020"探寻黄河之美"活动考察报告

分析了不同资源禀赋和特色下的可持续发展优秀案例。

黄河流域面积广袤，沿黄九省（区）城市发展水平差异较大，生态环境保护、工业、农业、文化旅游、经济社会现状及发展路径样本丰富，各具特色，对黄河流域的实地考察还可以更好地梳理地方经验，为凝练可持续发展的中国模式提供实证支持，为联合国最佳实践案例提供素材。在考察活动中，对标可持续发展目标，在每个省（区）选取了一个在可持续发展领域较为突出的案例进行分析、总结和展示（图3.26）。此处以青海省和陕西省案例为例进行说明。

可再生能源技术支持农牧民生活用能品质提升——以青海省西宁市湟源县兔尔干村24庄廓项目为例。

《2030年可持续发展议程》中第7项目标提出"确保人人获得负担得起、可靠和可持续的现代能源"。其中SGD7.1明确指出到2030年，确保"人人都获得负担得起的、可靠的现代能源服务"、SDG7.2"大幅增加可再生能源在全球能源结构中的比例"。

实现可持续、清洁的能源供给和应用的重点正逐步从工业用能转向建筑用能。由中国石油经济技术学院2019年发布的《世界与中国能源展望》报告指出：建筑用能（居民和商业）占比将不断提升，我国建筑部门用能在2035年前年均增长率将达到3.7%。

随着建筑节能内涵的扩大以及生态环境保护意识的觉醒，可再生能源技术在居住建筑中已经不仅仅是为了解决区域能源问题，未来将在居住建筑的建造、运行使用、拆除的全生命期内与之相互融合，成为区域人居环境改善、生态环境保护的重要措施。

青海省平均海拔在3000米以上，气候恶劣，生态环境脆弱，商品能源相对匮乏，能源消费方式仍较为传统，以秸秆、薪柴和畜粪等生物

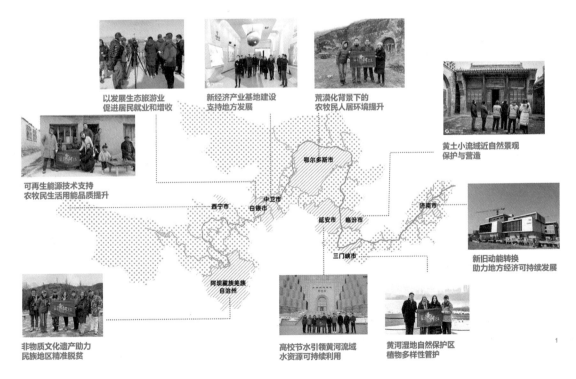

图3.26 "2020探寻黄河之美"案例选择示意

质能源为主的非商品能源成为农村家庭用能的重要来源，约占家庭能源消费总量的40.69%，电能仅占4%，而太阳能在能源结构中的占比几乎可以忽略不计，农牧民缺乏可以替代的清洁能源应用技术选择。为改变青海省农村能源结构，自"十一五"以来，青海省政府大力推广太阳能等可再生能源在农村住房中的综合利用，结合农牧民住房建设，建设了一批利用可再生能源的农村住房示范项目，有效缓解了示范户供暖、炊事方面的能源短缺。

"2020探寻黄河之美"考察队于2020年10月26日考察了位于青海省西宁市湟源县日月藏族乡兔尔干村"日月山下二十四个庄廓"项目（图3.27），对其在可再生能源利用方面的经验进行了调查分析。此项目建设依托2015国际"台达杯"太阳能建筑设计竞赛作品，国家住宅与居住环境工程技术研究中心为适应当地的气候、生活习惯对获奖作品进行了优化调整，在

融入当地夯土墙、生土砖等建筑元素的基础上充分运用了青海丰富的太阳能资源，在兔尔干村集成了建筑节能技术和可再生能源利用技术，并修建了"二十四个庄廓"社区（图3.28~图3.31）。为了实现多元可再生能源在当地农牧户中的应用示范，项目除了考虑当地冬季采暖能源和围护结构保温需求之外，还综合考虑了采暖能源以外的电能、住宅内活动空间的舒适性，以及住宅全生命周期的环保性。项目节约了大量的采暖能耗与生活用电，秸秆、薪柴、畜粪的用量仅为对比住宅的21%，由于采用了光伏发电系统，还实现了发电创收。

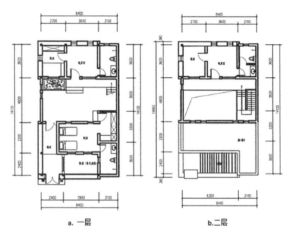

图3.28　项目户型A平面示意

图3.27　考察队在兔尔干村24庄廓项目考察

图3.29　改良的生土墙夯筑过程

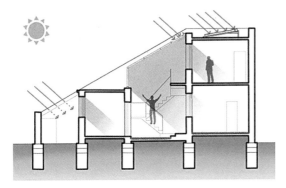

图 3.30　庄廓阳光中庭示意

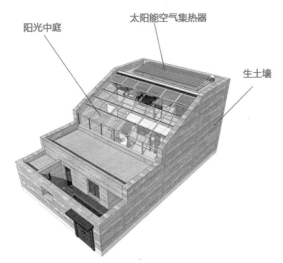

图 3.31　户型 A 的阳光中庭、太阳能空气集热器位置

现阶段，如何通过在黄河流域不同气候和自然资源条件下，能源自维持住宅的原型研究，确定住宅成品的功能模块组成、建造体系和工艺以及造价成本，实现能源自维持功能模块的技术集成，为农牧区住宅性能和质量的提升提供技术保障，为处于严寒、寒冷、夏热冬冷等不同气候地区的农村住宅建设提供先进的参考范式，实现优化农村住宅能源结构、降低常规能源依存度、提升农村住宅整体性能将是黄河流域提升农牧民生活用能品质的关键。

从兔尔干村"24个庄廓"项目可再生能源在农村住房中的应用可以看出，以太阳能为主的可再生能源技术在住房建设中应用越来越成熟、越来越综合，可以有效地改善农村住房的居住舒适度，减少农村家庭对传统的秸秆、薪柴、畜粪、煤炭等能源的消耗。随着技术的进步，可再生能源为农房提供的能源形式也不局限于建筑采暖的热能，也将越来越多地提供家庭生活的电能，应用场景更加丰富全面。

高校节水引领黄河流域水资源可持续利用——以陕西省延安市延安大学节水项目为例。

《2030年可持续发展议程》中第6项目标提出"为所有人提供水和环境卫生并对其进行可持续管理"，其中SDG6.4明确提出"到2030年，所有行业大幅提高用水效率，以可持续的方式抽取和供应淡水，以解决缺水问题，大大减少缺水人数"。

黄河流域以全国2%的水资源量，承载了全国12%的人口、15%的耕地及60多座大中城市、国家重要能源基地，流域水资源开发利用率已超过80%，缺水问题突出。节水是缺水地区实现水资源可持续利用最根本的途径。尽管近年来黄河流域用水效率与用水效益大幅提升，主要水效指标均优于全国平均水平，但坚持节水优先仍是流域生态保护和高质量发展的首要原则。坚持节水优先，系统推进"全产—全程—全民"节水，全面提升水的利用效率，既是破解黄河流域当前发展瓶颈制约的紧迫要求，也是实现黄河流域生态保护和高质量发展的长远战略需要。

经中央全面深化改革委员会审议通过，国家发展改革委、水利部已发布实施《国家节水行动方案》，开展总量强度双控、农业节水增效、工业节水减排、城镇节水降损等重点行动。当前，国家正在大力推进"国家—区县—单元/社区"的全层级节水，集中开展节水型县域建设，城建部门也在积极开展节水型城市建设，节水型单位和小区也在如火如荼地开展中。目前中国高校数量达3000多所，在校生总数已逾3000万人，据不完全统计，年水耗约400万吨，校园学生的人均水耗均大于城镇居民平均值，有较大的节水潜力。大力提升高校节水水平，充分发挥高校节水对全社会节水的带动作用，是引领黄河流域节水型社会建设的一项重要举措。

"2020探寻黄河之美"考察队于11月26日赴延安大学等考察其用水、节水情况（图3.32），分析了高校水资源高效利用对黄河流域生态保护和高质量发展的重要性。延安大学是毛泽东同志亲自命名、中国共产党创办的第一所综合性大学，现为陕西省人民政府与教育部共建大学、陕西省高水平建设大学。目前共有四个校区，包括长安校区、杨家岭校区、医学院校区和新校区等。考察活动此次调研的延安大学新校区，占地1170亩，办学规模为13000人，建筑面积为54万平方米，学校现有本科生16206人，硕士研究生2605人，教职工1596人，为四个校区中面积最大、学生最多的校区。

图3.32　考察队考察延安大学

延安大学秉承坚持艰苦朴素、勤俭节约的革命优良传统，一直将"节能减排"列为重点，其中节水工作就是其中最重要的一部分。学校从建立健全管理机制和加强制度建设、加大宣传力度、加强监测计量、减少供水损失、建设雨水收集利用系统、加强污水处理和回用系统建设六个方面开展节水工作。通过调研，充分认识到高校

节水对全社会节水的强大带动作用，对国内其他高校节水工作很有启发，值得深入探讨。首先，实施合同节水管理，创新节水模式（图3.33），这是落实"节水优先、空间均衡、系统治理、两手发力"治水思路而提出的一项重要制度创新，是节水跳出自上而下传统模式的创造性举措，对于促进社会资本参与节水、发展节水服务业、推进节水型社会建设和绿色发展具有重要意义；其次，建设污水处理和中水回用体系（图3.34）。对于办学规模大、用水量大、用水成本高的高校，综合考虑设备投资、日常运行、设备养护的成本以及中水回用带来的节水效益，多渠道筹措

图3.33　延安大学智洗浴和饮水智能化设备

图3.34　延安大学地下污水处理厂

资金，建立完善中水处理及回用体系，可有效降低用水量；再次，充分考虑海绵校园的建设，可起到节水和生态保持的效果，并且能够减缓雨水排放量，降低城市雨洪灾害。最后，大力推广并使用节水型器具。在日常用水方面和绿化方面都提高了水的有效利用率，减少水资源的浪费。

落实《2030年可持续发展议程》，青年是关键。高等院校师生整体受教育水平相对较高，理念相对先进，意识超前，对新事物、新政策的接受程度相对较高，因此，高校节水应在全社会节水事业中发挥更大的作用，为黄河流域城市生态保护和高质量发展提供思想和实践准备。

除了案例考察，此次活动还针对沿黄43个地级市（图3.35）开展可持续发展进展评估，为地方政府推进黄河流域生态保护和高质量发展提供有效的决策依据。

基于中国可持续发展实验示范评估指标框架，结合国家发布的中长期专项发展规划里明确提出的考核指标、国家对外发布国家行动中明确考核的指标，考察团队将无法直接使用的SDGs指标进行替换，形成一套符合SDGs语境的、针对黄河沿线城市的本土化指标体系，并以2019年度数据为基础进行了信息采集。评估方法基于城市可持续发展目标指数和指示板报告方法，结合中国城市可持续发展水平及能力评估的实践进行适当完善，最终对可持续发展目标中目标1（在全世界消除一切形式的贫困）、目标6（为所有人提供水和环境卫生并对其进行可持续管理）、目标11（建设包容、安全、有抵御灾害能力和可持续的城市和人类住区）、目标15（保护、恢复和促进可持续利用陆地生态系统，可持续地管理森林，防止荒漠化，制止和扭转土地退化，遏制生物多样性的丧失）四个指标进行数据对比和评估。

省/自治区	序号	城市	省/自治区	序号	城市	省/自治区	序号	城市
	①	玉树藏族自治州		⑮	阿拉善盟		㉘	三门峡市
	②	果洛藏族自治州		⑯	巴彦淖尔市		㉙	焦作市
青海省	③	黄南藏族自治州	内蒙古自治区	⑰	鄂尔多斯市		㉚	洛阳市
	④	海南藏族自治州		⑱	包头市	河南省	㉛	郑州市
	⑤	海东市		⑲	呼和浩特市		㉜	新乡市
四川省	⑥	阿坝藏族羌族自治州		⑳	乌海市		㉝	开封市
	⑦	甘南藏族自治州		㉑	榆林市		㉞	濮阳市
甘肃省	⑧	临夏回族自治州	陕西省	㉒	延安市		㉟	菏泽市
	⑨	兰州市		㉓	渭南市		㊱	济宁市
	⑩	白银市		㉔	忻州市		㊲	聊城市
	⑪	中卫市		㉕	吕梁市		㊳	泰安市
宁夏回族自治区	⑫	吴忠市	山西省	㉖	临汾市	山东省	㊴	德州市
	⑬	银川市		㉗	运城市		㊵	济南市
	⑭	石嘴山市					㊶	淄博市
							㊷	滨州市
							㊸	东营市

图3.35 黄河沿线地级市名录

目标1：消除贫困的综合情况向好，70%城市指示板呈绿色，4个城市呈红色，说明黄河流域在落实减贫指标上整体进展良好。沿线城市贫困发生率平均值为0.57%，与2019年年底我国贫困发生率0.60%的数据基本持平。在区域范围上，黄河流域城市贫困程度呈现空间差异，中下游地区率先脱贫，上游城市仍然有压力。这与我国东西部地区在自然地理条件、经济发展程度、民族人口特征的差异关系紧密，"三区三州"国家深度贫困区80%分布在青藏高原，资源匮乏、自然灾害多发，贫困人口数量多、分布广。城市尺度上，享受城市最低生活保障率较高的城市和贫困发生率较高的城市多为黄河中上游城市

和下游滩区城市。这些城市贫困发生率较高，原因多样，形式复杂，是我国脱贫攻坚中最难啃的"硬骨头"，如临夏回族自治州位于黄河上游，自然条件严酷、资源匮乏；阿拉善盟干旱少雨，适合人类居住的面积不足2%。总体来说，黄河流域脱贫攻坚整体态势良好，为我国2020决战脱贫攻坚打下了坚实基础。同时，分异化的数据也在一定程度上说明了黄河上中游脱贫摘帽县的自然条件、生态环境在短期内难以根本改观的客观事实。城市公共服务欠账较多、产业发展基础薄弱等问题是脱贫攻坚成果巩固面临的挑战，对脱贫成效的巩固提升将是实现脱贫目标后的重点工作（图3.36）。

图3.36 黄河沿线城市SDG1评估结果示意

目标6：能够获取数据的31个城市整体表现喜忧参半，共有16个城市表现为绿色，占比51.6%；甘肃白银、宁夏中卫2个城市指示板呈红色，表明其对标SDG6的压力最大。而其余12个城市因数据缺失严重，为整体评估造成了一定困难，这也为黄河流域的基础统计工作提出最基本的要求。从整体指标来看，黄河

上游城市水利用效率较低，但水质最好；中下游地区整体用水效率较高但局部污染严重。根据国家统计局发布的《中华人民共和国2019年国民经济和社会发展统计公报》显示，2019年全国万元GDP用水量为67立方米/万元，黄河流域为80立方米/万元，水资源利用效率低于全国平均水平。根据生态环境部发布

的《2019年中国生态环境状况公报》，黄河流域整体干流水质为优，主要支流呈轻度污染，

达到或好于Ⅲ类水质断面占全部监测点位的73%（图3.37）。

图3.37　黄河沿线城市SDG6评估结果示意

目标11：从整体情况来看，仅青海果洛藏族自治州1个地区指示板为绿色，青海黄南藏族自治州、海南藏族自治州2个地区表现为红色，15个城市表现为橙色，占比34.9%。从道路网密度来看，黄河流域上中下游省市呈现明显递进趋势。上游青海、四川、甘肃、宁夏回族自治区、内蒙古自治区道路网覆盖程度较低，平均值仅为0.40千米/平方千米；中游山西、陕西、河南道路网主要呈现橙色和黄色，说明道路通达性有待提升；下游山东省整体表现最佳，多数城市呈绿色，平均值为1.77千米/平方千米，有助于可持续发展目标的实现。黄河沿线城市污水处理工作受到了足够重视且成绩显著，其中山东济南整体表现最好，处理率达到了100%，总目标的实现提供了有效支撑。黄河流域城市空气质量优良天数比率在上游城市表现较好，但中下游地区以红色为主，共14座城市表现为红色，空气优良天数比率最低为29.59%，对比生态环境部

公布的2019年全国环境空气质量平均优良天数比例为82.0%的数据，黄河中下游陕西、山西、河南、山东四省份仍需做出较大努力。另外，每万人国家A级景区数量及人均公园绿地面积两项指标严重制约着城市可持续城镇方面得分，各城市需要在城市绿化、遗产保护方面采取积极行动以提高相关指标得分（图3.38）。

目标15：指示板显示黄河沿线城市中共有16座城市表现为红色，占比37.2%，仅宁夏石嘴山市和青海玉树藏族自治州2个地区表现为绿色，与国家自然保护区和国家森林公园建设体系分布基本吻合。目前，黄河流域已建立自然保护区680余处（其中国家级自然保护区152处），约占流域总面积的17%，但分布不均。青海玉树藏族自治州自然保护区占辖区面积比重最高，达52.8%，有24个城市该数据低于3%。从森林覆盖率指标来说，沿线城市内部差异较大，陕

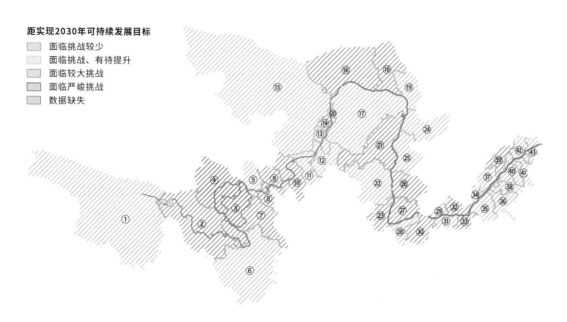

图3.38 黄河沿线城市SDG11评估结果示意

西省延安市森林覆盖率最高，达到53.1%；青海玉树藏族自治州最低，仅为2.7%，黄河沿线森林资源分布不均造成了沿线城市间的巨大差异。近年来沿线城市森林覆盖率的提升得益于严格的退耕还林、封山育林等措施，使沿线土地沙化趋势得到遏制，生态修复成果逐渐显现。联合

国粮农组织发布的《2020年全球森林资源评估》报告显示，近10年中国森林面积增加全球第一，在过去17年内中国植被增加量占到全球的25%（图3.39）。

2020"探寻黄河之美"考察活动是学术界和新闻界合作推动并开展的落实2030可持续发

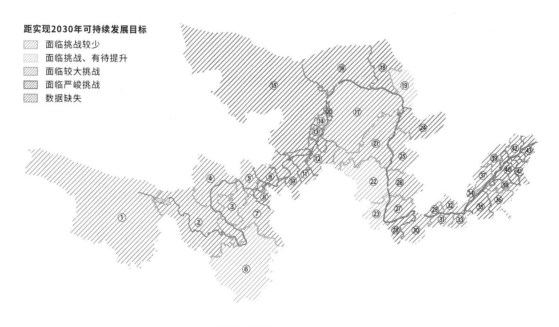

图3.39 黄河沿线城市SDG15评估结果示意

展议程重要活动之一（图3.40）。考察过程中，始终围绕联合国可持续发展目标，探访了沿途世界级遗产、著名景区、大型企业、高等院校，组织召开了主题论坛、专项调研、环保公益活动，并进行智库成果发布。此次活动集各方资源，全面立体地展示了可持续发展的黄河故事，对黄河沿岸各地区的生态环境、资源利用、产业结构、扶贫攻坚、文化传承等方面进行了实地调研，系统总结了各地在推进黄河流域生态保护和高质量发展方面的经验、成效，为推进黄河战略提供了

重要支撑，为全球可持续发展提供"黄河样本"，贡献中国智慧[1]。

图3.40　2020"探寻黄河之美"活动专栏记录

[1] 2020"探寻黄河之美"活动收官专题报告同步发布[EB/OL].http：//www.jjckb.cn/2020-12/28c_139622532.

总结与展望

随着全面建设社会主义现代化国家任务的开启，中国城乡建设迎来了面向可持续和高质量发展的关键时期。面对国际国内形势的发展变化，加快建设满足人民美好生活向往的包容、安全、有抵御灾害能力和可持续的城市和人类住区更加紧迫。

本书通过对政府制订的城乡建设领域相关政策的导向分析，对参评城市上一年度在住房保障、公共交通、规划管理、遗产保护、防灾减灾、环境改善、公共空间等方面的建设成效进行综合评估。通过对地方在落实SDG11过程中政策制定、技术应用、工程实践和能力建设等方面的案例梳理综合分析发现，中国城乡人居环境建设取得巨大成就的同时，也暴露出居民住房矛盾转为结构性供给不足，遗产保护、城市抵御自然灾害的能力仍有待提升，城镇基础设施和公共服务能力仍存在短板，区域发展不平衡等诸多问题。

我们认为，中国城市应从自身实际情况出发，立足资源环境承载能力，发挥地区比较优势，依托国家战略及地方政策，选择适宜的可持续路径及技术手段，逐步推动可持续发展目标的本地化落实工作。鉴于此，我们提出为实现城市的包容、安全与可持续发展，各城市应重点推进以下工作：

一、持续完善住房市场体系和住房保障体系，重点关注和解决大城市住房突出问题，通过增加土地供应、安排专项资金、多渠道筹集等办法，有效增加公租房、保障性租赁住房和共有产权住房供给，规范发展长租房市场和管理平台；总结城镇老旧小区改造经验，持续改善居民的居住和生活条件。

二、统筹城乡规划建设管理，提升城乡治理水平。全面实施乡村振兴战略，加强乡村建设，提升乡村基础设施和公共服务水平，持续改善村容村貌和人居环境；深入推进以人为核心的新型城镇化战略，分类完善大中小城市功能，实施城市更新行动，加强历史文化保护传承；持续推进城乡一体的基础设施建设，着力缩小城乡居民生活水平差距。

三、积极应对气候变化，在城镇建设领域推进"双碳"目标的落实。坚持绿色低碳发展路径，研究制定城市实现碳中和目标的技术需求和路径，深入推进建筑领域低碳转型，提升城乡建设适应气候变化的能力；加强城市生命线建设和管理水平，提升城市安全韧性，提升自然灾害防治能力，完善城市应急保障体系；提升城市运行效率和宜居程度，分级分类推进智慧城市、智慧社区、数字乡村建设，推动城乡数字化发展和治理模式创新，为居民提供更加便利、丰富的生活服务。

主编简介

张晓彤，男，博士，研究员，国家注册城乡规划师。国家住宅与居住环境工程技术研究中心可持续发展研究室主任。国家可持续发展议程创新示范区工作专家组专家，中国可持续发展研究会理事、人居环境专业委员会秘书长、实验示范工作委员会副主任委员，国家乡村环境治理科技创新战略联盟理事，联合国工业发展组织（UNIDO）城市可持续发展规划项目国家顾问、南开大学环境科学与工程学院硕士研究生导师、北京建筑大学建筑与城市规划学院硕士研究生导师。主要从事城市可持续发展评估及人居环境优化提升研究与技术推广工作。先后主持国家科技支撑计划课题"城市可持续发展能力评估体系及信息系统研发""能源自维持住宅地域性综合技术集成示范"，科技部改革发展专项"国家可持续发展实验区创新监测与评估指标体系"，地方委托课题"湖州市可持续发展路径与典型模式研究""枣庄市可持续发展路径与典型模式研究"等相关研究、咨询项目十余项；主编出版《基于景观媒介的交互式乡村规划方法及其实证研究》《中国农村生活能源发展报告（2000-2009）》《乡村生态景观建设理论和方法》等专著4部；发表"构建国家可持续发展实验区评估工具的研究"等学术论文20余篇。

邵超峰，男，博士，南开大学环境科学与工程学院教授、南开大学环境规划与评价所常务副所长。国家可持续发展议程创新示范区工作专家组专家、农业农村部农产业品产地划分专家、生态环境部环境影响评价专家，中国可持续发展研究会理事，天津市可持续发展研究会秘书长，联合国开发计划署（UNDP）可持续发展伞形项目专家，联合国工业发展组织（UNIDO）城市可持续发展规划项目国家顾问。主要从事可持续发展目标（SDGs）中国本土化、环境政策设计、可持续发展理论及实践相关研究工作。先后主持国家重点研发计划专项课题"漓江流域喀斯特景观资源可持续利用模式研发与可持续发展进展效果评估"、国家自然科学基金"SDGs本土化评估技术方法与应用"、天津市科技发展战略研究计划"科技支撑天津市环境综合治理战略规划研究"、天津市哲学社会科学规划基金重大委托项目"创新型城市绿色发展模式研究"、天津市科技支撑重点项目"天津市可持续发展实验区支撑体系建设"等国家级和省部级科研课题18项，完成广西、天津、新疆、河南、河北、山西等省份地方咨询项目或委托课题40余项；主编出版《大柳树生态经济区农牧业路径及生态效益》《环境学基础》《港口环境保护及绿色港口建设》等专著3部；以第一作者或通讯作者发表科研论文100余篇、其中SCI论文20余篇。

张超文，男，经济参考报党委书记、总编辑、法人代表。兼任中国财富传媒集团董事、副总裁、党委委员。新华社编务委员会成员、高级编辑。1989年7月自中国新闻学院研究生部毕业后即进入新华社工作，历任国内新闻编辑部记者、山东分社采编副主任（挂职）、国内部广播电视新闻室副主任、发稿中心副主任、网络新闻室主任、社会文化新闻专线总监，还曾担任新华社网络中心副主任、新华网副总裁等职。2011年8月任经济参考报党组成员、副总编辑，同时作为中央和国家机关第七批援疆干部援疆，先后任新疆经济报副社长、总编辑（2014年8月明确为厅长级）。2017年6月任现职。张超文长期从事新闻工作，采写大量新闻作品。20世纪90年代即主编了《中国特大企业传略》，多篇作品入选《新华社优秀新闻作品选》，获评新华社优秀新闻和中国新闻奖。主持创办了著名新闻栏目《新华调查》和《经参调查》。援疆期间两次被评为优秀援疆干部并荣记二等功。目前还兼任中国行业报协会副会长兼秘书长、中国经济传媒协会副会长。

附录

2020年地方政府发布
可持续发展目标11相关政策摘要

附录1　2020年地方政府发布住房保障方向政策摘要

发布时间	发布政策	发布机构
2020年2月	《上海市旧住房综合改造管理办法》	上海市房屋管理局、上海市规划和自然资源局
2020年3月	《杭州市加快培育和发展住房租赁市场试点工作方案》	杭州市人民政府办公厅
2020年4月	《北京市老旧小区综合整治工作手册》	北京市住房和城乡建设委员会、北京市规划和自然资源委员会、北京市发展和改革委员会等5部门
2020年5月	《青海省农牧民危旧房改造脱贫攻坚"补针点睛"专项行动方案》	青海省住房和城乡建设厅
2020年6月	《关于整顿规范住房租赁市场秩序的意见》	广东省住房和城乡建设厅、广东省发展和改革委员会、广东省公安厅等6部门
2020年6月	《关于做好公共租赁住房调换互换管理工作的意见》	广东省住房和城乡建设厅
2020年7月	《关于因地制宜发展共有产权住房的指导意见》	广东省住房和城乡建设厅、广东省发展和改革委员会、广东省财政厅等7部门
2020年7月	《河北省公租房小区智能管理指南（试行）》	河北省保障性安居工程领导小组办公室
2020年9月	《关于做好住房困难群众探访关爱实施精准保障的通知》	浙江省住房和城乡建设厅
2020年9月	《内蒙古自治区全面推进城镇老旧小区改造工作实施方案》	内蒙古自治区人民政府办公厅
2020年11月	《全面推进广西城镇老旧小区改造工作的实施方案》	广西壮族自治区人民政府办公厅
2020年11月	《上海市住房租赁合同网签备案办法》	上海市房屋管理局
2020年12月	《关于规范管理短租住房的通知》	北京市住房和城乡建设委员会、北京市公安局、北京市互联网信息办公室等4部门
2020年12月	《浙江省人民政府办公厅关于全面推进城镇老旧小区改造工作的实施意见》	浙江省政府办公厅
2020年12月	《太原市中央财政支持住房租赁市场发展试点专项资金管理办法》	太原市财政局、太原市房产管理局

附录2 2020年地方政府公共交通发展政策摘要

发布时间	发布政策	发布机构
2020年1月	《数字广西交通运输创新发展三年行动计划（2020—2022年）》	广西壮族自治区交通运输厅
2020年4月	《浙江省推进高水平交通强省基础设施建设三年行动计划（2020—2022年）》	浙江省人民政府办公厅
2020年4月	《西安市加快推动全域"四好农村路"高质量发展三年行动方案（2020—2022年）》	西安市人民政府办公厅
2020年5月	《关于开展人行道净化和自行车专用道建设工作的通知》	江西省住房和建设厅
2020年5月	《交通运输部关于湖南省开展城乡客运一体化等交通强国建设试点工作的意见》	交通运输部
2020年6月	《扬州市建设国家公交都市示范城市三年行动计划（2020—2022）》	扬州市人民政府办公室
2020年6月	《云南省深化农村公路管理养护体制改革实施方案》	云南省人民政府办公厅
2020年7月	《绿色交通三年行动计划2020年工作任务》	广东省交通运输厅
2020年9月	《关于开展绿色出行城市创建行动的通知》	江西省交通运输厅、江西省发展和改革委员会、江西省公安厅等4部门
2020年10月	《交通运输部关于福建省开展苏区老区"四好农村路"高质量发展等交通强国建设试点工作的意见》	交通运输部
2020年11月	《四川省绿色出行创建行动实施方案》	四川省交通运输厅、四川省发展和改革委员会
2020年12月	《河北省绿色出行创建行动方案》	河北省交通运输厅

附录3　2020年地方政府发布规划管理方向政策摘要

发布时间	发布政策	发布机构
2020年3月	《关于全力清理整治烂尾楼的通知》	云南省住房和城乡建设厅
2020年3月	《关于规范农村宅基地审批管理的通知》	广东省农业农村厅、广东省自然资源厅
2020年4月	《关于本市推进智慧气象保障城市精细化管理的实施意见》	上海市人民政府办公厅
2020年4月	《青海省推进养老服务发展的若干措施》	青海省人民政府办公厅
2020年5月	《上海市户外招牌特色道路（街区）评选办法》	上海市绿化和市容管理局
2020年5月	《浙江省美丽城镇建设评价办法》	浙江省住房和城乡建设厅
2020年5月	《关于建立上海市国土空间规划体系并监督实施的意见》	中共上海市委、上海市人民政府
2020年7月	《浙江省新型基础设施建设三年行动计划(2020—2022年)》	浙江省人民政府办公厅
2020年7月	《关于加强北京市物业管理工作提升物业服务水平三年行动计划(2020—2022年)》	中共北京市委办公厅、北京市人民政府办公厅
2020年7月	《智慧海南总体方案（2020—2025年）》	海南全面深化改革开放领导小组办公室
2020年8月	《关于综合施策解决违法违规占用耕地和历史遗留问题推动土地管理工作健康发展的工作方案》	广东省人民政府办公厅
2020年8月	《广东省人民政府关于全面推进农房管控和乡村风貌提升的指导意见》	广东省人民政府
2020年8月	《江苏省村庄规划编制指南（试行)(2020年版)》	江苏省自然资源厅
2020年8月	《浙江省城市建设管理领域全民安全素养提升三年行动计划》	浙江省住房和城乡建设厅
2020年9月	《浙江省城市景观风貌条例（修正文本）》	浙江省人大常委会
2020年10月	《广东省推进新型基础设施建设三年实施方案（2020—2022年）》	广东省人民政府办公厅
2020年10月	《湖北省农村房屋安全隐患排查整治工作实施方案》	湖北省政府办公厅
2020年10月	《关于完善质量保障体系提升建筑工程品质的实施意见》	广东省住房和城乡建设厅、广东省发展和改革委员会、广东省科技厅等12部门
2020年10月	《湖北省"擦亮小城镇"建设美丽城镇三年行动实施方案（2020—2022年）》	湖北省人民政府办公厅
2020年11月	《云南省人民政府关于统筹推进城市更新的指导意见》	云南省人民政府办公厅
2020年11月	《上海市农村房屋安全隐患排查整治工作方案》	上海市人民政府办公厅
2020年11月	《关于加强城市树木保护和城市风貌管理的通知》	四川省住房和城乡建设厅
2020年11月	《关于落实"人民城市"理念加强参与式社区规划的指导意见》	上海市民政局
2020年12月	《深圳经济特区城市更新条例》	深圳市人大常委会

附录4　2020年地方政府发布遗产保护方向政策摘要

发布时间	发布政策	发布机构
2020年3月	《浙江省省级非物质文化遗产代表性项目评估实施细则》	浙江省文化和旅游厅
2020年3月	《宁夏回族自治区非物质文化遗产保护管理暂行办法》	宁夏回族自治区文化和旅游厅
2020年3月	《关于推进非遗扶贫就业工坊建设的通知》	湖南省文化和旅游厅、湖南省扶贫开发办公室
2020年4月	《云南省人民政府关于香格里拉普达措国家公园总体规划的批复》	云南省人民政府办公厅
2020年4月	《山东省大运河文化保护传承利用实施规划》	山东省政府办公厅
2020年5月	《云南省人民政府办公厅关于加强传统村落保护发展的指导意见》	云南省人民政府办公厅
2020年5月	《河南省传统村落保护发展三年行动实施方案（2020—2022年）》	河南省住建厅、河南省文旅厅等6部门
2020年6月	《江苏省大运河文化保护传承利用实施规划》	江苏省委办公厅、江苏省政府办公厅
2020年7月	《广东省省级文化生态保护区的管理办法》	广东省文化和旅游厅
2020年9月	《城市更新地区保护性建筑管理规程》（征求意见稿）	广东省住房和城乡建设厅
2020年11月	《安徽省徽州文化生态保护区管理办法》	安徽省文化和旅游厅
2020年11月	《大连市工业遗产管理暂行办法》	大连市政府办公室
2020年11月	《关于广东省工业遗产的管理办法》	广东省工业和信息化厅
2020年12月	《关于进一步做好历史文化名镇名村和传统村落保护利用工作的通知》	河北省住房和城乡建设厅
2020年12月	《新疆维吾尔自治区级文化生态保护区管理办法》	新疆维吾尔自治区文化和旅游厅
2020年12月	《四川省级非物质文化遗产代表性传承人认定与管理办法》	四川省文化和旅游厅

附录5　2020年地方政府发布防灾减灾方向政策摘要

发布时间	发布政策	发布机构
2020年3月	《佛山市灾害信息员管理暂行办法》	佛山市应急管理局
2020年4月	《关于印发防范处置火灾事故、海洋灾害、城市轨道交通运营突发事件3个应急预案的通知》	浙江省人民政府办公厅
2020年4月	《内蒙古自治区突发地质灾害应急预案（2020版）》	内蒙古自治区人民政府办公厅
2020年4月	《关于加强全省灾害信息员队伍建设的实施意见》	湖北省应急管理厅、湖北省民政厅、湖北省财政厅
2020年5月	《浙江省人民政府关于进一步加强防汛防台工作的若干意见》	浙江省人民政府办公厅
2020年5月	《开封市支持社会应急力量发展暂行办法》	开封市人民政府办公室
2020年5月	《关于做好重特大自然灾害灾后恢复重建工作的实施意见》	四川省发展和改革委员会、四川省财政厅、四川省应急管理厅
2020年8月	《浙江省地质灾害"整体智治"三年行动方案（2020—2022年）》	浙江省人民政府办公厅
2020年8月	《关于提高我市自然灾害防治能力的意见》	中共上海市委、上海市人民政府
2020年8月	《关于进一步加强全省中小学幼儿园人防物防技防建设的通知》	云南省人民政府办公厅
2020年9月	《上海市第一次自然灾害综合风险普查通知》	上海市应急管理局
2020年11月	《关于加强广东省水上搜救工作的实施意见》	广东省人民政府办公厅
2020年11月	《北京市人民政府办公厅关于开展第一次全国自然灾害综合风险普查的通知》	北京市人民政府办公厅

附录6 2020年地方政府发布环境改善方向政策摘要

发布时间	发布政策	发布机构
2020年2月	《浙江省全域"无废城市"建设工作方案》	浙江省人民政府办公厅
2020年3月	《关于在农牧区推荐使用液化石油气（LPG）微管网技术的通知》	青海省住房和城乡建设厅
2020年3月	《石家庄市2020年农村地区冬季清洁取暖工作方案》	石家庄市人民政府办公室
2020年3月	《山西省打赢蓝天保卫战2020年决战计划》	山西省人民政府办公厅
2020年4月	《全省烟叶烤房电代煤工作三年行动计划》	河南省污染防治攻坚战领导小组办公室
2020年4月	《湖北省2020年农村人居环境整治工作要点》	湖北省农业农村厅办公室
2020年5月	《甘肃省城乡环境整治专项行动方案》	甘肃省人民政府办公厅
2020年7月	《广东省城市生活垃圾分类示范创建指引（试行）》	广东省住房和城乡建设厅
2020年7月	《云南省推进爱国卫生"7个专项行动"方案》	云南省人民政府办公厅
2020年7月	《工业清洁生产审核技术通则（征求意见稿）》	北京市生态环境局
2020年8月	《农村生活污水处理设施标准化运维评价标准》	浙江省住房和城乡建设厅
2020年10月	《浙江省农村生活污水处理设施"站长制"管理导则》	浙江住房和城乡建设厅
2020年10月	《青海省城市生活垃圾分类工作实施方案》	青海省人民政府办公厅
2020年10月	《青海省构建现代环境治理体系的实施意见》	中共青海省委办公厅、青海省人民政府办公厅
2020年10月	《2020—2021年全区冬春季大气污染综合治理攻坚行动（征求意见稿）》	宁夏回族自治区生态环境保护领导小组办公室
2020年11月	《太原市2020—2021年秋冬季大气污染综合治理攻坚行动方案》	太原市人民政府办公室
2020年11月	《关于印发美丽宜居示范村创建等三个验收办法和开展2020年度验收工作的通知》	浙江省住房和城乡建设厅、浙江省城乡环境整治工作领导小组美丽宜居村镇示范办公室
2020年11月	《关于进一步加强全省公共厕所运维管护的指导意见》	青海省人民政府办公厅
2020年12月	《北京市建设工程施工现场扬尘治理"绿牌"工地管理办法》	北京市住房和城乡建设委员会、北京市城市管理综合行政执法局
2020年12月	《关于深入推进重点行业强制性清洁生产审核工作的通知》	上海市生态环境局

附录7 2020年地方政府发布公共空间方向政策摘要

发布时间	发布政策	发布机构
2020年2月	《关于稳妥有序解除公园临时封闭措施的通知》	浙江省住房和城乡建设厅
2020年2月	《2020年乡镇和社区体育健身中心实施方案》	甘肃省人民政府办公厅
2020年3月	《高质量打造未来社区公共文化空间的实施意见》	浙江省文化和旅游厅、浙江省发展和改革委员会
2020年3月	《上海市居民住宅区室外公共体育设施建设与管理的指导意见（试行）》	上海市体育局、上海市住房和城乡建设管理委员会、上海市房屋管理局
2020年3月	《关于做好2020年城市园林绿化工作的通知》	河北省住房和城乡建设厅
2020年3月	《广西公园城市建设试点工作指导意见》	广西壮族自治区住房和城乡建设厅
2020年5月	《深圳市无障碍城市总体规划（2020—2035年）》	深圳市南山区残疾人联合会
2020年6月	《杭州市"迎亚（残）运"无障碍环境建设行动计划（2020—2022年）》	杭州市人民政府办公厅
2020年7月	《关于提升本市绿化"一街一景"工作的通知》	上海市绿化和市容管理局
2020年7月	《上海市公园绿地市民健身体育设施管理办法》	上海市体育局、上海市绿化和市容管理局
2020年8月	《广东万里碧道总体规划（2020—2035年）》	广东省人民政府
2020年9月	《上海市乡村振兴示范村绿化美化建设指导意见（试行）》	上海市绿化和市容管理局
2020年10月	《安徽省无障碍环境建设管理办法》	安徽省人民政府
2020年10月	《湖南省无障碍环境建设管理办法》	湖南省人民政府
2020年12月	《关于城市绿化规划建设与补偿有关事项的通知》	浙江省住房和城乡建设厅、浙江省自然资源厅、浙江省财政厅

附录 8　2020 年地方政府发布城乡融合方向政策摘要

发布时间	发布政策	发布机构
2020 年 1 月	《关于建立健全城乡融合发展体制机制和政策体系的实施意见》	中共吉林省委、吉林省人民政府
2020 年 3 月	《湖南省对接粤港澳大湾区实施方案（2020—2025 年）》	湖南省人民政府办公厅
2020 年 4 月	《＜长江三角洲区域一体化发展规划纲要＞江苏实施方案》	中共江苏省委、江苏省人民政府
2020 年 4 月	《加快推进高速公路建设促进长三角一体化发展》	安徽省人民政府办公厅
2020 年 5 月	《广东省建立健全城乡融合发展体制机制和政策体系的若干措施》	中共广东省委、广东省人民政府
2020 年 6 月	《关于支持长三角生态绿色一体化发展示范区高质量发展的若干政策措施》	上海市人民政府、江苏省人民政府、浙江省人民政府
2020 年 6 月	《2020 年全省新型城镇化和城乡融合发展重点任务》	山东省城镇化暨城乡融合发展工作领导小组办公室
2020 年 7 月	《滇中城市群发展规划》	云南省人民政府
2020 年 7 月	《青海省推进西部大开发形成新格局 2020 年工作要点》	青海省政府办公厅
2020 年 7 月	《贯彻落实中央关于新时代推进西部大开发形成新格局决策部署实施意见》	中共甘肃省委、甘肃省人民政府
2020 年 7 月	《湖南省推进湘赣边区域合作示范区建设三年行动计划（2020—2022 年）》	湖南省人民政府办公厅
2020 年 11 月	《浙江省人民政府办公厅关于公布第四批小城市培育试点名单的通知》	浙江省人民政府办公厅
2020 年 11 月	《云南省民族团结进步示范区建设条例实施细则》	云南省人民政府
2020 年 12 月	《进一步促进城区老工业区和资源枯竭城市高质量发展若干政策措施》	安徽省发展改革委

附录9　2020年地方政府发布低碳韧性方向政策摘要

发布时间	发布政策	发布机构
2020年3月	《2020年全市建筑节能、绿色建筑与装配式建筑工作方案》	石家庄市住房和城乡建设局
2020年4月	《北京市装配式建筑、绿色建筑、绿色生态示范区项目市级奖励资金管理暂行办法》	北京市住房和城乡建设委员会、北京市规划和自然资源委员会、北京市财政局
2020年4月	《成都市低碳城市建设2020年度计划》	成都市节能减排及应对气候变化工作领导小组
2020年4月	《四川省安全发展示范城市评价与管理办法》	四川省安全生产委员会
2020年5月	《湖南省"绿色住建"发展规划(2020—2025年)》	湖南省住房和城乡建设厅
2020年5月	《关于推进智慧工地建设的指导意见》	江苏省住房和城乡建设厅
2020年5月	《青海省被动式太阳能建筑评价标准》	青海省住房和城乡建设厅、青海省市场监督管理局
2020年7月	《装配式混凝土结构保障性住房、人才房》系列图集	广东省住房和城乡建设厅
2020年7月	《青海省建设领域先进适用技术与产品目录》	青海省住房和城乡建设厅
2020年7月	《青海省住房和城乡建设厅关于进一步加强绿色建筑管理的通知》	青海省住房和城乡建设厅
2020年8月	《2020年广西海绵城市建设实施方案》	广西住房和城乡建设厅
2020年9月	《四川省海绵城市建设工程评价标准》	四川省住房和城乡建设厅
2020年9月	《浙江省绿色社区建设行动实施方案》	浙江省住房和城乡建设厅、浙江省发展改革委、浙江省民政厅等6部门
2020年10月	《四川省绿色社区创建行动实施方案》	四川省住房和城乡建设厅、四川省委城乡基层治理委员会办公室、四川省发展和改革委员会等7部门
2020年11月	《广东省绿色建筑条例》	广东省人大常委会
2020年11月	《上海市人民政府关于同意<上海市防洪除涝规划（2020—2035年）>的批复》	上海市人民政府